樹的微宇宙

HOW TO READ A
TREE

Clues and Patterns from Bark to Leaves

樹木隱藏的微小線索
如何揭開大自然的祕密

TRISTAN GOOLEY
崔斯坦．古力 —— 著

楊詠翔 —— 譯

（本書中所有照片都是作者所拍攝的，拍攝地點大多是在他居住的英國西薩塞克斯附近。）

喜愛陽光的松樹會修剪下方的樹枝，而耐陰的水青岡則保留了這些樹枝。詳見55頁。

防禦樹枝。下部樹枝在春天先於上部樹枝展開葉子。詳見73頁。

橡樹的樹幹旁的細枝羅盤。我們正面向西方。詳見78頁。
還要注意左邊樹上樹枝的「指針效應」。詳見95頁。

樹幹在倫敦會傾斜遠離牆壁，朝向光源。詳見80頁。

溫格林山丘的樹木島嶼效應。詳見 80 頁。我們正面向北方。左側迎風面較暗，而右側背面風的樹枝伸展得更遠。還要注意最右邊的「掉隊孤枝」。詳見104頁。

傑克羅素㹴犬 Dotty，正在檢查一棵豎琴樹（鳳凰樹）。詳見 99 頁。

布萊頓的一棵古老的榆樹裡，有一座仙子屋。詳見 117 頁。

在倫敦的一棵掙扎中的二球懸鈴木上，有一個鐘形底部和一個波浪隆起。詳見 117、120 頁。

在一棵砍伐的白蠟樹樹樁上可以看到蛋糕切片型感染（白蠟樹枯梢病病原真菌）。詳見129 頁。

在西班牙山區的山楂樹上，山羊們已經形成了一條「吃草線」。詳見 281 頁。

一棵曾經在左側長有另一棵樹的橡樹顯示出明顯的不對稱，它向右側的南方光線伸展——「討樹厭的樹樁」。詳見 140 頁。

心材和邊材以及寂寞芳心效應。詳見 132、138 頁。

薩塞克斯「公有林」的沙地上，踩踏樹根已經殺死了松樹的樹枝。詳見 146 頁。

南側雲杉葉片上豐富的蠟質所形成的白色和藍色。詳見 193 頁。

水青岡樹枝的林蔭大道效應。詳見 80 頁。

一片具有明顯尖端的榛樹葉，用來引導雨水流走。尖尖的葉尖在潮濕地區更為常見。詳見 201 頁。

威爾斯蒙哥馬利郡的赤楊傾斜於河流上方，樹枝保持在水面以上。詳見 83 頁。

櫻桃樹的樹皮經歷了「重大改變」。它脫落了帶有皮孔條紋的年輕表皮，顯露出下面更堅韌的外皮。詳見 217 頁。

威爾特郡的胡桃樹會使其根部周圍的土壤中毒。詳見 293 頁。

脆弱的分叉，具有「皮對皮」的連結處，以及小巧的「南側之眼」。詳見 221、70 頁。

從側面看同一棵樹。注意分叉枝處反應木的膨脹，這是樹木在應對那裡的壓力時的表現。詳見 223 頁。

樹枝末端的花朵或果實會導致雜亂的結構，就像綿毛莢蒾一樣。詳見 260 頁。

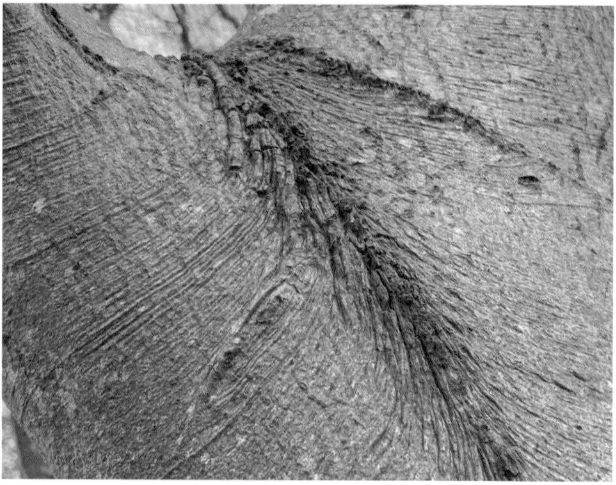

箭頭形狀的紋路朝向健康的U 形分叉連結處。詳見 224 頁。

史蒂芬・海頓向我展示了位於德克薩斯州沃斯堡植物園中一棵櫻桃樹西南側的日曬傷害。詳見 226 頁。

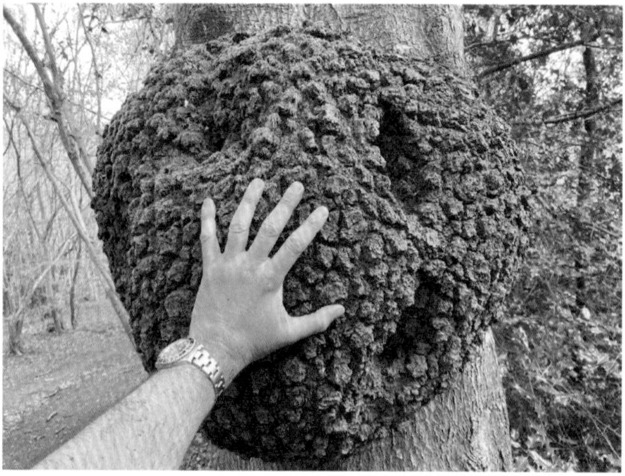

我所在當地森林裡的一棵水青岡樹上的巨大瘤塊。詳見 227 頁。

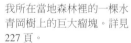

樹幹上冒出的真菌是樹木出現問題的徵兆。經過多年觀察這棵水青岡樹上生長的多孔菌後，它最終在一場風暴中倒下了。樹木基部也長出了枝條，這是另一個壓力的徵兆。詳見 229 頁。

甜栗樹上的自然螺旋狀樹皮。較老的下部樹枝向下生長。落葉聚集在樹基部的風影區域。詳見 67、166、231 頁。

槭樹芽的粉紅色鱗片。詳見 235 頁。

傷木逐漸擴展，封閉曾經存在的主要樹枝的位置。詳見 225 頁。

根部會適應土地的形狀以及樹木所受的任何壓力。它們比許多人預期的要寬廣且淺。詳見 147 頁。

秋天的顏色從水青岡的南側高處開始顯現。詳見 248 頁。

在威爾士的雪丘國家公園山區，闊葉樹主導了山谷，而針葉樹則占據了較高的地區。旗化的針葉樹在山脊線上方突顯出來。左側的橡樹上有樹幹細枝羅盤。秋天的顏色在右側的暴露的闊葉樹上更加鮮豔。我們正向東南方向觀察。詳見 30、100、248 頁。

獻給我的教子們：

喬伊、赫克特、詹米，

領航愉快！

目次

【序曲】閱讀樹木的藝術

樹木渴望告訴我們許多事。它們會告訴我們土地、水源、人類、動物、天氣和時間的故事。它們還會告訴我們自身的生活，點點滴滴、酸甜苦辣。樹木述說著故事，不過只有那些懂得閱讀的人才能聽到。

過去這些年來，我都樂於收集我們可以觀察到的每一個有意義的樹木特徵。這一切始於我對於自然領航的興趣，以及著迷於樹木如何能成為羅盤使用的各種方式，例如樹木的南側更加粗大，這進一步發展成我對樹木如何為我們製作地圖的著迷：生長在河邊的樹木，跟生長在山頂上的屬於不同樹種。而這又激發了我對於那些更加微妙線索的好奇心，那些隱藏在我們眼前的模式。

兩棵樹木看起來有可能完全一模一樣嗎？不可能，可是為什麼？樹木大小、形狀、顏色、紋路中的每一個小差異，都揭露一些訊息，每一次我們經過一棵樹，都能注意到它獨特的特徵，並將其視為線索加以解讀，讓我們了解這棵樹經歷過什麼，又對我們目前所在的位置，透露出了什麼資訊。樹木可以說描繪出了一幅當地地景的圖畫。

而最微小的細節，也能開展出更大的世界。當你注意到某棵樹上的葉片在中間處都有明顯的白色葉脈往下延伸，並想起這是顯示附近擁有水源的跡象，不久之後你便看見了河流。許多在水邊繁茂生長的樹木，包括柳樹在內，葉片上都有這樣獨特的白色葉脈，看來就彷彿有條溪流從中間流過。

我撰寫本書的目的，是要讓我們能夠深深沉浸在閱讀樹木這門藝術之中，進而能夠學會從少有人想去觀察的地方找到意義。而一旦我們開始看見這些事物之後，就不可能再視而不見了，樹木看起來永遠都不會再跟從前一樣了，這是個相當愉悅的過程。

我們即將和數百種樹木線索相遇，我也鼓勵你自出門去尋找它，因為要成為樹木故事的一部分，這就是最好的方式。這也將能協助你終身閱讀、記憶並享受樹木。

01 魔法並不在於名稱

閱讀樹木的藝術，是關於學習辨識特定的形狀和模式，並了解其意義所在，而不是有關辨認物種。樹木的名稱，其實並不如許多人以為的那麼重要。

單一的物種會將人類排除在外，並讓我們執著於特定的地點或地區。但南半球和北半球溫帶地區根本就沒有共有的原生種，且歐亞大陸和北美洲很可能也只共享一種原生種而已，即一般常見的柏樹。世界上也沒任何人僅憑目視就能辨識出大多數的樹木屬於哪個物種，以前不會有，以後也不可能有。

光是要學會一眼辨識出眼前的柳樹究竟屬於哪個物種，可能就要花上不只一輩子的時間了，更別說世界上還有十萬種以上的其他樹種[1]。話雖如此，辨識樹木屬於哪一科可能會有所幫助，不過辨識出特定物種就沒那麼有用了。

在本書中，你會看到我提及的常見樹木，比如橡樹、水青岡、松樹、冷杉、雲杉和櫻桃木，這些樹都很常見，多數人都可以認出其中幾種，也能輕易就再學會多認幾種。如果你真的是徹頭徹尾，認不出半種常見樹木的新手，像是橡樹或松樹，我在書末也附上了一些辨識的小訣竅。在本書中，除非另有說明，我們談的都是北半球溫帶地區，這就包括了歐洲、北美洲及亞洲大部分人口稠密的地區。

而在所有情況下，我提到的都是常見樹種中大致好認的特徵，而不是適用於每個物種或亞種的硬性規則。因此如果你能想出例外，那我真的是很恭喜你，不過也希望你能夠理解，正是例外才證明了通則的存在。如果有本書囊括了所有的例外，那肯定會是一本超無聊的書，也很快就會變回原本用來做書的紙漿了。

此外，某些樹木也擁有許多不同的名稱，而所謂「正確」的名稱，則視你詢問的是哪個文化而定。各原住民族在植物中發現了非凡的意義，但他們對拉丁文名稱並不感興趣。且無論我們怎麼稱呼一棵樹，也都改變不了我們看見的現象或其代表的意義。因此其中的魅力，便在於發現種種自然線索構成的全球性語言。我很喜歡這個概念，即我們能夠發現大自然中的各種模式，而遠在世界另一頭的人，也能夠理解這些模式，就算我們彼此完全不懂對方的語言。我們的祖先能夠流利閱讀自然線索的能力，肯定比最早出現的口語語言早上好幾萬年。

「魔法」這個詞擁有不只一種意義，可以是為了娛樂所表演的戲法，但也意味著擁有非凡的力量，能夠將通常不可能發生的事化作現實。

而樹根將指引我們走出樹林，即使我們不知道它的名字。

02 樹木即地圖

我沿著西班牙南部的涅韋斯山國家公園（Sierra de las Nieves Nation Park）中最平緩的山脊往北前進，山中沒有明顯的路徑，但我還是在亂石、荊豆叢和薊花間，找出了人跡罕至、蜿蜒的塵土小徑，八月太陽的暑氣從土地上升起。

尖銳的石頭迫使我必須時刻掃視地面，而每隔幾分鐘，我也會停下腳步，抬頭環視周遭的土地。這是個老習慣：當路很難走時，我們就會盯著地面太久；當路很好走時，我們則不太留意地面。如果你想要完整認識你所行經的土地，那麼最好在好走的路上低頭看，而在難走的地形上抬頭看，都會有所幫助。不過在難走的路徑上抬頭時，記得先停下腳步，否則你的臉有可能會直接撞上岩石。而當行經森林時，麻煩的路徑會讓你看的到樹根卻看不到樹冠；簡單的路徑則會讓你看見整棵樹卻忽略了樹根。

這次觀察帶來很棒的收穫，我在山丘間的平緩低處坡，看見一個綠色標誌，這是一片並不符合此地模式的樹木。我繼續往下朝這片蒼翠走去，突然之間，我可以聽見並看見更多鳥類，還有一些淺色蝴蝶翩翩飛過我的眼前。空氣的氣味也稍稍改變了，我慢慢深吸了好幾口氣，這不是特定的氣味，只是熟悉又濃郁的茂盛綠意及腐敗氣息。接著我注意到獸徑開始匯聚交纏，彷彿繩索絞在一起一般。幾分鐘後，我就站在一小片宏偉的胡桃林下，這是方圓幾公里內唯一一片胡桃樹林，附近有個石製的水槽，是給山羊喝水用的，旁邊的濕泥地上布滿牠們雜亂的蹄印。這些樹木預示著變化：它們引領了所有的動物，包括我，找到了水源。

樹木也描繪著土地，如果樹木不一樣了，就是在告訴我們其他東西也改變了：可能是水、光線、風、溫度、土壤、環境的擾動、鹽分、人類或動物活動出現了變化。當我們學會如何察覺這些變化時，就擁有了可以看懂樹木繪製的地圖所需的鑰匙。我們很快就會遇上這些鑰匙，不過首先，我們將關注兩個稍後將會看見的廣泛改變。

針葉樹當家作主之地

離開胡桃樹林後，我在這趟西班牙山區旅程剩下的時間裡，所看到的每棵大樹都是針葉樹，而這背後也有很好的原因。

很久很久以前，地球上沒發生什麼太大變化，但接著演化捲起袖子準備大顯身手。藻類開始出現在海洋中，然後是苔蘚和地錢出現在陸地上。不久之後，我這邊說的不久之後，指的是幾億年後，蕨類和木賊也在苔蘚之後開展出構造簡單的葉片了。

演化可說是解決問題的天才，它想出了種子這種構造，可以讓後代擁有全新的機會，在另一個地方重新開始生長，於是這造就了今日地球上大多數植物的出現。接著演化又發覺，木質樹幹可以讓你高高位在競爭對手上方，長達好幾季的時間，不需要每年都從地面重新開始，砰！於是樹木就誕生了。

最早的樹木屬於「裸子植物」，其中包括針葉樹，其種子位於毬果之中。大約兩億年後，又演化出另一類植物，即「被子植物」，或稱開花植物。這類植物包括大多數的闊葉樹。闊葉樹在外觀上比針葉樹還要繽紛多元，通常擁有很好辨識的花朵，種子則位於果實之中。大多數針葉樹都屬於常綠樹，溫帶地區大部分闊葉樹則屬於落葉樹，葉子每年都會掉落之後再重新生長。

一般來說，我們可以很輕易地辨認出眼前的樹木屬於這兩大類中的哪一類。如果一棵樹擁有深色的針狀葉片，那幾乎就能肯定它屬於針葉樹；而要是一棵樹擁有又寬又平的葉子，看起來又不像針葉樹或棕櫚樹，那大概就會是闊葉樹。（棕櫚樹又自成一格，我們之後會再回頭討論。）

針葉樹和闊葉樹在許多棲地都處於競爭關係，構造上的差異，將決定哪種樹會勝出。基本原則是針葉樹普遍比較強韌：它們能在許多闊葉樹面臨掙扎的情況下生存。常綠針葉樹一年到頭都可以行光合作用，即使在非常少的光照下。這表示在夏天較涼爽、光照也較少的地區，針葉樹會比闊葉樹更能適應。我們離赤道愈遠，陽光就愈弱，針葉樹也愈有可能稱霸。比如，我們可以預期在加拿大和蘇格蘭會比在美國和英國看見更多針葉樹*。

針葉樹的樹葉短小輕薄，儲水能力較佳，所以比闊葉樹更能適應乾燥地區。這就是為什麼我在乾燥的西班牙山坡上會看見這麼多針葉樹。而這也是為什麼我們在墨西哥和會比在美國和英國看見

* 在更高的緯度，隨著我們接近極地的界線，情況又會逆轉，換成闊葉樹再度出現，因為在這些極端環境中，樹木無法全年維持常綠。

更高比例的針葉樹。不過針對這點，我們還可以繼續抽絲剝繭。如果有一大片區域的雨量足夠闊葉樹生存，卻看不到很多闊葉樹，那水分很可能是因為某些原因消失了。沙質或多岩石的土壤之所以適合針葉樹，部分便是因為對闊葉樹來說，水分流失太快難以利用。

高地通常比山谷還要乾燥，因而有時你可能會發現針葉樹宰制了山坡，而闊葉樹則沿著河流生長。針葉樹則比闊葉樹還綠[2]（針葉樹大多都是常綠樹種，需要厚實又強韌的葉片及蠟質層，這使其看起來顏色更深），這使得地景出現有趣且繽紛的圖案。這便是一件你可能多次看見卻從未多加留意的現象。

而當我們理解一條寬闊而顏色更淺闊葉樹帶，標誌著河流路徑時，我們確實會感到心滿意足。這樣的心滿意足，又會讓我們更願意去尋找並發現類似的現象。我們眼中看見的並不只是深綠色和淺綠色的林地，而是理解這是種跡象：我們了解顏色改變的意義，這讓我們的大腦感到愉悅，這種愉悅感，就是神經科學家所稱的多巴胺，不過我們知道，那是像「噢！」這樣的感覺。

植物還擁有樹液，會將水分和營養從根部運送到更高的部位，不過這個現象的運作方式，往往受到非常大的誤解。樹木透過「蒸散作用」（transpiration）的過程，將水分從葉片蒸發到大氣中。這導致樹頂葉子的維管束壓力比樹木底部的還低，因此樹液並不是從下方推送上來，而是被較低的壓力拉向樹頂。在氣候溫和的地方，這是個穩定的系統，不過它卻非常脆弱，所有的植物都不太有能力抵抗寒冷的溫度。

就算植物能在霜凍中存活下來，解凍的過程也可能導致維管束中出現氣泡或「空蝕現象」（cavitation），這些氣泡會使管道堵塞。闊葉樹雖擁有寬敞又暢通的維管束組織，可以快速有效地運送樹液，可是這些較粗的維管束，面對結冰時也格外脆弱。而針葉樹則是運用較狹窄的結構（稱為管胞〔tracheid〕）從根部輸送水分，這些結構對於低溫擁有較強的耐受力，因為較小的泡泡能很快消散。

如果我們從山底朝上看，便能發現闊葉樹讓位給針葉樹的區域，這條分界線從來都不會是完美的一直線，但在這條分界線之上，闊葉樹將愈發難以生存，並被針葉樹迎頭趕上且超越。

如果一個潮濕的區域全年保持溫暖，去除了樹液結凍的風險，那麼闊葉樹就很有可能比針葉樹更具優勢。在熱帶地區，便能看見闊葉樹比針葉樹還要多上許多。

假如你疑惑著為什麼不是所有的樹都演化出像針葉樹那樣抗凍或抗解凍的維管束，答案跟演化背後常見的原因一樣，是出於效率和生存。闊葉樹擁

闊葉樹生長在河邊，針葉樹則生長在更高也更乾燥的土地上。

有更有效率的系統，所以它們要是能夠存活下來，就能蓬勃發展。不過，就像俗話說的，你得先參加才能贏得勝利。針葉樹就是路上那些很強悍卻缺乏效率的四輪傳動車；闊葉樹則是現代的小客車，更有效率，但遇到險阻的地形，就跟廢鐵沒兩樣。

有幾個有趣的例外可以打破結凍維管束的規則。樺樹和楓樹雖然是闊葉樹，卻發展出了一種絕妙的方式來解決樹液結凍造成的問題。這兩種樹會在狹窄的維管束中創造出正壓，這代表它們能將樹液往上打，因此便能擺脫結凍所產生的氣泡，在春天時高效清理導管。

這便是這些樹種為什麼「能在比我們預期的更為北邊地區生長」的原因。俄羅斯的北方寒帶林便是個很好的例子：那裡有許多針葉樹，不過也有大片的樺樹林。正壓也代表只要我們在樹皮上任何地方切口，這些樹的樹液就會源源不絕流出，使得採收更為容易，我們也就有樺樹糖漿和楓糖漿了[3]。

每當我們觀察到闊葉樹讓位給針葉樹，我們可以假設此處環境變得更為艱困嚴苛，並自問為何改變，原因又為何，答案很可能是因為溫度、土壤、水分或是綜合這些因素，而這便是樹木為我們繪製地圖的其中一部分。

發覺這些改變，也能讓我們更深入了解感知背後的心理機制。我們請某人描述一片地景，他們可能會提到「樹木」這個詞，卻沒有指出眼前樹木的變化。而要是詢問同一個人，同一片地景中是否擁有不同的樹木，就在突然之間，從闊葉樹到針葉樹的變化，將顯而易見。我們對於自己注意到的事物擁有極高控制力，但這都是出於自身的選擇：因為並沒有人站在我們身旁，向我們提出這些問題。

走下今日的森林

在我的西班牙微探險後，我走進一片森林，但這過程並不容易。最初的十分鐘我舉步維艱，因為我必須在多刺灌木叢間找路穿越，雖然它們只有及腰高，卻意志堅決地阻擋我的去路。接著出現了齊頭高的山楂樹，然後是一些我認不出來的樹，它們長得稍微高了一點，我想應該是歐洲朴樹吧？之後則是一些比我高出兩倍的冬青櫟，最後，我終於抵達一片高聳的松樹林。

無論何時，只要我們踏進林地，我們會期待能看見一些可預期的模式。隨著你深入森林，樹木會變得愈來愈高，因為位於林地邊緣的樹木會承受強風的衝擊。所有暴露在外的樹木都無法倖免，所以才會長得比較矮，最高的樹通常位於森林中央。

而隨著你深入森林，樹種也會改變。長在森林中央的樹木永遠都和邊緣的樹木不同。多數樹木都會遵循以下兩種策略之一：兔子或烏龜。遵循兔子策略的樹木稱為「先驅樹」，會產生數百萬顆細小，且通常是透過風力傳播的種子。它們會降落在任何裸露的土地上，很快孕育出新生命，成長速度也快，不過這種快速起步方法背後的代價，就是這些樹種並不會投入資源形成粗壯的樹幹，所以它們的高度也有限。樺樹、柳樹、赤楊和許多種類的楊樹，都是先驅樹的好例子。

烏龜樹又稱為「巔峰樹」，並採取不同的方式。它們會產生更大的種子，同時用穩紮穩打的方式來競爭，因為它們深知時間拉長自己就能取勝，橡樹就是一個很好的例子。我們可以在林地邊緣及林中空地找到先驅樹；但巔峰樹則生長在更為古老的森林中心。如果你走進成熟的森林，擁有高聳樹冠的樹木，那你就可以預期會在途中先經過森林邊緣較矮的先驅樹，才會抵達更高的巔峰樹。

和巔峰樹相比，多數先驅樹的顏色較淺，樹蔭也較小。可以想像樺樹跟橡樹的比較，樺樹的樹皮顏色較淡，但比起橡樹，它們也能讓更多的陽光穿透進來，這便是我們走進森林時，會出現昏暗效果的原因：在我們經過邊緣的先驅樹時，亮度只會稍稍降低，但當我們一遇上巔峰樹時，光線則會大幅減少。

假如你走進一片有很多先驅樹的林中空地，那你就是站在過渡的地景中。後代子孫將在此發現巔峰樹更粗壯的樹幹和更廣袤的樹蔭，龜兔賽跑最終還是會由烏龜獲勝。

地圖鑰匙

現在，是時候聚焦尋找樹木提供給我們的線索了，以下是你可以搜尋的主要模式：

⊙濕地

如果樹根泡水，那大多數樹種都會很難生存，因為這會妨礙氣體交換，不過以下樹種在濕地都活得非常不錯：赤楊、柳樹、楊樹。

艾傑．塔加拉（Ajay Tegala）是威肯沼澤（Wicken Fen）的護林員暨博物學家，此地是位於英國劍橋郡（Cambridgeshire）的自然保留區，也是全歐洲最重要的濕地之一，共擁有超過九千種動植物。

艾傑就曾提到過「全沼澤最高的樹」，其實這是種諷刺的讚美：因為在這種泥煤濕地的棲地中，根本就沒有什麼大樹。不管在保留區的任何地方，他都能看見那棵孤零零的楊樹，所以他可以說相當熟悉這棵樹。總之，當他提到這棵樹的時候，我還是可以聽見他語氣中滿滿興奮之情。

⊙乾地

如前所述，針葉樹比起闊葉樹更能適應乾燥的環境。而在闊葉樹中，以下樹種則較能應付乾地的：楓樹、山楂、水青岡、紅豆杉、冬青和桉樹。

我住在一片乾燥的白堊岩土地上，有一次，在一場有趣的微探險中，我從家中出發，想找出一條能夠帶我經過最多棵這些樹木的最短路徑。我發掘出一條路徑，能在不到十分鐘的路程內，就能帶我從一棵紅豆杉，再經過好幾棵水青岡、一棵山楂、一對冬青叢和一棵栓皮槭。而若要再加上一棵桉樹，我得另外走上好幾個小時，才能在某個人的花園裡找到，因為桉樹是澳洲原生種。不過能在十分鐘內找到六種樹木中的其中五種也算是不錯。但同樣的挑戰，如果換到在花岡岩地或濕黏土地上進行，就會是一次漫長又困難，還很可能是毫無意義的任務，我問艾傑．塔加拉，在威肯沼澤的泥煤濕地上，這樣的挑戰難度有多高，

「那肯定超難的！我們這整個保留區連一棵紅豆杉都沒有，而且我很確定也沒有半棵水青岡，冬青則是沒幾棵。要找到山楂和楓樹之外的樹，那絕對是一段非常漫長的步行路程！」

⊙兩種極端

與眾不同的垂枝樺可以同時適應濕地和適度的乾地，我實在是超級尊敬垂枝樺的：它是那種在一趟又冷又濕的家族露營旅行中，最後一個抱怨的樹木。

大量的光

大部分樹木都會展現出某種喜好，要不是喜歡大量陽光直射，不然就是一絲光照都不要。一般來說，針葉樹喜歡大量的陽光，闊葉樹則是有些陰影也無妨，還是能活得好好的。而在兩類樹之中，也都有各自的層級，像是松樹就比冷杉還更偏好陽光直射，冷杉又大於雲杉，鐵杉則是最不需要陽光的。

我用松樹（Pines）、冷杉（Firs）、雲杉（Spruces）、鐵杉（Hemlocks）這四種針葉樹的首字縮寫（PFSH），想出了方便記憶的一句話：Pines Feel the Sun's Heat（松樹感覺到陽光的熱）。

以下則是在明亮又陽光普照的環境中最為繁茂的樹種：楊樹、樺樹、柳樹以及大部分針葉樹，尤其是松樹及落葉松。許多喜光的樹木在空曠開闊的地區都長得很好，你經常可以從遠處就看見松樹、楊樹、樺樹及柳樹。而當它們生長在森林裡時，則是在明亮的南面會長得比較好。林地南側的成排松樹，便是司空見慣的景象。

耐陰影度

能夠忍耐陰影的樹種都屬於烏龜樹，而這樣的耐受性，便是其生存策略中重要的一環。

能夠耐受陰影的樹，可以在喜光樹木下方慢慢生長，最終超越它們，往下給競爭對手投下陰影，證明自己才是生存競爭的贏家。到了這個時候，遊戲差不多就已經結束了，烏龜贏了！兔子樹無法承受陰影。

以下樹種的耐陰性都很強：水青岡、紅豆杉、冬青、鐵杉。紅豆杉不會花時間試圖要長得比樹冠還高，只會聳聳肩，繼續在陰影中過生活，畢竟對它們來說這是公平的比賽。

能夠耐陰的樹，在其他投下陰影的樹下，也是能成長茁壯的。

⊙曝露程度

每種樹對於低溫或高溫也都有各自的敏感度。隨著海拔上升，平均溫度會下降，平均風速則會提高。如前所述，當我們從山下往山上看時，會看見闊葉樹讓位給針葉樹，同時也會發現，所有樹種隨著海拔上升，也會變得更矮，我把這兩種特徵稱為「樹木高度計」。

在山上，到了一定的海拔高度，就連針葉樹都熬不太下去，林業人員也會在此停止商業造林，因為產量實在太微薄了。這裡便是整齊的造林地終結之處。造林地之上，針葉樹雖仍能存活，但和較低處相比，高度更矮也更稀疏，此時，我們也能在樹木之間看見空隙了。

針葉樹容易受到強風吹拂損傷，所以時常會看到山坡上的針葉樹，雖然勝過了闊葉樹的競爭，卻也因此看來悽慘不已[4]。在這些又高又冷的地方努力掙扎求生的矮小畸形針葉樹，在德文中被稱為「krummholz」，意為「扭曲的樹」。再高一點的地方，氣候已經太過嚴苛，任何樹木都無法生長，而這個海拔高度，稱為林木界線（tree line）。

而在更炎熱的氣候中，三種主要的雪松，黎巴嫩雪松、喜馬拉雅雪松和北非雪松，也都能游刃有餘地適應溫暖的山區環境。

⊙土壤

十七世紀英國園藝家約翰・伊夫林（John Evelyn）的樹木經典之作《樹木誌》（*Sylva*）的第一章中，便充滿了各種對樹木生長土壤的描述，不過就算到了二十一世紀，這個科學領域依然算是頗為年輕，還有很多空缺待補。幸好，我們很容易就能發現一些明顯的模式。

土壤分為沃土及貧土，某些土壤富含植物健康生長所需的養分，包括硝酸鹽等重要礦物質；貧土則缺乏了這些必要的化學物質。

白臘樹就喜歡潮濕，但不能是濕地的土壤，而且對養分也頗為挑剔，它們比起大多數的樹更需要肥沃的土壤。且白臘樹在低處的山谷也比高處更為常見。河谷之中，通常在河流附近都會有潮濕卻也不會積水的土壤，且這些土壤中，也都富含從高處的山坡沖刷下來的養分，這就是白臘樹最愛的地點。

胡桃樹則是喜歡深厚且富含營養的土壤，我在西班牙山中遇上的那些胡桃樹，就是找到了在這個區域中唯一可能存活下去的地點。水和養分聚集在兩座小山峰之間的低處深土之中，而這恰好提供了胡桃樹所需的一切物質。要是我隨便撿起一顆胡桃亂丟出去，就會掉在太乾燥、太淺薄和太貧瘠的土地上，胡桃樹根本就長不出來。榆樹也很喜歡肥沃的土壤。

而土壤酸鹼值的大幅波動，也會顯著地改變我們所能見到的樹種，其中的考量和土壤養分多寡是相同道理，因為酸性土壤通常頗為貧瘠。

赤楊和柳樹在濕地多半可以過得很好，除非是酸性土壤，而在泥煤土上，則是毛樺會長得更好，針葉樹也頗能適應酸性土壤。

⊙ 都市環境

都市環境對樹木生存來說頗為艱難，因為有大量的人群跟車流，不過也有其他不那麼明顯的壓力。都市環境比周遭地區更溫暖也更乾燥，也可能會有為了防止結冰而灑在路面上的鹽、狗屎和一大群想要挖爆這個世界的人。

世界各地的城鎮都會種植二球懸鈴木，因為其根系可以耐受緊密壓縮的土壤，樹皮也會定期脫落，使它比起許多樹種更能承受更多汙染。楓樹家族成員之一的岩槭也能得心應手地應對都市生活的壓力，甚至可能太過於適應，因此常常不請自來地在花園及公園中生長。

我曾受邀前往英格蘭西南部德文郡（Devon）的濱海城鎮巴德來索特頓鎮（Budleigh Salterton）的一間教堂演講。我停好車下車要尋找演講場地，但我滿腦子只記得教堂的名稱還有所在區域。於是我四處尋找紅豆杉的蹤跡，發現有幾棵林立在一條住宅街道旁，接著我望向空隙，終於及時找到演講場地。因為好幾個世紀以來，在教堂墓地和城鎮其他重要場所，都會種植紅豆杉。（在鄉村地區，紅豆杉則是代表此處放牧的牲畜很少，因為這種植物有毒，所以兩者無法共存。）

樹木在自然環境中，並不會長成筆直的一排，就算是那些沿著河流生長的樹木，也會順著河流弧度顯現出彎曲的線條。因此依照這個邏輯，只要看到筆直的直排樹木，就表示這是人為種植的。最為明顯的例子，便是通往某個宏偉建築的正式林蔭大道，不過還有許多更有趣的例子。

黑楊便經常種植成一排，標誌著地產、村莊及農場的邊界，一旦認識它們就非常容易辨認出來。它們會比地景中的其他樹木還高，細瘦的樹枝伸向天際。經過練習之後，要辨認出出黑楊的型態，可說就變成一種直覺了，而我經常用這招來辨識出隱藏村莊的位置。這種樹屬於親水的楊樹之一，所以這也經常算是雙重線索：水邊的文明聚落。

在一片地景中串起各式線索時，實在令人相當心滿意足。前幾天，我給自己設定新的挑戰：走下薩塞克斯（Sussex）的一座山丘，要尋找一座村落，只能用樹木當作指引。在北坡的山坡處，我發現白

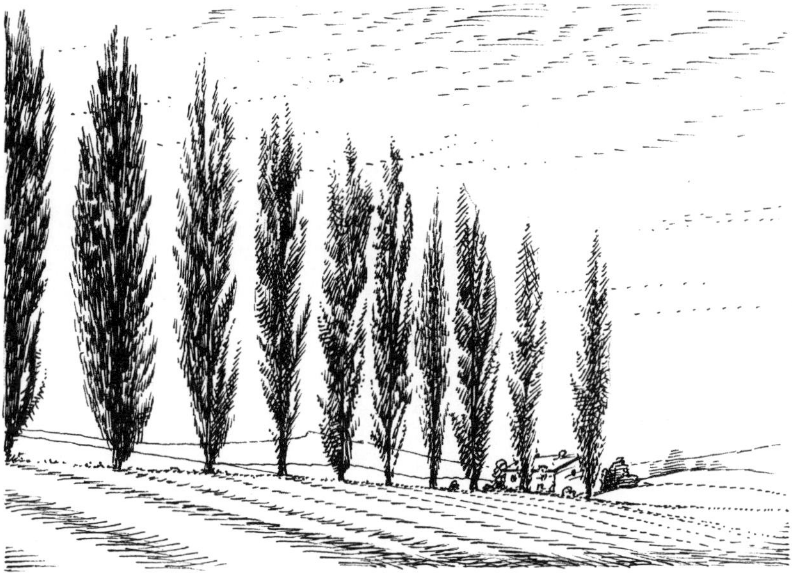

黑楊是水邊文明聚落的線索

臘樹在肥沃潮濕的土壤上長得非常茂盛；稍微遠一點的地方，則是柳樹排列在一條溪流兩側。水流引領我來到村莊，當我地看到平線被一排傲立的黑楊打破時，就知道自己已經抵達目的地了。

⊙環境擾動

所有植物都對環境擾動相當敏感，如果土地遭到暴風雨、火災、洪水、人為濫伐或過度利用破壞，某些樹種就會長期放棄在此生存，不過也有其他樹種樂意在災難結束後立即重新生長。以下樹種即屬於勤勞的拓荒者，能在受到破壞的地區迅速生長，如果你看見很多年輕的樹木，那就代表此地曾發生過嚴重的干擾：柳樹、赤楊、落葉松、樺樹及山楂。

這些樹種全都屬於先驅樹，像兔子一樣在短跑中獲得勝利，不過一個世紀以後，大多數都會絕跡，被巔峰的烏龜樹取代。而這也代表這些樹會形成一類特別的地圖，暗示著近期曾出現大動盪及劇變，告訴我們地景最近經歷了重大改變，我們應該尋找出原因。

落葉松屬於先驅針葉樹，在四季中看起來和其他大多數的針葉樹截然不同。夏季時它們擁有獨特的淡色葉片，而與大多數的針葉樹相比不同的是，落葉松顧名思義是落葉樹，針葉會在冬天掉落。落葉松會在人類試圖穿越森林開闢道路之處迅速生長，因而形成一張有用的地圖，在針葉林中標記出常用的林道。隨便爬上一座附近的山頂上觀察，你就能看見落葉松淡色的線條蜿蜒穿過顏色較深的樹木，標誌出車痕累累的道路。而你也常常能發現，一大片落葉松圍繞著一座儲木場或正在進行林業活動的地點[5]。

在容易發生野火的地區，則是上演著另一種不同的生存競爭。沒有任何樹木能輕鬆應付火災，不過一些樹種比起其他樹木，演化出更能忍受火災的能力，而且隨著時間經過，往往也會勝過易受火災影響的樹種。例如，花旗松在美國太平洋西北地區容易發生野火的地區，絕大多數的時候都是生存競爭的贏家[6]。

在許多荒野山地景觀中，松樹燒焦的樹幹也會出現有趣的模式。比如在加納利群島（Canary Islands）的拉帕瑪（La Palma）這類地方，樹木就頗為頑強，能夠應付乾燥又多岩石的地形及高海拔，還具備耐火性。當野火在林間延燒時，樹木的一側會特別焦，受損程度也更明顯，如果你花點時間去觀察松樹顏色比較深的那一側，那麼這種一致的趨勢，就可以當作自然領航的指南針。

⊙ 海岸

在你聞到第一絲海風的氣味前，空氣中的鹽分可能就足以殺死許多植物了。鹽分造成的脫水效果，可達到內陸二十公里。在我們能夠看見海時，多數的內陸植物都已經被耐鹽的物種取代了，或者最起碼，它們也會在葉片上出現掙扎的跡象。而等到我們可以在臉上感受到海浪的水花時，就只有少數植物可以存活了，只有少數極其耐鹽的物種才活得下來。

少數幾種強韌到不可思議的矮小物種，像是海甘藍，這是種類似甘藍的植物，便可以生存在飛沫帶（Splash Zone）的多石沙灘上，不過敏感的植物就不能住在這了。沒有任何樹木會需要海邊提供的大量鹽分，但有少數依然能夠承受這種環境。

岩槭出乎意料地頗為適應海邊，因為它擁有厚重的蠟質葉片以及能夠抗鹽的根系[7]。我記得曾沿著威爾斯彭布羅克郡（Pembrokeshire）的一條濱海步道漫步，隨著我接近海岬，我走了整整半個小時才開始看到樹木。接著我看見了一片受到鹽風摧折的岩槭，明顯頗為憔悴，不過依舊昂然挺立不屈。這些岩槭靠海邊一側的樹葉呈現棕色又皺縮，明顯是被鹽給「烤焦」了。

而我家附近，唯一能在離海這麼近的地方生存的樹木，通常會是檉柳。我覺得所有能夠抵抗逆勢的樹木都是美麗又迷人。某天我就站在英格蘭東南部薩塞克斯郡西威特靈（West Wittering）的海灘上，迎著一陣往岸上吹拂的強風往後傾倒，欣賞著一排檉柳。當時是九月，猛烈的秋風從沙灘上颳起沙子，讓游泳甚至是衝浪的人都不敢下水。不過檉柳還是挺立在此，堅守著陣線，即使鹹鹹的浪花拂過其穗狀的淡粉花朵，也不為所動。

這麼多度假勝地看起來都很像的其中一個原因，便是建築常常都沒什麼新意。另一個原因則是，只有特定的樹種可以忍受我們度假時喜歡的事物：高溫、海洋和沙灘。棕櫚樹因而成了行銷的象徵，下意識地暗示我們一定會享受到陽光、海洋和沙灘。這是一種堅韌又獨特的樹，自有一條演化路徑，跟其他大部分的樹相比更接近草類，這使其能夠在沙灘和觀光宣傳手冊上存活。

椰子樹也會彎向海邊，這樣才能把種子（也就是椰子）落進海裡，並準備好漂向另一段新生活，不管是繼續沿著海岸邊，或是到另一座島上。多數海灘都擁有「海風」，即從海上吹向陸地的涼爽微風，椰子樹的樹幹雖彎向海邊，樹冠卻經常被微風吹往相反的方向，這就是其標誌性外觀的由來：樹幹朝海彎曲，樹頂則彎向相反方向。

大海會帶來嚴酷的鹽風，不過這對大自然來說，並不全然都是壞消息，因為它在冬天時也會帶來溫暖的空氣；夏天則帶來涼爽的空氣。棕櫚樹討厭霜凍，所以在海岸邊長得特別好，即便在涼爽的溫帶氣候，仍能在靠近海的地方生存下來。

在少數幾個地方，海洋性氣候進入內陸的距離恰到好處，因而創造出一種獨特又罕見的生物群落，稱為「溫帶雨林」。溫暖又非常潮濕的空氣進入內陸時，就會失去大部分的鹽分，卻保留了絕大多數的濕氣與溫和的溫度，這確保了高濕度及穩定的溫度。北美洲和歐洲的西海岸，涵蓋部分的英國和大部分的愛爾蘭地區，便擁有小片或帶狀的溫帶雨林。我就曾在德文郡的溫帶雨林裡度過潮濕又開心的一天，這也很容易就理解為什麼這些地方被稱作雨林：它們就像是溫和版的叢林，綠意盎然。

在西班牙涅韋斯山國家公園的旅程結束後，我開車離開山區，我打開的車窗讓松林的香味流入車內，道路蜿蜒往下，而松樹也轉變成橡樹，一路往下延伸直到海邊，我停好車，然後走向海灘。在我跳入水中之前，最後經過的樹木便是棕櫚樹。

03 我們看見的形狀

一個溫暖的四月晚上，我和朋友在當地的酒吧吃完晚餐後，走過山丘回家。太陽在一小時前就下山了，空氣相當溫暖，天上也幾乎沒有雲。大自然不請自來地上演了一場精采的表演，明亮的獵戶座眾星和火星相映成輝，最黯淡微弱的新月出現在西邊。最後一抹光線正在消逝，最終的粉色和橘色餘暉懸在樹後。林地在地平線上畫出一條紮實的黑線，不過我經過的每棵樹木的剪影，卻顯現出更多特徵。

如果你跟著我一起走，那我很確定你也會發現一棵孤立的尖塔狀樹木，並認出這是棵針葉樹。而在幾分鐘後，我們經過那棵更加圓潤的樹形，則會驕傲宣布它是棵闊葉樹，在這個案例中是一棵橡樹。不過在那頭，在史林頓村（Slindon）的邊緣，被最後一抹陽光及村民的第一盞燈從背後照耀的樹木，則呈現了截然不同的形狀。一對擺盪下垂的樺樹枝條，幾乎是哀傷地懸掛著，和先前我們看見的兩種形狀大不相同。英國詩人柯立芝（Samuel Taylor Coleridge）曾將樺樹稱為「林中女士」[8]，或許是因為這往下垂落，輕柔又細瘦的樹枝，帶有什麼女性特質也說不定。

在短短數百公尺內，就有三種非常不同的樹形，那麼世界上究竟存在多少種基本形狀呢？是只有幾種、上百種，還是無限多種？地球上雖然存在數千種不同樹種，不過根據一九七八年某項關於樹形的學術研究中所得出結論，認為只存在二十五種基本形狀[9]。這聽起來是個很棒的想法，但每個科學家都可以提出不同的數目。但更為重要也更為有趣的，其實是這些形狀背後的原因。

我們看見的樹木，反映了樹木和我們周遭的環境，這便是環境的天擇壓力，而遊戲規則相當簡單：適者生存。這形成了一種過濾機制，讓我們只看得見贏家，但這也提出了一個有趣的問題：為什麼我們不會看到很多外觀相似的樹木呢？這有三個原因：

首先，土壤和氣候愈友善，過濾機制就沒那麼嚴苛，也就有更多不同物種可以存活。這為我們帶來一個基本的線索：如果你在一片地景中看見許多不同樹形，就表示這個環境友善又容易生存。你也會看見很多人類、動物和小型植物。

第二，每棵樹都過著和鄰近的樹木不同的生活，而其形狀便反映出了這點。村莊邊緣的兩棵樺樹明顯是相同物種，但看來卻不盡相同也不對稱，樹枝皆遠離彼此。氣候、天氣、光線、水分、土壤、生存競爭、環境擾動以及動物和真菌，這些都可能改變樹木的形狀。這兩棵樺樹會長成遠離彼此，是因為較老的那棵是朝著南方的光源生長；年輕的那棵則是為了遠離年長樹木投下的陰影。只要你看見緊鄰生長的一對樹木，便會發現這種模式——較老的朝南方的陽光生長；年輕的則朝著唯一剩下的光線處生長，也就是遠離鄰近的樹木。

第三，時間也起著重要作用。如果我們幾十年後重回舊地，可能不會看到一模一樣的景色，甚至連樹木也會是不同一棵。如果我夠幸運能有孫子女，而他們也沿著相同的路徑散步，那麼史林頓村的每棵樹看來都會大不相同。這對樺樹非常有可能早已消失，因為樺樹的壽命跟人類相仿。

我們看見的每一棵樹，都反映出這三種影響：基因、環境和時間。我們一旦學會辨認這些塑造樹形的力量，這些影響所留下的印記就會變成承載意義的故事。接下來我們就依序來看看這些例子，就先從基因因素開始。

冒險者

為什麼樹木如此擅長在大自然中生存呢？其中的祕密是什麼？如果我們可以回答這個問題，就可以開始一步步了解我們看見的樹形。刪去法可以幫助我們找到答案：如果我們能找到樹木共有的特徵，那肯定就會是重要的線索。

很顯然，那不是葉片、樹皮、樹根的顏色或紋路，這些特徵在不同樹種間都大相逕庭。也不會是樹木繁殖的方式：針葉樹和闊葉樹就是採取截然不同的方式。所有樹木都共享的唯一特徵，便是樹幹都具有一定高度的樹幹，這些樹幹能夠經年累月地持續存在[10]。

高度是重要關鍵：一棵樹愈高，就愈有可能得到大量陽光。可想而知，能夠長得最高的樹，便能在生存競爭中贏過其他所有樹木，而我們身旁也只會圍繞著超級高的樹了。但實際上並非如此，樹要長高，需要大量的能量，同時這也代表要將大量的水分輸送到極高處。這也會讓樹木更容易受到強風和鬆軟的土壤影響，所以需要做一些適度調整。不過要是這樣就能解決問題，那我們身旁為什麼又不是圍繞著各種高度適中的樹呢？這是因為會出現「建塔問題」。

想像一個無聊、有錢還有點瘋狂的朋友，邀請你和另一個朋友玩個遊戲。你們兩人都會拿到一盒小木磚，並且有十五分鐘的時間，可以在桌子上盡可能地建出一座最高的木塔。假如你的塔倒了，你就馬上落敗，而贏家可以得到一千英鎊，輸家一毛也沒有。同時，你們兩人會各自在不同的房間進行，看不見彼此，那你該怎樣獲勝呢？

在你接受這項挑戰的幾分鐘後，你就領悟到，這不僅僅是考驗技巧更是測試人格特質和策略。你是要在一個可觀的高度後就停手？還是要繼續嘗試，想辦法愈蓋愈高呢？隨著時間一分一秒經過，你也會發覺再多蓋一層就有可能會讓整座塔垮掉然後你就輸了。但是打安全牌風險也很大，如果你的朋友覺得你會打安全牌，那他可能會再多冒一點風險並打敗你，第二名可是什麼獎勵都沒有。

樹木同樣也會面臨生存策略的困境，如果把所有能量都投資在長到非常高上，最後卻得不到獎勵——也就是大量的光線，那就算是輸了。而且，由於大自然可能跟你朋友一樣是個邪惡的天才，輸掉就代表死亡。

所以，如果你從稍遠處觀察一片森林，你可能時常會看見一兩棵樹木長得比其他樹木還稍微高一點，這些樹木就是冒險者，為了追求更多陽光而冒險多蓋了一層木磚塔。他們樂於冒著風暴的打擊，以期贏得陽光這個偉大的獎品。每一座森林中，都會有些比起鄰居更願意冒險的樹木。在我散步途中，我便注意到，水青岡比起橡樹更樂意迎戰危險的強風，且也常常會長得比橡樹還高。

假如你要加入這場為了得到很多陽光而努力長高的遊戲，那你就必須帶著必勝的決心，你得盡可能長得愈高愈好，卻不能結構不穩或是倒塌，但要是還有另一種遊戲策略呢？

⊙ 矮或高

在我十一歲左右時，學校裡有個勇敢的胖小孩，我永遠都忘不了他。我們以前冬天時每週都必須參加一次越野跑，而大多數人其實都不怎麼喜歡在寒冷跟潮濕中跑上一個小時所必需付出的努力。我們常常都會抱怨一下，然後才認命去做。但那個小孩，我就叫他傑克吧，他覺得這就是個愚蠢的遊戲，而且他不想參加。他必須參加賽跑，這是強迫性的，要是他不來，他會惹上更多麻煩。但是傑克決定用他自己的節奏跑。他跑得速度非常慢，他會不情願地慢跑一下，然後再走一下，停一下，再慢跑個幾分鐘。

每次賽跑開始時，我們都會回頭望著傑克消失在視線中，所有人都感到驚訝，覺得他竟然就這麼不想參加，還用這麼故意的方式。我們跑完之後，會雙手撐在膝蓋上氣喘吁吁休息一會兒，並聊著我們掙扎著跑過的泥濘溝渠。幾分鐘後，我們又會回頭看看，幾乎是滿心期待地想看看傑克還要多久才會出現。有時候，他慢跑過最後一個彎道時，我們都已經沖完澡出來了，而他總是面帶微笑，還常常是大笑不止，不過可能也帶點哀傷。他通常會得到一陣掌聲，這讓老師們超級不開心，這讓我們又拍手拍得更大聲了。傑克就是不墨守成規的人，而這是我在那個年齡或那種情況下永遠沒有勇氣做的事。

大自然中也有這樣不墨守成規的人。如果你試著不想跟所有人一樣贏得相同的遊戲，而是改變遊戲規則會怎樣？要是目標並不是長高以獲得更多的陽光，而是充分利用少量的光線呢？這樣一來，就沒必要在這場通往天空的衝刺賽中打敗所有其他的樹木了。

有些樹就是不會長高，永遠都不會：這些樹總是維持矮矮的，只比成人的平均身高稍微高一點而已。在寫這段文字時，我可以把手伸出窗外觸碰到一棵成熟榛樹的葉子，這棵樹幾乎和我一樣高。它就長在好幾棵高聳在我們上方、高達三十公尺的水青岡陰影中，它們根本就是樹版傑克，我都聽得見榛樹在大聲嘲笑這些過度熱切長高的樹木了。用一句古老的諺語來說：「**聰明的樹會解決問題；睿智的樹則會避免問題。**」*

在許多情況中，比如和朋友或伴侶意見分歧，折衷妥協都可能是最好的答案，不過在大自然中這往往和自殺無異。在高度和光線的遊戲中，樹木所能做的最差的策略，便是使用大量能量卻只長到高大樹木一半的高度就停止。這樣會快速用光能量，因為它投入太多能量卻收穫太少，樹木的高度可不能折衷妥協。

這就是為什麼我們會發現，有很多高大的樹木跟很多矮樹，卻很少有樹木高度介於兩者之間。矮樹通常約二點五公尺高，比成人平均身高稍微高一點；高大樹木的高度則不盡相同，不過仍可以輕易長到超過三十公尺。如果我們看見介於「矮跟高」之間的樹，那很有可能是年輕的高大樹木，

* 這是我自行修改的版本，出處是一句常見的諺語，原本講的是「人」，不是「樹」，大家時常認為這句話是出自愛因斯坦之口，不過真正的來源並不清楚，眾說紛紜。

因為在野外的大自然中，成熟的樹木通常不是矮樹，就是高樹。

矮樹比中等樹木適應力更強還有另一個理由：在林地附近其實比起樹木的半空處，還擁有更多可用的光線資源。這是很簡單的光學效應：所有通過高聳樹冠間狹小縫隙的光線，都會呈現錐狀，頂部雖微小，在地面上卻更為寬闊。隨著太陽在樹冠上移動，錐形也會跟著在地面上移動，這代表地面附近會擁有寬闊又持續更久的微弱光線區塊，比起可能出現在高樹半空處的一抹短暫亮光還更加可靠。

但我在此必須澄清一件事，我是把樹木的選擇擬人化了，因為假如我們想像自己參與在遊戲中，會更容易解釋一些概念，比如使用的策略。但很顯然，樹木並不會和我們一樣思考或擬訂策略：演化早在樹木的生命展開之前，便已強迫做出選擇了。這些選擇已經編織在每個樹種的基因

矮或高不同的生長策略

之中：早在第一片葉子長出來之前，樹木就已註定好是要長成矮樹或大樹了。如果你好奇這是怎麼發生的，演化的機制可說是直截了當的。

假設有一種早期的樹種，隨機突變使得它某一年產生了三顆帶有不同基因的種子：一顆是這棵樹非常高的版本、一顆是非常矮的版本還有一顆是中型版本。而這三顆種子全都落在優質的土壤上並發芽，但只有最高和最矮的後代活得夠久，能夠再產生自己的種子，中型樹長得夠高卻無法在陰影中生存於是死亡，而「中型」基因也隨其一同消逝。於是，下一代便只包含非常高和非常矮的樹木了。在這個例子中，過程只花了兩代時間，不過在大自然中，這一過程可能會花上數千年，但效果是一樣的：演化會淘汰糟糕的生存策略。

圓錐與圓球

強迫樹木變矮或長高的同一種演化壓力，也會在其他許多地方發揮作用。針葉樹通常會是圓錐狀，而大多數闊葉樹則更加圓潤。針葉樹已經演化出能在高緯度生存且冬天不會落葉的能力，這意味著針葉樹能應付大量的積雪。雪會從往下垂落的細長樹枝上滑落；但雪會堆積在闊葉樹較沒有弧度的樹枝上最終壓斷它。又高又瘦長的樹形也能協助樹木從幾乎無法爬上天空的低懸太陽那邊收集光線。在炎熱乾燥的地區，同樣的圓錐狀則有助於降低日正當中時的輻射熱。

樹木是由其頂端所控制，每棵樹長得最高的部分，也就是每棵樹的樹頂，稱為「頂芽」。頂芽會釋放一種稱為「生長素」（auxins）的化學物質，它會沿著樹幹而下，控制樹木的其他主枝幹如何生長。不同樹種的做法也不盡相同，不過很容易就可以發現某種共同的趨勢。針葉樹的最頂端有強勢的指揮者：生長素會傳遞強烈的訊息給所有較低的枝幹，命令這些部位慢慢生長。這就是為什麼，大多數針葉樹都長得又高又瘦長。最低的樹枝緩慢生長的時間也最久，這便是樹底會比樹頂還要寬闊，且許多針葉樹都會呈尖塔形的原因。

闊葉樹的領導者則較為溫和，也沒那麼強勢。這些樹的頂芽傳遞較為溫和的信息：可以生長沒問題，但請盡量不要長得比頂部還快，稍微往外擴展一點也沒問題。這就是為什麼，橡樹、水青岡，以及大多數的其他闊葉樹，跟針葉樹相比，外型會更為圓潤。

強勢的樹頂：又高又瘦的樹木，包括針葉樹。
弱勢的樹頂：圓形的樹冠，包括橡樹。

這一切都運作得很好，直到發生政變為止——把樹木頂端砍掉。無論是風暴、園丁或動物，不管是誰需要為此負責，都會導致頂芽的老大垮台。生長素不再往樹幹下方流動，也就導致較低的樹枝不再踩煞車：它們會開始長得更快，並出現新的樹枝。而這也算是種有效的生存機制：讓樹木可以在災難發生之後改變生存策略並重新開始生長。

斬首也會造成一些有趣的模式——這就是為什麼樹籬會長得如此茂密：每一次修剪都會造成愈來愈多的細小枝枒出現[11]。這也是業者如何讓聖誕樹變得更茂盛，不那麼纖細的方法[12]。我們詳細探討樹枝時會再回頭討論這些模式，目前就先試著找出幾種不同的樹形，並確認樹頂的老大是屬於哪一種：控制狂或是好相處。

塗鴉會留下

是時候改變我們的思考方式了，雖然不能說這完全是個迷思，但關於樹木如何生長，還是存在頗為廣泛的誤解，如果想要好好理解我們所看見的形狀，那就必須弄清楚這些誤解。

試著找一棵有著又粗又低樹枝的樹，你只要稍微踮個腳尖就可以碰到。當你盡可能地伸展身體後，你的指甲就能劃過樹枝底部的樹皮。問題來了：如果你五年後再回來，你還能碰到同一根樹枝嗎？不過我們是先假設你不會長高、縮水、換鞋子或是做了任何會搞亂這個實驗的事。我們是試著要弄清楚，當你回來時，那根樹枝是會變低、變高或是保持在相同高度。

也許你還是孩子時，還蠻樂於從種子開始培養向日葵或是其他能奇蹟般快速成長的植物。我們都很習慣看著幼苗萌芽，接著蜿蜒向上生長的過程。我們幾乎都能看見它的動作了：每週這株細小的植物都會明顯長高。也許你也曾看過那些內容是相同過程快速播放的影片。這些都是很有趣的體驗，但這在我們腦中種下了誤導的想法，使我們誤解了樹木是如何生長的。

樹木有兩種生長方式：初級生長（Primary Growth）、次級生長（Secondary Growth）。「初級生長」就和向日葵生長的方式如出一轍，幼苗會往上長形成綠色的莖。不過莖一旦長出來之後，樹木就會形成樹皮，並繼續進行另一種不同類型的生長。「次級生長」指的是已經覆蓋著樹皮的樹幹以及樹枝的增粗增厚。這裡的重點是：樹皮一旦形成，那個部分的樹幹就不會再往上生長了，它會變得更粗但不會長高。同樣的原理也適用於樹枝：樹枝在末端會繼續變長，但靠近樹幹的部分只會變得更粗而不會繼續向外生長。

樹幹的最頂端，即頂芽，依然會繼續往上長，並隨著初級生長愈長愈高，但比較低的部分則不會。如果你在樹皮上刻一條線，也不會年年變高，不過我不鼓勵大家去做這種事，因為這對樹木有害。不過你會因此發現，樹上刻下的塗鴉並不會愈跑愈高，就算再過十年也不會。如果會的話，我們就會在頭頂處看見「里歐愛蓋瑪」，並沒有，我們還是會在相同的高度看到相同的塗鴉，就是被愛沖昏頭的里歐，十年前刻下的地方。

回到我們剛剛的問題：沒錯，五年後你還是碰得到那根低樹枝。事實上，還會變得更簡單。因為那根樹枝會變更粗，但不會變得更高，這表示最低的部分，實際上會變得更低。

陽傘效應

樹木的形狀揭露了它的生存策略，如果一棵樹全力以赴想要贏得高度競賽，它就無可避免會擁有很多較低的樹枝。這些樹枝要不是位在較高樹枝的陰影中，就是很快會被遮蔽在陰影中。

這類樹木有個問題，就是需要盡可能動員每一焦耳能量，以便爭奪樹冠頂峰的位置，但現在卻帶著許多受到陰影遮蔽的低矮樹枝，它們無法幫助它達成目標。我們知道這些較低的樹枝，只會停在那個高度不動：它們永遠都不會超過樹冠。如果你是棵喜歡陰影的樹，那沒什麼問題；但高大的樹木並不是這樣，不過它們有個巧妙的解決方式：擺脫這些樹枝。

喜歡大量陽光直射的樹，比如松樹，會長得很高並留下較高的樹枝，並擺脫較低的樹枝，使其外觀看起來「頭重腳輕」，我稱之為「陽傘效應」（Parasol Effect）。松樹可以說大大展現了這個特質，

不過在大部分樹種身上，也可以程度不一地看見這個現象。當我從小木屋的窗戶向外看時，就能看見水青岡幾乎覆蓋了其他所有樹種，且在接近地面處也沒什麼枝幹。其他一些更矮小的樹種，包括幾棵山楂跟榛樹，則會保留較低的樹枝。

如果你仔細觀察針葉樹的輪廓，就可以在不同樹種間發現都有這個效應。你也會記得松樹比冷杉偏好更多陽光，冷杉又大於雲杉，雲杉則大於鐵杉：松樹感覺到陽光的熱（Pines Feel the Sun's Heat）。而我們也能在這些樹木的身形中看出大致相同的模式：鐵杉的低矮樹枝比雲杉多，雲杉比冷杉多，冷杉又比陽傘般的松樹還多。

在一條我經常去遛狗路徑上，我們很快就會經過一棵加

左至右：松樹、冷杉、雲杉、鐵杉。可看見針葉樹不同的陽傘效應。

州鐵杉，它的樹葉在手中磨碎時會散發一股好聞的葡萄柚香氣，我還蠻享受偶爾揉碎它們來聞聞。二十分鐘後，在接近山頂附近的某處林中空地，我們則會遇上一棵高聳的歐洲松昂然挺立。

松針也帶有一股有趣的味道，讓人想起熟悉的野外微風，有點檸檬味又清新宜人，但又有點小澀味，幾乎像是藥味。（而它也真的可能有藥用價值：它肯定殺死了許多樹木的病原體敵人，相關研究表明它對我們也有好處。）我蠻喜歡這個想法的，拔下一些松針在手掌中磨碎並深吸一口氣，但這個想法並不切實際，最接近我的活生生松針，可是在我頭上十五公尺高處。

通常來說，如果我們碰得到成熟樹木的葉子，那這種樹就屬於耐陰的樹種，我都用這個口訣來記住這個規則：「**樹葉低、陽光少**。」

陰影窄、陽光飽

我們至今觀察到的大多數趨勢，都是命中注定和源自遺傳的：它們就位在基因之中。不管大自然如何影響，冷杉看起來永遠都不會像橡樹。然而，仍有不少模式是受到環境決定的，而陽光正是主要的影響因素。

樹木並不知道，自己需要長到多高才能超過競爭對手，而要是長得比必要的還高，就可能會帶來風險。面對這個挑戰，樹木則是使用另一個簡單的解決方式來應對這一挑戰——它們感知並回應光照程度。往上長的唯一理由，就只是要接觸到陽光而已：因此一旦樹木感受到亮光，就不需要再長高了，並進而依此調整和安排生長計畫。

因為只要樹木的最頂端，也就是頂芽位於陰影之中，它就會持續釋放出化學信號，促使整棵樹快速長高，並抑制低處樹枝的成長。而只要頂芽察覺自己完全接觸到充足的陽光了，就會改變信號內容：樹木會減緩向上生長，並使枝條向外擴展。我們並不會即時看見這個過程，不過累積而成的效果，可以說是顯而易見的。

找個任何你經常看見的樹種，那你很快就會觀察到：樹木在森林中或是其他陰暗的地方，會偏好長得更高更瘦；但在開闊又光照充足的地方，則會長得更矮也更寬。

造林的人會把樹種得很緊密，因為這樣能最大程度地利用這些效果。樹幹才是樹木最具商業價值的部分，其他側枝常常只是阻礙伐木而已。這有點諷刺，要種出最棒樹木竟然要種得這麼擁擠，這代表樹木獲得的陽光比需要的還更少。不過這確實很有效：樹幹會長得又高又筆直，也不會旁生太多枝幹。這也是為什麼你會看見樹木朝著風暴或是伐木過後在林間造成的新空隙生長。光照程度突然增加改變了樹木生長的方式，減緩其向上生長，並促進了枝幹的橫向生長。

有時你也會遇上某棵樹木看似違反這個規則，也許是棵生長在開闊處的高瘦橡樹；或是森林中有棵又矮又茂密的樹。這其實是暗示地景改變的線索。開闊處的高瘦橡樹，生長時環繞四周的樹木，之後都消失了。森林中的那棵矮胖樹，已經獨占了那塊地好多年，現在卻被生長更快的樹木所包圍。

樹木究竟需要長幾層？

有沒有可能你曾見過某件事物上千次，卻從來都視而不見呢？當然有，而現在正是時候，讓我們來好好探討一個很好的例子了。

人們容易認為，生長在充足陽光下的葉子，長得會比生長在光照程度一半以下的葉子還要上好兩倍，但事實上，大多數的葉子，大概在百分之二十的陽光下就可以長得很好[13]。這聽起來很怪，因為樹木付出了這麼多努力，只為將樹葉往陽光推，不過如果最頂部的樹葉擁有充足完整的陽光，那麼那些稍微低一點的樹葉，其實可能大多數時間都位在一部分的陰影之中。

那些演化成在開闊明亮空間生長的樹，像是樺樹和山楂，會得到照射程度不一的大量陽光。而那些演化成要努力長高突破樹冠的樹，比如大部分高大的樹木，在突破之前，樹冠都只會得到少量的陽光，就算在突破之後，也只有在頂部附近能接收到陽光。這便是不同的光照環境，如果這兩種樹是採取相同的樹形策略那也是非常奇怪的事。所以事實上，它們並不相同。

樹木通常可以區分成「多層」或「單層」兩類。那些專門在陰影中生長，接著抵達樹冠頂部的樹，例如水青岡，結構便較為扁平，它們大多數的樹枝都會在相似高度伸展，也就是一層，或者說「單層」。而樺樹這類生長在開闊空間的樹，則會在不同高度伸展出樹枝，即「多層」。

當大多數人開始仔細觀察這個現象時，每棵樹看起來好像都是多層的。這是因為，我們是在一個開闊的環境中看到這麼多樹木，而如同我們在「陽光飽」效應中所見，樹木在明亮的地方，形狀會變得更為圓潤。但只要走進一座闊葉林，然後抬頭一看，就會看見許多單層樹。如果說大多數的枝幹都非常高，你連拿石頭丟都丟不到，那你看見的就屬於單層樹，而假如樹枝從頂部到底部都有，而你丟石頭可以丟到許多樹枝，那就是多層樹。

要想像演化如何又為何要創造出這兩種樹形會有點困難，但如果我們把陽光想像成漏水就會容易一點。

幾個月前，我們發現廚房的天花板開始漏水，我的心一沉，並跑到樓上，我猜測問題根源隱藏在一個櫥櫃裡，果然，漏水的地方就是熱水槽底部附近的某個閥門。

幸好，水漏得很慢，所以我在閥門下方塞了一個碗接水。接著，我在那瞎搞了半天，事情卻依然維持原樣後，我打給我們家友好的暖氣工程師湯姆（他是個挺有趣的人：除了是室內暖氣系統專家，還一邊在讀一個原子能量冶金學的博士學位，但那是另一個故事了。）湯姆承諾他會盡快過來，但至少要等到二十四小時之後。

「沒問題啊，」我說，「只是慢慢在漏水而已啦，我大概用碗就可以接完全部了。」不過我在語氣中稍微展現了一點點迫切。

接下來六小時，我不斷檢查那個櫥櫃，小碗其實滿得非常慢，我幾乎不需要去更換它。但是情況改變了，漏水的速度加快，碗很快就滿了。於是我傳訊息給湯姆，我在他抵達前那幾

左至右：多層、單層。有不同的捕捉陽光策略。

個小時的目標非常簡單：我得找個方法阻止水從閥門往下流到櫥櫃裡才行。如果我能達成這點，那就不會有半滴水跑進廚房裡。我沒辦法把更大的碗塞進水管間原本的空間了，所以我又多放了一個同樣大小的碗，就塞在第一個碗下面。湯姆到達時，櫥櫃裡總共已經放了四個碗了，一個疊著一個，讓漏水一層層往下流，並給我時間更換滿出來的碗。

而說來奇妙，這整件事就是葉子試圖對光線做的事，如果我們把光線想成是從上方漏水的形式抵達，那葉子的目的就是阻止光線來到地面：這樣就會是浪費光線，而大自然痛恨浪費。假如光線沒那麼多，那樹頂附近的單層樹葉（只要擺一個碗）就可以完成工作了，可是如果到來的光線超過一層葉子所能收集的量，那在更下方再長出另一層葉子，就變得有意義了。

在陰影遮蔽的樹林中，樹冠頂部附近的單層樹葉就能捕捉所有陽光。而在明亮開闊的地區，我們則是可以想像光線從樺樹的多層樹葉間一層層往下流，而當側面也有光線時，多出來的數層樹葉也能使功效加倍。

往外而後往下

我們現在已探討了幾種基因改變樹形的方式，以及環境是如何雕塑樹木的，即自然的生長。而我們要考量的第三個層面則是時間。

樹木會隨著時間愈長愈大但形狀也會改變，特別是當它們年老時。大多數樹木在老年期都會變得更參差不齊及不對稱。在許多樹種中，頂部的頂芽老大也會隨著年紀增長變得更好相處。松樹剛誕生時便帶有規律、良好的對稱以及乾淨俐落的金字塔形[14]。但後來則會愈來愈不在乎規則，風格也變得愈發波希米亞。樹木在中年時也可能擁有細瘦的頂部及保持良好的形狀，不過頂芽衰退的時刻總會到來，控制力降低，使得某些樹木的頂部變得平坦。紅豆杉年輕時也會往上長，但成熟期則是會橫向發展，而你也可以在某些年老的松樹身上明顯觀察到這樣的現象。

一旦頂芽衰退，低處的樹枝也會開始更加張狂地生長，使得樹冠形狀變得更加圓潤。這也表示，早期屬於單層樹的樹木，隨著年齡增長，通常也會長出更多層樹葉。多數的單層樹在老了之後外觀都會逐漸變成多層樹。

我都用一種奇怪的方式想像這種橫向發展的現象。頂芽就像是位嚴厲又苛刻的祖父，低處的樹枝則是靜不下來的孫子，想要出去外面玩。於是祖父訓斥孫子：「不行，你可不能到外頭去，外面濕答答的，你會弄髒衣服、弄髒地毯！」不過孫子靜靜等待時間，最終脾氣暴躁的老祖父終於累了，在他們的搖椅上打起盹來，孫子迅速衝出門去。

一棵樹年紀非常大，成為老樹之後，頂部很可能早在非常久以前，就先於低處死去，因而從頂部凸出的是死去的枝幹，下方則是蒼翠又健康的枝枒，這個過程便稱為「緊縮」（retrenchment）或「向下生長」（growing downward）。

每個樹種發生這些現象的組合都不盡相同，某些樹會比其他樹還明顯，有些樹，比如說古老的橡樹，頂部就擁有凸出的死去樹枝，視覺效果實在頗為驚人，甚至擁有一個外號稱為「雄鹿角樹」。

04 消失的樹枝

樹枝自有一套無聲的語言，可以在我們的地景中占據一半的位置，卻還是保持低調。下一次你看見某棵先前沒見過的樹時，可以試試轉身背對樹木，然後盡量詳細地形容一下它的樹枝，不准偷看哦，你覺得很困難嗎？

一八三三年，六名農工在英國多塞特郡（Dorset）托帕德（Tolpuddle）村的一棵岩槭下相聚，決定挺身對抗日趨惡化的薪資和權利，後來他們因祕密立誓被捕，遭判七年強制勞動，並發配往澳洲植物灣（Botany Bay）。

此事引發群情激憤，八十萬人連署請願，六人於是在澳洲擔任三年牧羊人後獲得赦免，這件事可說是工會運動誕生的轉捩點，六人此後得名「托帕德烈士」（Tolpuddle Martyrs），而當年的那棵岩槭（這棵樹被稱為托帕德烈士樹，Tolpuddle Martyrs Tree）也存活至今，目前已有三百四十年的歷史。

幾週前，我在黎明前的微光中遛著狗穿過林間，其中一隻狗在我身後發出一聲怪聲，是我們家嬌小的傑克羅素㹴犬，牠有點神經質。我轉身查看她是不是還好，但愚蠢的是，我並沒有停下腳步，我的眼睛於是很快被一棵榛樹低垂的葉片擦到。我開始揉眼睛，卻還是沒有學到教訓，繼續盲目走著。下一秒我注意到光線改變了，接著，透過模糊的視線，我看見一個黑暗的形體，我猝不及防地閃避，膝蓋撞到地上的石頭，剛好閃過一棵巨大岩槭伸出的低矮樹枝。我只有擦傷跟流了一點血，不過沒什麼大礙。

我閃過的那根樹枝，長在一棵大小跟托帕德烈士樹差不多的樹上。雖然不會有人紀念我這棵樹，不過這卻引發了一個問題。這麼大一棵岩槭，怎麼會有根樹枝這麼低，低到足以讓我趴在地上，但另一棵年紀差不多的岩槭，下方卻擁有足夠的空間，可以讓六個人在那裡聚會？

我們所見的樹枝高度及位置背後永遠都存在合理的原因。而要是我當時有好好看路而不是去照顧我過度寶貝的狗，那我肯定會好好觀察那棵岩槭的樹枝。在本章中，我們將會發現樹枝線條裡隱藏的線索，我們會先從最容易辨識出的現象開始，然後循序漸進，探討更具有挑戰性的趨勢。

粗與細

樹枝距離樹幹愈近會愈粗，愈接近末端則愈細，當我們思考這件事時，會覺得這不是很容易理解嗎？但實際上我們卻很少真正留意。上一次我們注意到這點，可能是小時候爬樹的時候：我們爬得離樹幹愈遠，樹枝折斷的風險就愈大，我們就愈有可能摔下來。

大致來說，我們都知道這個道理，不過這種樹枝變細的趨勢，在各樹種間都不太一樣，且每種樹都是獨樹一格的。我發覺以下的思考小實驗，可以凸顯出這些差異。想像一下用你的拇指和食指圈起一個圈，看你能沿著樹枝從尖端滑到樹幹多遠，同時忽視所有可能擋路的旁枝。

只要你一開始仔細留意樹枝這種變細的趨勢，你就會發覺樹種之間的差異有多大，而這種變化現象在生長於開闊地區的樹木身上——比如說先驅樹——又更加明顯。那些演化成能夠獨自應對環境的樹木，經常直接曝露在強風下，而其樹枝也會一直變得細到不能再細。在先驅樹樹枝的末端，也常見到樹枝細到彷彿電線和鞭子一般。樺樹更是把這點發揚得淋漓盡致：其樹枝末端是如此纖細似乎連電流都無法通過。

有個小遊戲可以幫助我們提高辨別這項特徵的敏銳度。觀察鳥類選擇棲息的樹枝，並注意隨著風速變強，鳥類會如何改變位置[15]，並試著預測鳥類的下一步動作。微風吹拂時，鴿子可以安然待在樺樹的細樹枝上，但風勢一旦變猛，便會馬上跳到其他樹枝更粗壯的樹上。

我們知道河岸兩側的樹木屬於喜歡潮濕的先驅樹，這些樹必須面對大量的陽光、強風及水流。這些樹種，包括赤楊和柳樹在內，通常都擁有細瘦而柔韌的樹枝：這便是唯一能夠應對強勁風力及水流的方法[16]。

而在另一端，一些樹在樹枝末端還是會保持一定粗細，這些樹在成熟的森林中會過得最快活，有很多同伴陪伴，提供了良好的遮蔽。你可能已經在枯死許久的橡樹樹枝上注意到這個現象，其樹枝會伸出蒼翠的樹冠，這只有在樹枝稍微有點粗的情況下才有可能發生。

光禿禿的樹

夏季時分，我們從外側觀看某棵樹時，可能會誤以為這棵樹枝葉繁茂。但假如你站到樹下，靠近樹幹然後抬頭往上看，很快就會發現樹木內部大部分是空心的，並且大多數的地方沒有幾片葉子。從樹幹往外伸出的樹枝上有些根本沒半片葉子。而在靠近末端邊緣處則是有許多較短的樹枝，所有葉子都是從那邊生長出來的。如同你可能猜到的，這全都和光照有關。樹幹附近幾乎沒有光線，所以沒必要花費能量在那裡生長樹葉。

樹枝扮演雙重角色，一方面它必須從樹幹往外朝陽光伸展，另一方面則支撐能夠收集陽光的樹葉，但這兩者是截然不同的任務。這就是為什麼許多樹種都擁有兩種不同的樹枝形態：長樹枝及短樹枝[17]。長樹枝會從樹幹往外延伸，並當成短樹枝的支架；短樹枝則負責支撐樹葉。這個現象替我們從前爬樹的日子大大增色，我們可以在樹幹附近的粗大樹枝上度過開心時光，享有很大的玩耍空間，而沒有細枝或樹葉擋路。

站在一棵雲杉或其他針葉樹下，你抬頭就能看見其內部有一個光禿禿的圓錐體，幾乎完美反映了整棵樹的形狀，內緣處的只有裸露的樹枝沒有針葉。而你一旦注意到個別樹木的內緣處沒有樹葉，就是時候在更廣大的範圍內尋找這個現象。去一小片茂密的樹林裡尋找充滿枝葉繁茂的樹木，比如夏季的闊葉林或其他季節的針葉林。理想情況下，樹木應該要緊密生長在一片小到你可以五分鐘內就從頭走到尾的樹林中。

請先觀察林地邊緣樹上的較小樹枝及樹葉的分布模式，之後再走到樹林中心，並比較此處樹木的模式。你將會發現林地邊緣的樹木，在朝向林外的那一側，即林地外緣，擁有許多更細小的有葉樹枝，且在樹冠頂部也會擁有許多樹葉，不過在面向林內的那側，卻沒有多少小樹枝及樹葉。

而當你觀察樹林中心的樹木時，你會發現，不管在哪一側都沒什麼樹枝跟樹葉，不過在樹頂附近卻枝葉繁茂。這樣的現象可說十分合理：陽光在林地邊緣可以照射到樹木的某一側及頂部；但在樹林中心，卻不可能照到樹木的每一側。

當我們走出樹林，看見綜合的效果時，這樣的模式就會變得更加細緻也更耐人尋味：這片樹林其實就跟一棵生長在開闊地區的樹木一樣。小樹枝及樹葉覆蓋了樹林的每一側及頂部，不過在中心附近卻很少樹枝及樹葉。當樹木緊密相鄰生長時，許多樹木的小樹枝和樹葉的分布模式，會在樹冠處結合在一起，並創造出一種統一的現象。對於樹冠而言，一片茂密的樹林就像是一棵樹，而內緣中心是空蕩蕩的。

這個現象和另一個稱為「逃離森林」（the escape from the woods）的模式密切相關，我們會在本章稍後討論。

往上，往下，再往上

那麼樹枝是會往上長、往下指還是水平生長呢？想當然爾，經過三億年的演化後，樹枝對於怎麼生長最好肯定是有些共識的。不過其實不盡然：這是個適才適所的問題。往上指的樹枝，比起往下指的樹枝，更有可能接觸到陽光，不過在面對大風雪時，也更為脆弱。不同樹種之間也大相逕庭，但是幸好，還是有某些模式可以套用到大多數樹種上。

我們可以把樹枝想成是樹木在灑網捕光，如果往四面八方都灑出同樣寬度的網子，那樹木看起來就會像是根圓柱體，而且也只有頂部的樹枝會得到大量陽光。因此，網子應該愈往下愈寬才比較合理。而樹木達成這個目標的其中一個方法，便是改變樹枝生長的角度。青春期時，樹枝會往上長，而隨著樹木逐漸成熟，樹枝則會往外生長，這便創造出了我們熟悉且容易辨識的模式。

最年輕的樹枝角度通常是最向上生長的。隨著年紀增長，會稍微下垂一點，之後則是逐漸垂向地面。而最年輕的樹枝可以在樹木頂部找到；最老的樹枝則位於底部。這表示不管你看見的是哪種樹，最接近頂部的樹枝是最有可能指向天空的；而最低的樹枝則是會指向地面，水平的樹枝會長在兩者之間。

較低也較老的樹枝往外生長得夠長，可以接觸到樹冠邊緣的光線後，就不再需要繼續往外生長。於是它們會再次往上生長，彷彿返老還童。可以觀察一下有多少又長又低的樹枝在末端又往上朝天空生長了。

在大部分樹木身上都可以看見這種趨勢，不過在擁有低矮樹枝的針葉樹上會比較明顯，在許多闊葉樹上則是比較細微。我家附近的水青岡和橡樹，即使是最老的樹枝，也幾乎不會垂落到水平線以下，且末端往上長的現象也很不明顯。然而，雲杉的樹枝在頂部附近就會呈四十五度角往上，在樹的中間則呈現水平，接近地面處則是會呈四十五度角往下，幾乎都要碰到地面了。而這些雲杉低處樹枝的末端，也會頗為頑強地指向天空。

落葉松的樹枝末端，又長又平緩地往上彎，彷彿是蜷曲的手指，招手要我們靠近。而我經過的那些白臘樹，在末端也擁有非常獨特的上彎，在遠處便能輕易看見，特別是在冬天時。

消失的樹枝

當我們盯著貓、狗、馬、青蛙、蜘蛛或其他任何動物時，我們看到的腿數都在預期中（除非它是非常不幸的生物）。絕大多數的動物，在基因上都已注定好會擁有固定的腿數了。不過這可不適用在樹枝上：在其中運作的是不同的過程。這就是為什麼許多人都誤解了他們所看見的樹枝的原因。

當我們盯著一棵不管年齡多少的樹木的樹枝時，很輕易地就會想像這些樹枝是樹木天生就要長出來的。不過，要是這棵樹生長在其他地方，

雲杉樹枝的生長方向

我們其實會看見不同的樹枝以及截然不同的模式。我們不會只是看見同樣的樹枝以不同的方式生長而已，我們還會看見要是樹木不在這個地點就根本不會存在的樹枝。

每棵樹都會根據它所處的環境來生長樹枝，這是樹的智慧所在。所有成熟的樹上都擁有數百根還沒開始生長但有可能會長出的樹枝；同時也有數百根已經開始生長卻早已消失不見的樹枝。

我們就用經營企業的比喻，來探討這個概念。想像有間成功的美國公司，在美國國內有三十間分店，並且想要在英國再開五間分店。這將會是個所費不貲且風險頗高的投資，所以為了決定這些分店開設的具體地點，會先經過許多思考、分析和規畫。是不是該在格拉斯哥開一間呢？如果公司做出錯誤決定，那將會是昂貴的錯誤。執行長是最後決定的人，他必須運用自身所有的經驗、智慧和數據做出正確決定。

樹木雖然沒有執行長、研究或數據，卻仍以某種方式，運用非常聰明的策略生長。這又是怎麼做到的呢？很簡單：它嘗試所有可能性，然後讓大多數的決定自然而然失敗就好。因為樹木有一個很大的優勢：多長一根樹枝既簡單又低成本。

如果有棵樹面臨抉擇，就像一間美國公司要在英國開分店一樣，那樹肯定會說：「那我們就在英國各地開一百間非常小的分店，然後讓成功存活下來的繼續成長茁壯，撐不住的就自行淘汰。」十年之後，就只會是在有利可圖的地區剩下分店，而且還有一兩間會開在非常奇怪的地方，這些位置是決策者可能從未想過嘗試展店的地點。

對樹木來說，天才之處並不在於選擇地點，而是一次灑下一張大網，並看看哪些選項會成功。樹木嘗試在每個地方生長枝條，但如果不繁茂就會無情地修剪掉。這個過程便稱為自我修剪（self-pruning），而樹木始終都在做這件事，我們看見的那些樹枝之所以存在，完全只是因為它們尚未被修剪掉。

我們可以在幾乎所有成熟的樹木上看見這個現象，如果你種下一棵松樹，然後在大約十年後回來，你會發現這棵樹不算太高，可能只有三公尺。它的樹枝幾乎快碰到地面，根本無法在樹下行走。再過十年又回來後，樹又長高了，但這次接近地面的枝條變少了。

這時，我們可能誤以為，樹枝隨著樹幹長高而往上升高了，但我們現在知道，事實並非如此。新的樹枝會從更高處長出來，而最低處的樹枝，也就是那些位在新長出來高處樹枝陰影下的，早已遭到「自我修剪」了，樹木砍掉了自己的枝幹。

南側之眼

去年夏末，我前往史尼特菲爾德灌木林自然保留區（Snitterfield Bushes Nature Reserve）探險，就在莎士比亞故鄉的亞芬河畔史特拉福（Stratford-upon-Avon）附近。當我看見一些纈草花時我露出微笑，這個線索代表土壤中有石頭或水泥，本區雖然有種野性的感覺，但其實是很晚近的事：這裡位在二戰的舊機場上。

在經歷漫長又收穫滿滿的一天，探索了這處迷人的自然百寶袋後，我開始尋找可以過夜的地點。樹木、花朵及苔蘚，證實了我已經開始懷疑的事：這裡的地面太潮濕了，根本無法好好睡一晚。當我不情不願對自己承認，我得繼續往前走，找一個乾一點的地點，我的肩膀不禁無精打采了一點。在戶外度過了漫長的一天，即將要停步休息之際，這確實令人有點失望，所以我坐在某根老樹樁上，吃點點心以召喚出能量，好振作起來爬上附近的山丘。

我在吃果乾時，目光稍微模糊地盯著面前一道由各種樹木混雜而成的樹牆。差不多放空隨便亂看了十五分鐘之後，我注意到樹木竟似乎在盯著我看。在點心提供的能量抵達我的大腦之後，我終於搞懂發生了什麼事，我突然欣賞起剛剛盯著的事物，而那正是某個我從未花時間好好思考過的事。

接著，我的一個不經意地觀察，便引發了一次小小的頓悟，我突然獲得了一個全新的自然領航線索。幾秒鐘後，我就擁有了比我所需還更多的力氣，甚至都能興奮地在原地繞圈奔跑了。雖說如此，我還是只有在這個區域內的所有樹木周圍來回踱步。

樹木的南側長著眼睛，這讓我來解釋一下。一根無法協助樹葉捕捉光線的樹枝，可以說根本就沒用，樹木會將其修剪掉。樹木修剪樹枝最常見的原因，是因為樹枝遭到陰影遮蔽。諷刺的是，樹木會長出對低處的樹枝投下陰影的樹枝，這麼一來，低處的樹枝就沒用了。因為樹沒辦法移動，所以這是唯一的方式，可以適應瞬息萬變的樹冠，以長得更高。樹木會定期清理細枝和小枝幹，偶爾也會修剪掉較粗較大的樹枝。

比較粗大的樹枝再也無法帶來能量之後，樹木就會逐漸讓它停止生長，並運用樹脂或樹膠在樹幹的接合處形成封閉層。這點非常重要，因為樹幹只要有任何開口，就等於是邀請各種病原體進入，這有可能會殺死整棵樹，樹枝基本上就是通往樹幹中心的高速公路。

連結處安全封好後，樹木就會切斷對這根樹枝的水分及養分供給，所以樹枝很快就會死去，接著樹皮會從死去的樹枝脫落，我很確定你曾經在樹上看見過這些失去樹皮，光禿禿的死去樹枝。它們慢慢地會日漸衰弱，變成真菌的獵物，直到折斷掉落留下枝幹殘端，隨後枝幹殘端便會腐爛並枯萎。

觀察一下成熟樹木樹幹上的樹皮，你很快就會發現死去樹枝曾經生長過的地方，這在每個樹種身上看起來都有點小差異，不過在許多樹身上，長得都很像「眼睛」。有些上面還會有彎曲的紋路，彷彿眉毛呢[18]！最容易發現眼睛的地方，是在樹皮光滑的樹上，且特別是在面向南方的開放區域，不過每棵樹都會有這樣的特徵。

樹木在南側會長出更多樹枝，因為此處的光線最為充足。而隨著樹愈長愈高，也無可避免會在南側修剪下許多樹枝，於是便留下了一連串從樹木的南側盯著我們看的「眼睛」。我現在無法不看到它

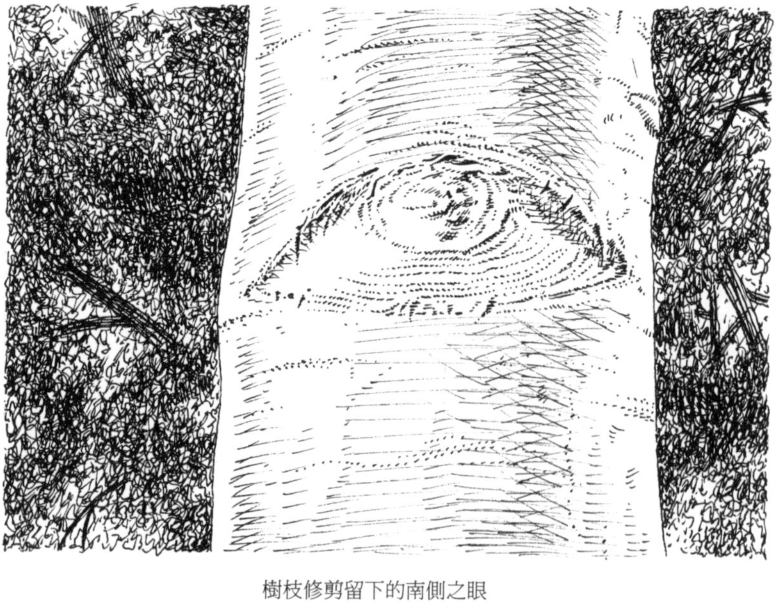

樹枝修剪留下的南側之眼

們盯著我，尤其是在光滑的樹皮上，你也會很快發現這一點。

令我震驚的是，南側之眼肯定已經盯著我無數次了，我卻始終沒有發覺，這更令人驚訝，因為人類已經演化成會注意到盯著我們的目光了。不過老實說，這些眼睛其實偽裝得很好，直到我們知道要主動去尋找，然後眼睛就會盯著我們，嘲笑我們之前的「短視」。

防禦樹枝

自然對於僵化的規則總是嗤之以鼻。我們知道樹木是為了捕捉光線而生長的，而無法有效達成這個目的的樹枝很快就會死去，不過我們永遠都能找得到小小的驚喜。在高大樹木的極低處，高聳樹冠下方的陰影深處，我們有時還是可以看見細小的樹枝從高大的樹木身上伸出，通常略高於頭頂。這背後的邏輯何在呢？一定有原因的：大自然可能不喜歡嚴厲死板的規則，不過演化也厭惡任何形式的能量浪費，背後如果沒有良好的理由，植物是不可能隨意消耗資源的。

我們有時能在陰影遮蔽的區域見到的低矮樹枝，是所謂的「防禦樹枝」（defender branches）[19]。它們位於此處並不是為了要替樹木收集光線，而是要消滅想在陰影處嘗試爭奪光線的競爭對手。森林中並不存在什麼完全的陰影遮蔽——就算是在最稠密的雨林之中，依然擁有足夠的光線讓我們可以看見前方的路。森林並不是洞穴：完美的陰影代表我們正中午時還是需要拿手電筒，而我從未見過這樣的森林。

防禦樹枝會偷走一部分從樹冠間透下的稀微光線。回想一下耐陰樹種的慢慢來策略，便是在陰影中展開生活，並靠著一路慢慢向上爬升來接觸陽光。而就算競爭對手的幼苗找到足夠的陽光，可以在高聳的樹冠下生長，那也會很快死在防禦樹枝的手下。

防禦樹枝長得跟主要樹枝不同，你不太可能會混淆兩者。兩者之間會存在巨大的空隙，是一大段光禿禿的長長樹幹，在我們頭頂高處，粗壯的樹幹會往上生長，並伸出樹冠層。接著，在我們頭部附近，又會伸出一兩根小樹枝。防禦樹枝通常是水平的：不會往上長，因為它完全不在乎頭上的天空。其存在的目的，可說是在它們下方早已十分昏暗的地面，形成一個壓迫性的遮陽傘。

B計畫

樹木在樹皮下方，擁有所謂的萌蘖芽（dormant buds），即休眠的幼苗，準備好在需要時長成新的樹枝。這些芽在樹上的許多地方都可以找到，但在樹幹基部，即樹幹擴展並與根部融合的地方尤其常見。這些萌蘖芽在樹皮下靜靜等待時機，平常什麼也不做。（如果樹木基部的樹皮剝落，那還蠻值得去尋找一下這些萌蘖芽的，它們就像是裸露樹木上的小丘疹。）

如果樹木健康狀況堪慮，其激素會發生變化，並向這些通常都很害羞的幼苗傳遞新的訊息。這些芽會從樹皮下開始迅速生長形成強健的小綠樹枝，稱為「萌蘖枝」（Epicormic sprouting）。如果你看見某棵樹的樹幹或較粗的樹枝上，大量迸出較小的樹枝，那就是所謂的萌蘖枝。這是樹木可能因為疾病、損害、乾旱、火災或老化等一系列壓力事件而陷入掙扎的跡象。只要看一眼樹冠頂部，你就可能會發現樹木的健康狀況不佳。

幾年後，許多年輕的嫩枝都會死去，只剩下一兩根樹枝從樹幹的一側往上伸展。在樹林中，這類樹枝通常頗為纖細且筆直地朝樹冠生長，因為那裡是唯一可以找到光線的地方。（這些樹枝陡峭朝上的角度，使得這類樹枝看起來跟防禦樹枝不同，防禦樹枝是往外長，目的是為了投下陰影。）

如果你看見一根纖細筆直的樹枝從高大樹木的低處長出，比預期的還更緊貼樹幹，這根樹枝便曾是一根萌櫱枝。觀察一下樹幹上方或附近是否有疾病或損害，你就有可能發現萌櫱枝生長的原因。本章開頭害我跌到地上的便是這類樹枝。我們看見每一根樹枝的外觀和位置，背後都存在著原因，但只要我們保持警覺，就更容易發現。

在一些樹種中，例如某些椴樹，就算樹本身是健康的，也無法抑制這些萌櫱芽生長。但在許多樹種中，萌櫱芽都是代表樹木有麻煩了的跡象：萌櫱枝就是樹木的B計畫。如前所述，樹木的目標是從樹冠高處穩健生長，接著過一段時間之後，再下放權力給較低的樹枝：這是A計畫。但是樹木的其中一項生存策略，是不固守任何明顯然無效的計畫。要是主要的樹冠遇到困難，無法提供樹木需要的能量，它會啟動備用計畫，從底部一次長出上百根樹枝，「這正是它們最無法預料到的事！」

這些位於樹基附近的嫩芽，一開始會像是雜草般的綠色嫩枝，但它們是認真的。它們是真正的樹枝，即便還沒發展成熟，而且只要情況允許，就會盡可能蓬勃發展。它們大部分雖然之後都會死掉，不過有些仍會存活下來，並長成堅實的樹枝，甚至成為替代樹幹。

如果一棵樹在接近地面處有很多小樹幹交會在一起，那可能會很難確定這棵樹的早期生活史。不過仍有極高的機率，代表數十年前曾有棵只擁有一根樹幹的健康樹木啟用了B計畫，而我們看見的，正是那些存活下來，並成為樹幹的萌蘗枝。

早在石器時代，人類便學會如何利用樹木的這種再生技術——即如何充分利用B計畫中長出的嫩芽。「矮林作業」（coppicing）是指一種定期收穫年輕樹木木材的做法，比如榛樹，通常是將樹幹修剪到接近地面。

另一個類似的傳統活動，則是「樹冠強剪」（pollarding），也是利用相同的過程，不過修剪的部位稍微再高一點，大約是人類頭部的高度。這樣可以取得年輕的木材，同時也能保護樹木免受草食性動物的侵害，所有樹木在年輕時都容易受到動物的威脅。

不管是「矮林作業」或「樹冠強剪」，聽起來都十分殘忍，且如果操作不當，對某些年紀較大的樹來說，也可能致命，不過有許多年輕的闊葉樹，會針對這種看似野蠻的處理方式做出反應，生長出一大堆新枝，並且很快長成健康的樹幹。這不僅不會殺死樹木，反而能讓樹木永續發展，並延續年輕樹木的生命。我們在本章開頭處提到的托帕德烈士樹就是一個很好的例子，為它進行樹冠強剪正是為它延年益壽的方法。專家認為，這可以讓那棵樹再多活兩個世紀。

砍伐下來的木材，擁有許多傳統用途，包括建圍籬、步道或當柴火等。現今，矮林作業和樹冠強剪仍持續進行，但更多作為森林保育措施而非為了取得木材。這類技術的新舊使用方式，也可以解釋我們先前遇上的許多有趣樹形。

萌蘗芽在樹幹基部最為常見，不過它們也可以從幾乎任何地方長出來。一棵我定期會看見的岩槭，正受到某種我尚未確定的疾病折磨，很可能已經傷到樹根了，它所有主要樹枝也都出現了問題。

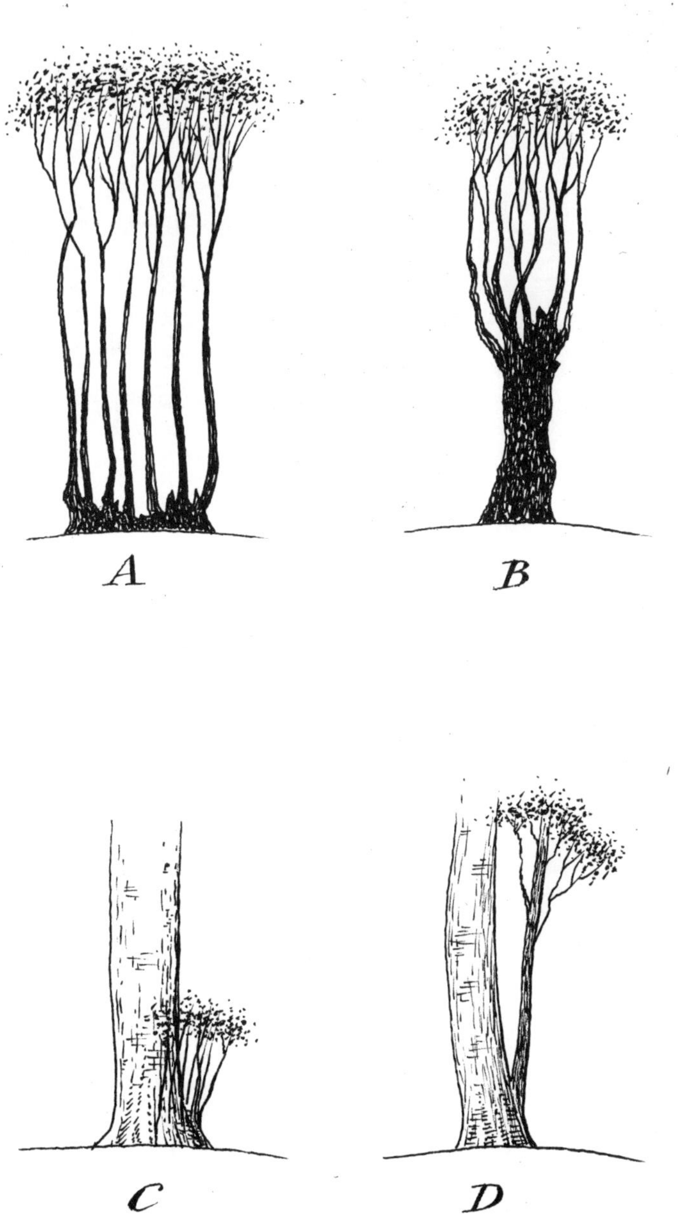

A：矮林作業。B：樹冠強剪。C：萌糵芽。D：萌糵枝。

這些樹枝雖是以正常的模式從樹幹伸展出來，並分成第二或第三層，但沒有任何健康的葉子。取而代之的是，有將近上千根細瘦垂直的細枝，從大部分的樹枝上長出來，且細枝各自擁有自己的葉子。這是棵看起來非常奇怪的樹，覆蓋著蒼翠，迫切想要求生，但明顯身陷嚴重問題之中，冬天時，看起來就像是一棵樹木和一隻刺蝟的混合體。

你也會遇見從兩根樹枝之間的分岔長出的細枝。我在許多樹種身上都曾看到過，或許在樺樹上最常見。這些介於中間的樹枝總是讓我覺得不舒服，就像在拇指和食指之間長出的第六根手指，不過這完全是很正常又自然的事。在這些位置的樹皮下方存在許多萌櫱芽，只是剛好有幾個長了出來而已。

樹幹旁的細枝羅盤

我曾和妻子蘇菲在東盎格利亞（East Anglia）度過一個愉快的周末，開車來往諾福克（Norfolk）及索福克（Suffolk）兩郡之間，去看我們的兒子參加運動比賽。在前往易普斯威治（Ipswich）某間旅館的途中，我們經過鄉間某個我從未探索過的地區，我求她停車，並走進樹林之中。我有種奇妙的感覺，覺得一定有什麼發現，正等著我去發掘。我有時候會有這種感覺，這種感覺並非完全可靠，但就是很難抗拒。跟大多數家庭一樣，我們只有少數幾件非常確定的事：而我喜歡四處徒步逛逛，就是其中之一。

我從停好的車出發，沿著一條廢棄的鐵軌走入一片混合林中。蘇菲則決定自己走她自己的路：

她雖然有耐心又人很好，但她並不瘋狂。我花了幾分鐘，我拍了幾朵指向陽光的高積雲，這些雲朵在陽光下顯得格外清晰。我決定給自己來一個「隱形扶手」（invisible handrail）練習。

「隱形扶手」是指我們利用地景中的一條線索自由漫遊，知道我們可以通過跟隨一條不同的、尚未熟悉的路線輕鬆回到起點。我往西南方啟程，知道我可以隨心所欲地徘徊，同時心裡有把握，知道我可以運用太陽、樹木或雲朵再次往北，找到廢棄的鐵軌路堤之後，只要右轉就能回到車子。

隱形扶手所帶來的自由感有其獨特之處：我們知道該怎麼找到回去的路，無須依賴地圖、手機，也不必遵循任何規定的路線或路徑。這會拓展其他方式都無法打開的部分心靈。大約十分鐘後，我在一座林中空地的邊緣，看見幾棵橡樹，並在它們身上發現了全新的自然領航羅盤。

當光照程度發生變化時，可能會觸發闊葉樹幹樹皮下方的嫩芽長出新的細枝。如果一棵在陰影中生活多年的橡樹，突然發現自己沐浴在陽光下，那樹幹下方的樹皮處，就很有可能會冒出一些新枝。多數陽光都是來自南邊，所以大多數這類新的細枝，也都是從樹幹南側長出來的。

這類樹枝看起來不像一般樹枝或防禦樹枝，它們的長度更短且更為雜亂，比較像是未修剪的、茂密的灌木叢。我當時站在三棵樹旁，這些樹可以當成完美的羅盤使用，這是我以前從未注意過的跡象。有多少次，我曾在這個強大的線索附近掙扎著尋找方向卻對其視而不見？我想都不敢想，但我現在四處都看得見這種線索了，相信你也可以看見。

就像剛開始尋找出河流模式的人，很容易就會為那些錯過下游的線索感到扼腕，但快樂之處其實在於：永遠都會有更多線索朝我們而來。我們現在也知道該如何找出這些線索了。

回家後，我研究了一下這個現象，我以前從來都沒仔細想過，不過我很少認為自己是第一個注意到這些事的人。我可能偶爾會是第一個把某件事物當作輔助領航工具的人，不過這跟將其視為數千年來都隱藏在人類視線之外沒人發現，是截然不同的事。

當然啦，我找到一篇學術文章，提到這個現象在林地疏伐（thinning）後相當常見，這跟B計畫中的「萌櫱芽」是同樣的生長過程，只不過這一次是受到新的光線觸發，而非糟糕的健康狀態。文章中甚至列出了最有可能出現這種現象的樹種，而讓我興奮的是，橡樹竟然名列前茅，樺樹和白臘樹則排在最後，學者將其稱為「徒長枝」（watersprouts）[20]，但對我來說，這永遠都會是「樹幹旁的細枝羅盤」。

逃離森林、林蔭大道、樹木島嶼

暴風雨、災害、疾病和人類活動會在森林中創造許多空隙。而所有廣大的新空間都會是由先驅樹開始填補空隙。不過在較小的空間，鄰近樹木的樹枝，也會向外伸展把握生存機會。

如同位於樹木頂部的頂芽一樣，樹枝生長的末端也會對光照程度的變化作出反應：這使樹枝能在空隙中伸展，但又不至於在樹冠中相互擁擠。在成熟樹林的樹木之間抬頭往上看，你會看見一片非常狹窄的天空線，這條線將每棵樹的樹冠分隔開來，這個現象便稱為「樹冠羞避」（crown shyness）（假如樹枝長得太長，就會開始撞到彼此，而這也會促使其停止生長[21]。）

五年前，有個造林團隊從我家不遠處的針葉人造林中移除了一排冷杉。現在，這片全新狹小林間空地邊緣的樹木側邊樹枝看起來截然不同：樹枝已經大舉入侵了整個空間，並遮擋了大多數新落下的陽光。你在所有森林的邊緣都可以看見類似的現象。只要比較任何林地邊緣樹木內側及外側樹枝，你就能看出兩者有多麼不同——背光側的樹枝掙扎生長；向光側的樹枝則是異常地又粗又長。

我將這個現象稱為「逃離森林」效應：這些樹枝看似正努力爭取自由，要擺脫樹林的束縛。有時這個現象極其明顯，使得這些樹木面向森林側的樹枝，看來就像是遭到鄰居殺害一般，不過在某種程度上，它們確實是這樣。

任何穿過森林的道路或小徑，這種現象更是加倍明顯。這些路線會打開樹冠，在樹木之間強迫清出一條清晰的通道。因而兩側的樹枝便大舉入侵空間試圖填滿空隙，這種現象我稱之為「林蔭大道效應」，在這種情況下效果更加放大，因為道路持續使用就代表先驅樹永遠填不滿空隙。

在野外的情境中，樹枝只會稍微長一點，然後幾棵先驅樹就會穿透樹冠，搶占大部分新落下的陽光。而在大量使用的路線旁，兩側更高的樹枝則是彷彿得到免費通行證一般，並充分利用這個機會搶占陽光。

接下來發生的事，就是樹枝開始長得太快了，進而威脅到自己所生長的路線。此時，就有人會有意無意進行修剪，因而樹枝會被敲下或修剪掉。在這條繁忙的道路上，你會聽到重型貨車或拖拉機無意中發出的拍打聲和撕裂聲。幾乎所有穿越森林的路徑都會出現這兩種林蔭大道效應：向空間誇張的生長以及樹枝遭到某種方式修剪的跡象。

對於自然領航員來說，了解這類現象十分重要，並且在研究的過程中也會發展成一種有趣的藝術形式。在開闊的環境中，樹木某側的粗大樹枝，可能是代表「有更多陽光」的強烈線索，因此也表示我們正面對著樹木的南側。但當我們盯著的是一片樹林或是一排樹時，我們就必須要特別注意林蔭大道效應。比如我們就會看見樹林北側冒出許多粗大的樹枝，因為在林地北側，面向北方的天空，仍然比擠在南側的黑暗森林要亮。

在世界上某些地區，你也會在山頂或大片田野中央遇上樹木小島。這背後有些有趣的歷史因素：這些樹木逃過斧頭的理由，可能是出於防禦、狩獵或是稅收原因。在某些國家，包括德國，擁有幾棵樹的土地，稅收曾比完全空曠的土地更低。

當我們發現這些小森林時，可以做幾個有趣的觀察，樹枝試圖從島嶼的各個方向逃逸，往各個方向生長，如果我們仔細觀察，就能注意到樹枝的生長是參差不齊的。它們會堅決地從更亮的南側長出，但最長的樹枝可能會在迎風的那一側，尤其是當樹木位於山頂時。如果眼前是片小巧的樹林，那可以繞著邊緣走一圈，並注意樹枝長度是如何波動，以及林地邊緣的特徵是如何隨著你的每一步發生變化。

我曾走過多塞特郡一處相當令人驚豔的地區，在經過一整天的長途跋涉之後，我所得到的獎勵便是在當地一處山脊——溫格林山丘（Win Green Hill）上，見識到了樹木島嶼現象的極致展現。我和其他幾個人爬到山頂後，享受著四面八方的絕致景色——我們可以俯瞰三個郡，隔海還能看見懷特島（Isle of Wight），但我的目光是落在山頂的水青岡島嶼上。

我繞行樹木島嶼一周，並陶醉在其模式中。能夠親眼見證簡單原理的大膽展現，總是令人十分激動。南側樹枝又粗又長，但樹木島嶼東北側的樹枝則是逐漸變細變短，就像風中飄動的彩帶。我走下山丘時，想到如果我們在繞過樹木時拍攝樹木島嶼邊緣然後加快回放影片，或許便能看見樹枝在吸氣吐氣。我的心情一振滿心歡喜，然後我就踩到潮濕的白堊岩差點滑倒，這就是生活的樣子

你在河岸邊也會看見一種特定的林蔭大道效應，親水樹種的樹枝會向水面上方的光線伸展，河流因此形成一條與眾不同的大道。跨越河流，樹木便彷彿得到了免費通行證：人類不會去觸碰這些樹枝，因此便可以長到驚人的長度。此處沒有電鋸也沒有競爭的樹種，而河流上方的光線對於所有能夠承受河岸潮濕土壤的樹種來說，都是一頓未受汙染的盛宴。

我最近去了一趟威爾斯的雪丘國家公園（Snowdonia National Park），並穿越一片凱爾特雨林（Celtic rainforest）新鮮又潮濕的十一月空氣，我是要去和阿拉斯特・霍奇基斯（Alastair Hotchkiss）會合，他是林地信託基金會（Woodland Trust）的一名保育專家。我們度過非常愉快的幾小時，見識了許多稀有而奇妙的物種，這些物種在威爾斯西海岸附近山區的濕潤環境中繁榮生長。

輕鬆翻越過潮濕的石頭後，我們站在一座壯闊的瀑布旁，距離非常近，一定會讓英國詩人華茲渥斯（William Wordsworth）相當興奮（雖然最高又最壯觀的瀑布，通常會吸引最多的讚譽，但以我的經驗看來，我們幾乎都能伸手碰觸的小瀑布，對心靈的影響其實更為真誠坦率。）薄霧從如雷般轟鳴的水花翻騰間升起，飄過我們的臉龐，進入樹林，滋潤了苔蘚和地衣。我俯視著狹窄的河道，看見林蔭大道效應又一次迷人的展現，樹木的樹枝彷彿想要匯聚在一起。

河岸兩側聳立的威爾斯橡樹樹枝，伸過它們濕漉漉、垂掛著苔蘚的樹根，繼續往上伸展，直到

遠高於震耳欲聾的潔白水花之處。假設樹枝會在中間交會，可說是個容易又懶惰的想法，但事實上樹枝並不會在中間交會。河流是從西流到東，這代表河岸分別面向北邊及南邊。面向南邊的岸邊樹枝，便充分利用了來自太陽的更多日光，伸展得更遠些越過了水面。

對生或互生

多數闊葉樹都會有兩種生長模式：它們的樹枝要不是對生的，就是互生。為了親眼見證這點，請去找些你能貼近觀察最為年輕的樹枝：看看每根樹枝是否有另一根樹枝在其對面生長？如果是的話，那你的樹就是對生模式；如果不是，那它很可能是互生模式。（這對於樹上的所有樹枝都是適用的，不過隨著樹木老化，也會自行修剪掉許多樹枝，所以我們不一定能在樹木最老的部分，看見最明顯的範例。）

這種生長模式在樹木的各個層面上重覆出現。如果樹葉或嫩芽是對生的，那小樹枝和大樹枝也是如此。而如果樹葉是互生的，樹枝也是如此。換句話說，假如你看見兩片樹葉是對生的，那麼把目光稍微拉遠，你也會看見許多樹枝也是對生的。楊樹、櫻桃木及橡樹的樹葉及樹枝都是互生的，楓樹和白臘樹則有對生的葉子和樹枝。

鋸齒狀

每根樹枝都有頂芽引導其生長，不過卻不一定都是以相同方式運作，某些頂芽的作用比其他頂芽更明顯。有些則是只會生長一季，並在冬天休眠，然後春天時再繼續生長。這將導致樹枝更為筆直。然而，某些頂芽只會生長一年，最常見的原因便是頂芽會在樹枝末端開花，這就意味著那個芽的生長結束了。到下一個春天，樹枝又會再度開始生長，但會從那朵花旁邊的芽開始生長，因而會改變樹枝此時的角度，結果便是樹木的樹枝呈現鋸齒狀。

樹枝筆直生長的正式名稱叫作「單軸分枝」（monopodial），鋸齒狀的樹枝則稱為「合軸分枝」（sympodial），水青岡是單軸型，大多數針葉樹也都屬於單軸型；橡樹則屬於合軸型。

現在正是暫停的好時機，可以回顧一下我們在本章開頭嘗試的練習，還記得那棵我請你尋找，並且背對它的樹嗎？先前要詳細描述樹枝的情況可能會頗為困難，但如果你再次回到你那棵樹旁，或另外找一棵新的樹，然後觀察其中的鋸齒狀現象，那你就會開始注意到之前很難察覺的模式了。

你觀察的那棵樹的樹枝，看起來要不是相對筆直和整齊，就會是彎曲又混亂。要進行這個練習，找冬天光禿禿的樹木是最容易的，但如果你是找一棵有葉子的樹來嘗試，那最好找一棵孤立的樹木，背後還要有片明亮清澈的天空。

這裡還有另一個快速的小練習，我想要你也在同一棵樹上試試看。挑一根樹木的主要枝幹，並用雙眼從樹幹開始向外追蹤它，看看你能否準確預測出樹枝會到達哪裡。如果說這個練習做起來很容易，那你很可能是在看著一棵單軸型的樹；如果這個練習棘手到不行，那就有可能是一棵合軸型的樹。

請務必記得，合軸型樹的樹枝每年會改變一次方向：它們無法維持一直線。追蹤合軸型的樹枝，

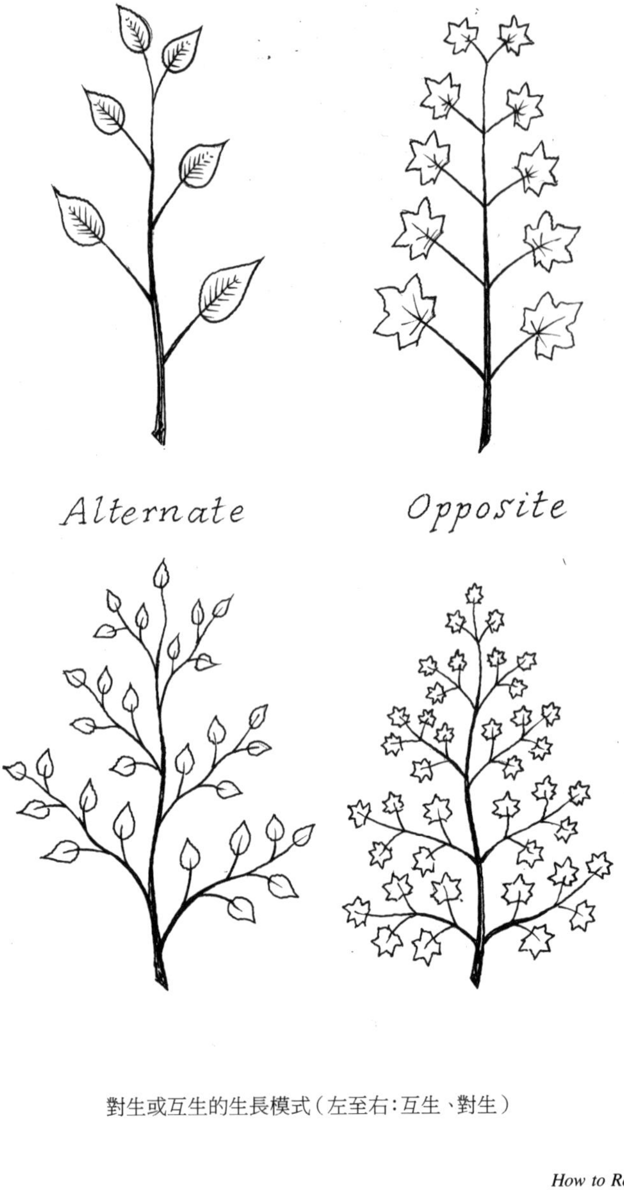

對生或互生的生長模式（左至右：互生、對生）

就像在一座我們不熟悉的城鎮中，向一名過度熱心的陌生人詢問方向，一切都會模糊成「左轉、右轉、右轉，接著左轉，再左轉，右轉，繼續左轉……」而在單軸樹上，則更像是「從樹幹出發，然後一直走，直到你找到陽光為止。」

單軸型的樹依舊需要許多較小的樹枝，不過這些樹枝是從主枝幹的側邊長出來的，其頂芽並不會造成生長阻礙，也不會每年改變方向。當我們在冬天觀察單軸型樹時，通常可以將主枝幹視為愈來愈細的深色線條，卻能夠一路從樹幹，延續到接近樹冠的邊緣。在我小屋外約三公尺處就有一棵野生櫻桃木，而我可以追蹤每一根樹枝，直至樹木的最外緣。

還有另一個方法可以判斷你遇上的屬於哪種樹。可以從樹幹的半途看向樹冠邊緣，並看看你可否在理論上數出有幾根樹枝。在單軸型樹上，這可能不太容易，但你還有點機會辦到；不過在合軸型樹上，比如在許多城市公園中的懸鈴木……就祝你好運了，也許等你數到一百時就可以先停下來了吧！無論何時，只要我在冬天遇上歐洲七葉樹，我都會想像自己在計算樹枝數量，接著大笑這個想法有多麼荒謬。

單軸型樹通常會是更為整齊的錐形；合軸型樹則是會擁有更圓潤的球形外觀，且合軸型樹的樹枝永遠都會是互生的，不會是對生的。

⊙單軸樹

多數針葉樹、水青岡、冬青、白臘樹、山茱萸、薔薇科李屬（包括櫻桃在內）。

⊙合軸樹

懸鈴木、橡樹、楓樹、樺樹、榆樹、椴樹、岩槭、柳樹、薔薇科蘋果屬（包括蘋果）。

大量光線代表也會有很多小樹枝，這是個簡單又美麗的模式，但解釋起來就沒那麼優雅了，請耐心聽我說。

階層

從衛星影像來看，從山丘流向大海的大型河流系統，會在海岸附近顯示出一條大河，而在山丘間則有數十條小溪。而要是我們看著一張血液從動脈流入肝臟這類器官的示意圖，那我們也會發現類似的現象。一端是粗大的血管，另一端則是數十條較小的分枝。每一次任何一種主要的管道分成較小的管道，我們都會說是分枝又多了另一個新的「階層」。

而我們在樹枝上也可以發現相同的模式，這不並令人驚訝，因為樹枝就是這種描述模式的始祖。幾乎所有會繼續分支的系統，都會使用樹枝來做類比，從火車路線、公司、珊瑚到家譜樹，無一例外。

假如一棵樹只有幾根較粗的樹枝，而沒有其他分支從其上生長出來，我們就會說這棵樹擁有單階層樹枝。但這幾乎不會發生在活著的樹上，因為這些粗大的樹枝無法長出樹葉（你有時候可能會在早已死去的枯樹上看見這種現象，樹上所有的細枝全都枯萎了）。每一次較小的樹枝從粗樹枝身上長出，我們會說某棵樹又增加一層樹枝。假如又有更細小的樹枝從第二層的小樹枝上長出，那這棵樹就有三層分支了，而樹木究竟會長出幾層分支呢？

基本原則是，生長在充足陽光下的樹木，會需要從各個層面，且幾乎是從四面八方獲取陽光，所以會擁有許多階層，可能會多達八層。意思是一根小樹枝有母樹枝、祖母樹枝、曾祖母樹枝，總共八代。不過要是一棵樹生長在茂密森林的陰影下，可能只有三個階層。

想像一下如果你是沿著樹幹往上運輸的水，試圖抵達葉子處，在多蔭的雨林中，你可能只需經過三個節點，就能抵達樹葉；但在陽光充足的先驅樹上，你可能還要再轉五個彎才能抵達樹葉。

第一層的樹枝，也就是那些最終將會長成更粗大的枝幹，直接和樹幹相連接的樹枝，它的最主要的目標就是遠離樹幹朝光線生長。在這個初期階段，樹木最不想要的東西，就是有很多階層：這將會導致樹枝像是團海綿一樣錯綜複雜，而不像一棵樹。

樹木有個聰明的技巧，可以將樹枝階層，限制在一個可控管的數量。每個第一階層樹枝頂端的頂芽，會沿著分支往下傳遞化學訊息（就像樹木頂端的頂芽，往樹幹下方傳遞訊息一樣）。在第一年，這些訊息——稱為生長素——會猛踩煞車，抑制樹枝長出第二層。而等第一年結束之後，它們就會放鬆，讓第二層樹枝生長出來。

這聽來可能複雜又具技術性，但結果卻會導致一個我們可以觀察到的明顯模式：「**大量光線代表也會有很多小樹枝。**」

不平衡的枝領

是時候來點小運動了。我想請你用一手拿起某樣雖重卻仍能拿得動的東西，也許是一本巨大的精裝書。然後開始計時，現在用一手把書一路高舉過頭，並保持垂直，直到手臂覺得疲憊為止。之後放下書，停下計時器，好好甩甩手，休息幾分鐘。

現在，重設計時器，再次開始計時，並重複這個運動，不過這次不是要把書高舉過頭，而是換成將手伸往水平一側，這時手臂會完全打直，並且盡可能讓書遠離身體。當你手臂感覺不舒服時，就結束這個運動，並停下計時器。多數人會發現，第二個運動比比第一個費力，而且維持時間也短，樹也是這麼覺得。

樹木在樹枝的部分其實問題很大，樹木的王牌是它們強壯的樹幹，可以讓它們在競爭中獲勝，但樹幹沒有樹葉，所以樹木需要樹枝去支撐樹葉。而這帶來了不小的麻煩：樹枝的結構天生就跟樹幹類似，樹幹演化成粗壯又穩定，且近乎垂直生長。

這時你馬上可以看出問題所在：假如樹幹最適合垂直的形式；但樹枝往外生長時則更接近水平，於是我們就會出現結構上問題。只要隨便觀察一座大城市，那你就會發現市中心附近擁有許多高樓大廈，有些還可能高達上百層樓，但是你在地球上任何地方，都不會看見又高又細長的建築物，會擁有延伸出長遠距離的側臂。樹枝可以視為小型的樹幹，卻被迫以特定角度生長，這會使得整體結構產生困難[22]。

現在回頭思考我們的舉重運動：當我們把重量往上舉，是由骨頭承受大部分重量，肌肉只會幫一點忙，而且是平均分擔。但是當我們將重物往水平方向外舉，我們很快就會感受到一些肌肉必須非常努力工作，比其他肌肉還要用非常多的力。在肩膀頂部附近的肌肉以及手臂和身體連接的位置，我們都能察覺這些地方負擔了沉重的壓力。而在樹木身上也是一樣的情況，因為物理原則是相同的：樹枝就像是舉著重物，從樹幹水平往外伸的手臂，而這會造成壓力跟張力。

克勞斯・馬泰克（Claus Mattheck）博士是名理論物理學家，後來成為樹木專家（他的其中一項職銜是「破壞科學教授」，我想他還是個小男孩時，應該有夢想成為這類專家）。馬泰克深入鑽研物理世界中壓力的成因及影響，並發展出了一種全新的理論，關於我們在樹木身上看見的一些形狀及外觀。簡而言之，樹木並不喜歡不平衡的壓力，且會在這些位置長出木材，直到壓力達到平衡。

如果我們每天持續向外舉重伸展長達數年，我們的肌肉也會隨之發展，並生長成能夠應對這些挑戰。大家會上健身房的其中一個原因，就是要加上更多「木材」，而樹木在察覺到更多壓力及張力之處也會長出更多木材，稱為「反應木材」（reaction wood），就是為了應對壓力而生長出的木材。

我們會在肩膀附近感覺到疼痛，樹木也會在同樣的地方察覺到壓力。樹木因而會在樹枝和樹幹交接處生長出額外的木材，進而發展成一處稱為「枝領」（branch collar）的區域。此處的木材十分堅硬，在歷史上，都是用於有堅韌需求的地方，它也曾在青銅器時代的斧柄上發現[23]。

隨便找棵擁有粗壯、低矮、水平樹枝的樹木，並觀察樹枝和樹幹連接之處：你會注意到這並不是呈現一直線，而是從這個點往外擴展，變得更寬。再靠近一點看，你也會注意到枝領並不是對稱的：頂部和底部並不相同。

闊葉樹和針葉樹都會長出反應木材，不過使用不同策略。現階段來說，最重要的是我們能夠理解其中兩種會影響所有結構的基本作用力，包括樹木在內。有兩種方法可以支撐物體、對抗重力：要不是從下往上推，就是從上面拉它。

想像一下你在移動一座高大的書架，且書架開始朝你傾倒。因為你有點恐慌於是猛力推了一下，結果書架開始遠離你朝另一邊倒，所以你又稍微小力拉了它一下，書架才終於穩定停在原位。騷動結束，多虧你靈敏快速的反應，以及你用上了推力，也就是壓縮（compression）；再用上了拉力，即張力（tension），書架最終沒有垮下。

針葉樹會運用「抗壓材」（compression wood）將樹枝往上推；闊葉樹則是使用「抗張材」（tension wood）將其向上拉。抗張材中的細胞會縮短，就像拉緊帳篷上的繩索，這改變了我們在樹木上看到的許多形狀及外觀，包括枝領。針葉樹在連接點下方擁有較大的凸起；落葉樹則是在連接點上方會長得比較粗大。木材在張力狀態下也會比壓縮狀態下

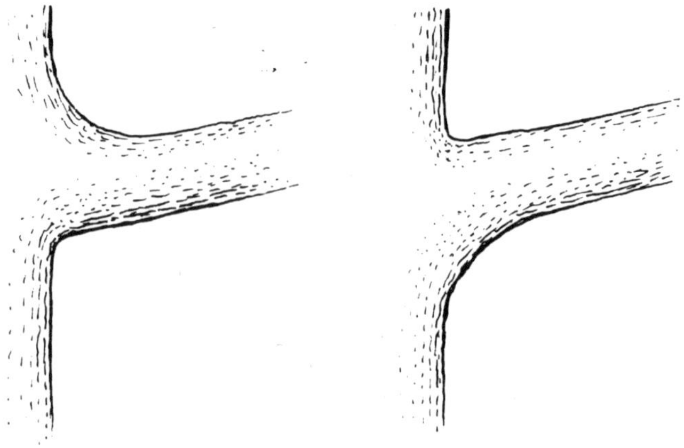

不平衡的枝領（左至右：闊葉樹、針葉樹）

還要堅韌，不過在這兩種情況下，木材的強度相較於它重量，顯得相當結實健壯。

那麼樹木為什麼會需要對這類情況作出反應呢？一開始就直接長得夠強壯，可以應付各種可能性，難道不是更好嗎？答案是因為：樹木無法事前得知最強大的壓力會如何、在何處出現。要是一開始就長出大量額外的木材，卻有可能永遠不會用上，這是非常沒有效率的。這不像常常去上健身房然後就放棄的人，樹木的生長是單向的過程：樹木並不會有一年長出木材，然後隔年木材就不見了，一旦長出來，木材就會永遠待在那裡，不會再縮回去。

這點非常重要：樹木並無法預測樹枝會長得多長。如前所述，光照程度的改變，可能會導致樹枝在還是細枝時便自我修剪，或是會一直存活下去，直到成為又古老又巨大的枝幹。如果一棵樹為了這兩種情況，都長出相同大小和形狀的枝領，那根本就是瘋了。這就是為什麼枝領會需要不斷適應調整，且總是在改變形狀。

樹木同樣也無法預測其他力量會有多大。雪就有可能壓垮樹枝；風可能會將樹枝往上吹，甚至是吹動土壤。假如土地滑動導致樹木傾斜，樹幹和每一根樹枝，也都會藉由「長出反應木材」來因應新的角度和壓力。

指向先驅樹

樹枝會朝光線長，而要是光線改變了，樹枝末端的方向也會改變。你一旦習慣觀察林蔭大道和河道兩旁的樹枝，是如何展現出朝向充足的光照生長，並遠離黑暗的強烈傾向，那你就是準備好繼續去尋找更為微妙的例子了。

約莫十年前，我開始在我家附近的林子裡，注意到一種奇特卻一致的現象，就是水青岡的樹枝，竟然都朝著榛樹彎曲。我當時花了好幾天，才搞懂究竟發生什麼事，但既然現在我明白了這個現象，也將在更多地方看到了這種現象。

我們會預期樹枝開始彎向林中所有新出現的空地，因為光照突然增加。但是這樣的空隙，並不會存在太久：野花、灌木和先驅樹很快就會大量生長，以搶奪新落下的陽光。這些植物將會填滿空隙，而在空隙遭到年輕樹木占據之前，鄰近成熟樹木的樹枝都會朝向空地彎曲。雖然之後先驅樹填滿了空隙，先前樹枝的彎曲卻不會彎回去——木材一旦成形就不會改變了。

這看來彷彿就像是成熟的樹枝正指向新的先驅樹，不過它們的彎曲，其實只是一個記憶，記錄了先前曾經存在，後來遭到年輕樹木占據的空地。

巫婆掃帚

你也會遇見局部的細枝大爆發，從某根樹枝上迸發而出，這個現象稱為「巫婆掃帚」：這些密集的細枝聚集在一起，看起來有點像傳統的掃帚，雖然比較雜亂。巫婆掃帚是樹木稍微陷入混亂的防禦反應，確切的原因不一，從荷爾蒙問題到入侵的細菌、真菌及病毒等，不過結果就是一大團彼此交雜纏繞的細枝，還常常會有葉子纏在裡面。有時勇於冒險的動物還會在裡面築巢呢。

我在家裡附近的森林中，也會看到這種現象，這讓我想起樹木的荷爾蒙，一般來說，它在維持秩序上做得都還不錯。因而每一把巫婆掃帚都是描繪了一幅糾結混亂的圖像，要是每棵樹木負責調控的荷爾蒙，沒有告訴所有生長中的幼苗該做什麼，又是何時要做，那麼就有可能會變成這個樣子。

有點太過友善

樹木演化出了這麼多類似卻又不盡相同的方式，長出數百根樹枝，能有效填滿整個空間，卻不會完全失序崩壞，這堪稱是個奇蹟。每個樹種都會以自己的方式進行這件事，不過黃金原則便是：樹枝生長的角度能夠朝陽光前去，且同時能夠避開彼此。

而這個現象背後總是有兩個原因：基因和環境。基因會告訴樹枝，生長時要遠離樹幹，並提供大致的生長模式；而形塑具體角度的則是光線。這就是為什麼位於樹木南側的樹枝，生長方向會接近水平，且朝著陽光；長在北側的樹枝，方向則接近垂直，且朝向上方明亮的天空。

這個現象對於自然領航而言相當重要，我將其稱為「指針效應」（tick effect）或稱為打勾效應（check mark effect），因為從側邊看，樹枝是呈指針形狀。

但世上不存在完美的系統，有時候樹枝也會「搞錯」，長得離彼此太近。有時甚至會以慢動作相碰或和彼此相撞。假設這是在未受干擾的平靜環境中，除了陽光以外沒有任何外力影響，這個情況確實是不太可能發生。不過動物、風、掉落的樹枝、疾病以及多種其他挑戰，都可能會導致某根樹枝走上和其他樹枝相撞之路。

當某根樹枝的樹皮靠上另一根樹枝的樹皮時，起先並不會發生什麼特別的事。不過，隨著時間經過，這兩根樹枝會隨風擺動，進而造成摩擦，並使得接觸處的樹皮磨損，而下方的生長組織便會彼此接觸並結合，或說「融合」，彼此共享資源和負擔，這種共生關係的正式名稱為「接合」（inosculation，又稱為樹吻）。

小樹枝融合後，會創造出一種有趣的模式，不過這並不會為樹木本身帶來一丁點傷害，也不會產生什麼重大的後果。然而，要是主要的枝幹發生這種情況，或是小樹枝融合之後長成更大的樹枝，就可說點燃了結構性定時炸彈的引線了。

我們可能會以為，用這種方式結合的兩根樹枝會超級穩固，而在幾年的時間內，情況也可能真是如此。樹枝確實是會彼此扶持支撐，但是，諷刺的是，樹木也是因為這點造成發展困難：這兩根樹枝並不會長出各自獨立生存所需的支撐木材。如果你不把小朋友腳踏車的輔助輪拆掉，那他們是永遠學不會平衡的。

最終，這兩根樹枝的其中一根將會變得脆弱甚至掉落，它的夥伴對於這個情況也無能為力。大型的融合樹枝可說是顆未爆彈，這也就是為什麼，樹醫生都會對它們進行手術。我們之後會在〈樹皮線索〉章節中，再回到這個問題。

05 風的足跡

風會在樹木上留下足跡，有些輕微，有些則更為明顯，一陣輕柔的微風，可能會使樹頂的細枝彎折，但一陣狂風，則可能會將上百歲老樹的樹根連根拔起。

在本章中，我們會探討風對樹木造成改變的各種不同方式，就從最暴烈的開始，接著往下遞減。最終，我們則會詳細討論你將會看見的某些更為神祕的現象。

風鏟木或風剪木？

二〇一三年十二月二十三日，風暴肆虐英格蘭東南部的肯特郡（Kent），當地居民紛紛前往避難所，等到風暴最猛烈的時候過去，唐娜・布魯克斯納—藍道（Donna Bruxner-Randall）發現，狂風吹倒了她土地上一棵十二公尺高的冷杉，就倒在她的地界邊緣，現在躺在跟鄰居農場之間的邊界上。樹木從根部彎折，有一大堆土壤跟樹根一起被扯出，她的農夫鄰居湯姆・戴伊（Tom Day）並不怎麼擔心，還表示他會處理，不過不急啦，於是冷杉就這樣側倒在那邊整整一個月。

接著，二〇一四年二月一日，離第一次風暴還不到六週，同一片區域又遭到風暴侵襲。狂風歇止後，當地居民再次出外檢視損害情況，多半是擔心失去更多樹木。而唐娜遇上了一個驚喜，她那棵十二月時倒掉的的冷杉，現在竟然直挺挺地站得好好的。第二場風暴吹的風向恰好和第一場相反，因而又把樹給推了回來，唐娜就跟她的鄰居一樣驚訝：「真的太奇怪了，樹竟然就這樣完美立了起來，農夫目瞪口呆，我們想得出的唯一解釋，就是第二場風暴。」

距離這兩場風暴已將近十年，我實在很好奇這棵樹究竟過得如何，所以我聯繫上唐娜詢問這棵樹的近況：「它還屹立不搖呢，實際上看起來還超級健康的！」唐娜告訴我，我在她描述奇蹟之樹的語氣中，察覺一絲驕傲。

接下來你就會知道，這種情況並不是事情通常的發展。樹木一旦倒塌之後，通常都會繼續保持倒塌的狀態，不過這並不代表樹木已經死了。

狂風的確會把樹給吹倒，不過會是以兩種截然不同的方式。最為常見的稱為「風鏟木」（wind-throw），指的是樹木雖然遭到連根拔起，卻依舊完好無缺，即根球隨著樹木倒塌也彈出土裡。這個現象在雲杉上尤其常見，但只要風力夠強，所有樹木都會倒下。

肯特郡的那棵冷杉，在第一場風暴期間，就是發生這種情況。風鏟木在導致土壤鬆軟的大雨過後更有可能出現，也就是說，那棵冷杉是位在泡了水的土裡。如果你看見一棵遭到連根拔起的樹木，可以看一下樹根是否折斷、土壤又是否被掀起或兩者皆是。樹根時常在樹木倒塌那一側（即順風側）會折斷，它們在樹幹傾斜時跟著扭曲並斷裂[24]。

樹木通常會順應風勢，因而會在風暴侵襲的整個地區形成一種趨勢。你一旦辨識出樹木傾倒的方向，就算在密林深處，被風暴吹倒的樹木，也可以為你帶來很強大的方向感。通常這會跟盛行風向相同，即當地最常吹的風向，不過並非總是如此：風暴就可能從任何方向襲來。

風把樹吹倒的第二種方式，則稱為「風剪木」（windsnap）：在這種情況中，樹根還撐得住，但樹幹卻斷了。這種情況通常很少發生，除非樹幹存在結構上的弱點，疾病或先前的損害會使這種狀況更常發生，且如果是近期才發生的話，就很值得在斷裂處附近尋找一下腐爛或真菌的跡象。你經常能夠發現樹皮及斷裂處附近的木材出現變色的狀況，有時還會有真菌冒出。

風剪木屬於致命性現象，可以殺死成熟的大樹；風鏟木則通常不會致命：樹木有很高機率可以存活下來，只要有幾根主要樹根依然完好無缺，且牢牢固定在土壤中就好。

存活下來的針葉樹，會從頂端再次開始生長，即樹倒下之前的最高點；闊葉樹則會試著從最靠近樹根處存活下來的最粗樹枝長出新的樹幹，這將造成有趣的形狀及外觀，可以在數十年後解讀出來，豎琴樹便是一例。

豎琴樹

如前所述，如果風暴把一棵樹吹倒，而且是從根球處旋轉的話，那樹就很有可能會活下來，只要有一些樹根保持完好無損即可。不過樹木現在就需要大幅改變計畫了。所有位於底部，沒有死於衝擊的樹枝，很快就會在深邃的陰影中死去，只會剩下上側的樹枝。

有時候樹幹上側的萌櫱芽，會因為壓力和新落下陽光的結合受到觸發而開始生長。這可能會導致一個相當明顯的模式：看起來就像是一連串更小的樹木，從地面上年老的水平樹幹上平行長出。

這種現象有幾個暱稱，包括「豎琴樹」[25]和「鳳凰樹」[26]，顯然是因為它們看來如同浴火重生。

旗化

幾年前，我在蘇格蘭高地的凱恩戈姆山脈（Cairngorms）的矮坡處，花了一天研究雪的模式，那天非常美好也相當充實。我從辨識大規模的整體趨勢開始，例如雪會堆積在岩石和樹木的一側——大雪之後，雪通常都會垂直地積在樹木的一側，即暴風雪吹過來的那一側。一旦注意到這件事之後，這就會是個頗為可靠的趨勢，在自然領航中非常有幫助。

隨著那天持續進行，我也轉而尋找更為細微的線索，到了下午三、四點時，我已經試著在個別雪花的層面上尋找模式了，不過多數時候卻找不太到。這需要高度的專注，有點令人精疲力盡。接著，太陽隱沒到山脊後時，我也休息了一

旗化效應：在這張圖片中，倖存的樹枝都指向遠離盛行風的方向。

下。我讓目光離開細節自由逡巡，往外望向更廣闊的地景，然後我便看見了一道線索在樹木之間閃耀。

沿著山脊生長的針葉樹，自身的形狀便像是個獨樹一格的羅盤：全都如此信心滿滿地指向一個方向，以至於它們傳遞的訊息是如此清晰易懂，讓我忍不住笑出聲來。我還不了解為什麼從精細地聚焦在細節之上，轉而看見大自然中宏大又明顯的意義，會令人如此陶醉，這其中的神經科學是如何運作，但事實就是如此。那個清冷的下午，我所看見的模式名為「旗化」。

風可以對樹木造成許多傷害，卻不會殺死它們。位於空曠地區的樹木因而處境頗為艱難，不過一些特定的樹枝會比其他樹枝承受更大的傷害。位於樹木最高處的樹枝，會遭受最糟糕的待遇；而那些位於盛行風側的樹枝，也常常會被吹斷，留下不對稱的樹冠，一側狀況還可以，另一側則光禿禿的。存活下來的樹枝，於是便會指向和風向相反的方向，這就是為什麼，這個現象會稱為「旗化」。在北美和歐洲等中緯度地區，這些樹枝（也就是旗子），通常會指向東方。當你人在山丘上或靠近海邊時，非常值得去尋找一下這個現象。

楔形、風隧、掉隊孤枝

樹木對風的反應，是會長得更矮、更頑強，在樹幹處也會出現更明顯的錐形，愈高處就會愈細瘦。這便是為什麼，我們愈是深入森林，樹木就會愈高的其中一個原因：森林邊緣的樹木較為曝露，易受強風吹拂，因而長得更矮。

這也是為什麼，位於盛行風側的樹木，會是最矮的樹木，這也創造了我所謂的「楔形效應」（wedge effect），即樹木會朝著盛行風向的方向傾斜往下。楔形看起來會有點像是跑車的引擎蓋，而我們在此只需要記得，車子是逆風行駛的。

在英國及北半球溫帶許多其他地區的情況下，這種現象通常是樹木會朝西南方傾斜往下；而在北美等中緯度地區，通常則更偏向西方。但要注意的是，盛行風向可能會受到當地地形特徵的影響。一旦確定了你所在區域的主要風向，在自然領航中，這也將成為另一個非常有用的趨勢。

風對林地的形塑不僅限於整體的影響，但也會改變個別樹木的形狀，將其塑造成符合空氣動力學的外觀。樹木在迎風側通常會更矮也更密集；在逆風側則是會更高也更稀疏，形成一種我稱為「風隧效應」的外觀。

當你在山脊上觀察這種現象時，樹木的輪廓會在天空的背景下變得非常明顯。你將會注意到迎風側的樹更矮、更密、光線也更暗，不過在逆風側時，你就可以透過樹枝

楔形效應：林地位於迎風側的樹木，通常會長得比位於中央、受到保護的樹木矮。

風隧效應：盛行風是從圖片左方吹來，請注意一下樹的形狀，
同時也會有更多光線從逆風側穿透以及「掉隊孤枝」。

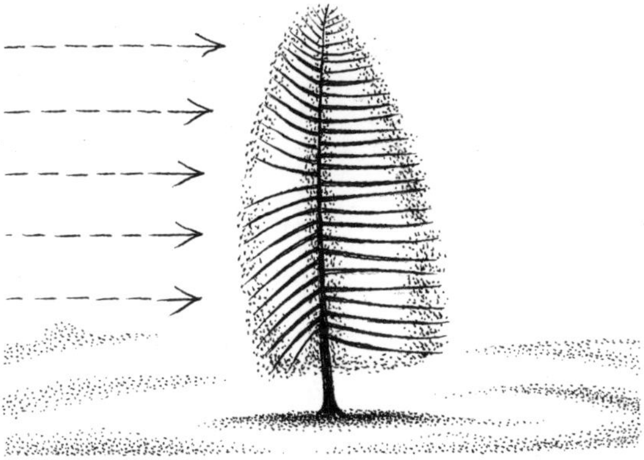

迎風側的細小樹枝會朝樹幹彎曲；逆風側的樹枝則長得更長也更筆直。

看見天空。而在逆風側，也會有所謂的「掉隊孤枝」，這些個別樹枝從主要樹冠中伸出，並指向逆風側方向。

在極端情況下，風會殺死樹枝，如同先前在「旗化」段落所述，但早在這發生之前，風對於樹枝，就已擁有三個更為微妙的影響：

首先，風會使樹頂朝盛行風向彎折。在北美洲的中緯度地區，通常是從西方吹向東方，這對自然領航員而言，可說是非常有用的技巧。

其次，風也會讓樹枝變短。強風會讓樹長得更矮，而同樣的過程也會發生在樹枝上，整體來說，位於多風地點的樹木，樹枝也較短，且迎風側的樹枝也會是最短的。

最後，風也會彎折樹枝。不過其彎折的方式，會取決於樹枝的角度而定。基本原則是在迎風側風會使樹枝朝樹幹彎；逆風側則是會遠離樹幹。例如，如果迎風側的樹枝是往上指，那風就會將樹枝繼續往上推得更接近樹幹；而在背風側，同樣的風則是會將樹枝推離樹幹。無論樹枝是往上或往下指，位於迎風側的樹枝最後都會更接近樹幹；位於背風側的樹枝則會被推離樹幹。

彎折

我們迄今討論的所有效應及現象，都是強風或長期風向所造成的長久效果，但風的影響也會造成一些瞬間的變化，這些變化僅會持續數秒，然後樹木就會回到先前的形狀。

每種樹種都擁有自己的特徵，且會以獨樹一格的方式對風做出反應。有些樹木倔強又不願讓步，有些則頗為彈性，從這點看來，也算是有點像人。在颳風的日子，你可以好好把握機會，研究一下樹木如何面對這些挑戰，在所有層面上——從個別的樹葉到整棵樹木，都存在各具特色的反應可供尋找及觀察。

許多闊葉先驅樹的樹葉，例如楊樹，都會蜷曲成緊密的圓筒狀，讓風滑過。松針則會隨風彎折，不過也有許多短小的針葉，在外觀上其實並不會有什麼明顯的改變。而且我們可能也很難觀察到葉子在風中的確切形狀：因為變化發生非常快，但顏色的改變可以帶來協助，如同我們稍後會討論的，樹葉的上方和下方，顏色並不相同。

這個趨勢在整棵樹上都通用，如果樹葉會在風中改變形狀，那你就可以很有信心地假設，這棵樹的樹枝及樹幹，愈靠近末端會愈來愈細瘦，且也會隨風彎折。

彎折和我們先前所討論，風所帶來的有害影響不同，不過也有所相關。一陣狂風可能會彎折某棵樹木好幾秒，接著，隨著風一止歇，樹木也會彈回來。然而，如果大多數的強風都是從同一個方向吹來，日積月累之後，我們就會看見楔形、風隧及掉隊孤枝等現象開始形成。

正巧我在撰寫這段文字時，外頭正颳著強風，一陣風暴安然地從西邊通過。一棵雲杉正興奮地搖擺，樹枝上下彈跳著，不過樹幹或樹葉沒有太大的動靜。水青岡則是在下方維持原樣，上方卻會出現變化：最外層的樹枝受到每一陣強風摧殘擠壓，不過隨後又會馬上彈回來。樹葉只有在樹木最為裸露的部分輕微顫動而已。而最靠近我的水青岡樹幹，在最頂層處則是正緩緩擺動著。

年輕的樺樹也隨著每一陣強風搖擺，如同在海中面對狂風的遊艇，但不像大船的桅杆，細瘦的樹幹在半途稍高處彎折，接著猛彈回來。樺樹葉則是如此狂亂地擺動，看起來就像是不斷消失又重新出現，迅速地彎折後又彈回。

彆扭之樹

至今我們在本章介紹的每一種效應，單獨看都頗為簡單明瞭，但大自然喜歡將好幾種反應一次打包在一起，這可能會使得判斷這些反應時更具挑戰性。有時我們得辨識眼前所見的，究竟是長久持續的足跡，或是幾秒鐘前造成的結果。

判讀風對樹木的立即影響及長期歷史會隨著練習愈來愈容易。不過當你還是新手時，我會建議從最為劇烈的影響開始逐步深入立即的影響，這也就是為什麼我會如此安排本章的敘述。

首先去尋找在風暴中倒塌的樹，並判斷這是屬於風剪木還是風鏟木。接著，如果有機會，再去尋找位於山頂上或是海岸邊空曠處，暴露在風中的樹。理想的狀況下，請選擇風平浪靜的一天，這樣你就不需要去解讀，哪些影響是源自今天吹的風，哪些則是十年來累積而成的。如果你是身在擁有更多遮蔽及保護的地點，比如城市中，可以將公園中樹木視為個別樹木看待，進行這項練習。

請觀察你所遇上的任何曝露在風中的樹木形狀及外觀，並且試圖從多個角度認識這些樹木。請注意隨著你觀察角度的改變，形狀會出現多麼劇烈的變化，以及樹頂是如何受到盛行風向的吹折。

在你花了些時間觀察長期的趨勢，並且開始發現你可以自然而然地注意到這些趨勢之後，那你就準備好可以去尋找「彆扭之樹」了。在最為曝露空曠的地點，只有小樹可以蓬勃發展，像是在我家附近的山頂上，山楂就活得不錯，且足以與任何強風匹敵。但無論你人在哪，都有機會可以找到能與強風共存的樹木。在城市中，一些特定地點的風就特別強：你可以在高聳的建築物、河流附近，或是又長又筆直街道的末端、風從縫隙灌進之處尋找。

每當風從慣常的方向吹來（即盛行風向），都會增強長期趨勢。如果在風平浪靜的一天，樹頂出現些微彎折，那只要風從盛行方向吹來，效果就會被增強。不過每個月裡都會有幾天，風是從不同方向吹來，甚至偶爾還會從相反方向吹來。這會讓暴露在空曠地區的樹上，形成一種「彆扭」的外觀。看起來彷彿樹木把頭髮全都梳到同一邊，接著有人拿了吹風機從「錯誤」的方向吹。於是樹木會從滑順又符合空氣力學的形狀，變成某種稱不上優雅的姿態，看起來既不舒服又彆扭。

彆扭之樹是個線索，代表我們應該預期會出現怪異的天氣：從盛行風向的反方向吹來的風，告訴了我們異常的天氣系統正過境此地。

最終的挑戰，則是當我們發覺有時會需要判讀風和太陽對樹形帶來的複合效果。如果你認為

空曠地區的彆扭之樹，是怪異天氣的線索。

自己看見兩者都在樹上留下了痕跡，且不知道該從何下手的話，永遠都請先考量風的影響。因為風可能會留下凌駕太陽的效果，但相反的情況則非常罕見。

神祕的模式

風會改變樹木，但樹也會改變風的流動。風力和風向在樹木附近都會大幅變化。如果你在樹木上發現令人困惑或是違反直覺的風向模式，那就能幫助你理解這些變化，而最佳的方法便是親身去體驗。

風遭遇樹木或森林時，會被迫往上抬升，這使得樹木迎風一側，出現一片無風區域。同一陣風吹過樹木後，馬上又會在同一棵樹的逆風處，出現另一個風無法到達的區域，又再次產生另一片無風區域。這些平靜的區域稱為「風影」（wind shadows），即風無法到達的地方。夏天時，這些地方都會擠滿忙碌的蝴蝶和其他昆蟲。

只要風穿過任何障礙物，最低處就會因為摩擦力慢下來，這會造成風開始翻滾及旋轉，想像你全速奔跑然後絆倒：你的上半身仍然會全速繼續往前，但雙腿卻會慢下來，結果就是會向前滾動，有時候甚至會一路翻滾。風試圖穿過樹木時，也是同樣的情況。翻滾的風稱為「漩渦」（eddy），每次風經過樹木時，都會形成這樣的漩渦，這解釋了為什麼風常常會突如其來，且朝著各種莫名其妙的方向吹，特別是在樹木的順風處。

如果你在颳風的日子走進一片森林，那麼樹林邊緣將會非常嘈雜，不過隨著你深入其中，也會慢慢安靜下來。我們都預期會出現這樣的效果，但是還有一種更微妙的效果很少人會注意到。在森林中，風在樹頂上會最強，我們會聽見樹冠沙沙的聲響，接近地面處則是最平靜，不過我們在兩者的中間處，也能感覺到一陣耐人尋味的微風。

樹林中的風，在頭部高度會比稍高處或稍低處還要強。如果颳風的日子你人在森林中，可以試著感受看看臉上的微風，接著伸手往下，然後你就會察覺風在膝蓋附近停止。然後也請注意一下稍高處的所有樹葉及樹枝，也就是距頭部約三公尺高的位置，它們是怎樣也不會受到吹在你臉上的那陣風侵襲的。這個現象稱為「膨脹」（bulge），發生原因是因為風被壓縮在樹冠及地面之間。你也能在熱天時，感受到單一樹木所帶來的相同效果，此時你會享受到樹下的陰涼，以及樹下更強微風所帶來如冷氣般感覺。

等你熟悉了這些效果，發現這些現象就會令人心滿意足。假如我們站在樹林順風側的風影之中，接著遠離樹木，我們就能追蹤並仔細探索漩渦現象。這就像是種超能力：你可以僅僅靠著走幾步路，就幾乎能隨心所欲操縱風向，讓它想從哪吹來都可以，接著再走回樹旁，讓風止息下來。

膨脹的風速度比樹冠上的風還慢，這表示我們可以運用樹冠上的聲音及景象，來預測膨脹風的波動起伏。在颳風的日子，可以來到林地，並試著觀察或傾聽風吹過在你逆風方向的一些高聳樹木頂端，接著計算從風吹過頂端直到你的臉上感覺到膨脹微風之前，究竟過了幾秒鐘。

在你花時間好好了解這些被樹絆倒的風之後，就能協助理解許多乍看之下頗為神祕的樹木模式了。頭部高度的所有樹葉，通常看起來比更高或更低處的樹葉更為狼狽，這都是因為膨脹風的效果。

樹林附近的小樹和先驅樹，也可能因為來自主要樹林的漩渦風而遭到摧殘。在擁有各種小型樹木的地景中，樹木間存在著許多有趣的風的模式，像是漩渦風會從一小片樹林中翻滾出來，並在另一片樹林中大搞破壞。

06 樹幹

隨便請個人（無論老幼）畫一棵樹，然後你可能會發現這些樹幹沒什麼特色。圖中會有兩條直線連接地面和茂密樹冠。然而，要是我們真的親自走出戶外，你會發現其實沒有兩根樹幹是一樣的。它們會有彎曲、隆起、分叉以及其他模式，展現出豐富又多元的世界。在本章中，我們將會聚焦在樹幹的特徵及其意義上，先從影響整根樹幹的最廣泛趨勢開始，接著再慢慢聚焦到細節上。

歡迎的傾斜

大自然中有許多模式，對大多數人來說都彷彿是隱形的，實際上卻很好觀察，一旦發現之後，就很難忽視了。下一次你行經穿過樹林的廣闊道路、小徑或穿過森林的河道旁時，可以注意一下樹幹是如何朝你傾斜的。

我們先前曾討論過樹枝是如何向空曠處伸展，例如道路及河道上方，而樹幹也發揮同樣的作用。如果情況剛好相反，那麼樹幹就會傾斜遠離樹林間的寬闊光帶，並把所有樹枝推向更陰暗的樹林裡，而這將會是個糟糕的生存策略。

同樣的趨勢也可以在所有樹林的邊緣找到：樹幹會稍稍向外傾斜，不過在我們行經林間時尤其容易注意到，這會令人感到心滿意足。我們冬天往山上走，穿越落葉樹林時，這個效果尤其強大明顯：光禿禿的樹後方是片明亮的天空，帶來剪影和強烈的對比。

我喜歡把這想成是樹木為了歡迎我們而朝外傾斜。雖然我的大腦沒有半個細胞會相信這是真的，但這代表我記得要去尋找這個模式，而這讓我每次成功找到時，都會湧起一股溫暖的感受，你也試試看吧！

愈老愈粗、愈高愈細

早在我們年紀大到能拼「圓周長」這個詞之前，我們就已憑直覺學會判讀樹木的其中一項線索了：樹幹愈粗大、樹木就愈老。在判斷樹木的年紀時，樹幹的周長比高度還要可靠[27]：老樹的高度會愈來愈萎縮，但樹幹卻會繼續變粗。某些年紀非常大的樹，比起其全盛時期更矮也更粗。

雖然有上百萬種變數可以影響樹木確切的圓周長，但還是有個大略的經驗法則可以運用。生長在空曠地區且擁有茂盛健康樹冠的樹木，每年會增加二點五公分。因此，一棵圓周長二點五公尺的樹，若是生長在開闊地區，那就是大約一百歲。在森林中，樹木為了獲得陽光，往上生長的意志更為堅決，所以如果是一棵擁有同樣周長，卻是生長在森林中的樹木，那麼年齡將會是兩倍大，即兩百歲。而在林地邊緣，我們會找到生長在半開闊地區的樹，若運用同樣的測量方法，年齡則約一百五十歲。

這些都是粗略的估算，不過對於相當多的樹種來說都是適用的，而且令人驚奇的是，這些估算也能同樣適用在闊葉樹和針葉樹上。追求純粹的人會想要插話說，明明就還有例外啊，包括真正的樹木巨人，例如紅杉在內，還有那些年輕時長得比較快，但隨著衰老生長也會隨之變慢的樹，因而在極端情況下，這樣的估算可能就會開始出現誤差。

一條河流的總流出水量，絕對不可能超過所有較小水源流入它的總水量。類似的道理在樹木上也通用：不管樹木多高，樹木樹枝的總粗度，大致來說也都和樹幹相同。如果我們把某棵高大樹木頂端的細枝全都收集起來，然後完美緊密地綑成一捆，那大小就會大致跟樹幹差不多。達文西便曾在《繪畫論》（*A Treatise on Painting*）中，評論過這一點：「一棵樹上上下下、從頭到腳所有樹枝聚在一起時，粗度會跟（其下方的）樹幹粗度相同。」[28]

這個概念很好理解，也有助於解釋為什麼我們看見的樹幹，在主要枝幹的連結處上方的樹幹會大幅變細：上面已經沒有這麼多樹枝需要供給水分跟營養了。但我們也可以從另一個角度理解這件事，如前所述，樹木會長出額外的木材，以因應額外的重量或壓力，因而位在大型樹枝下方的樹幹也必須變得更粗才行。

展開及變細

英格蘭中部附近北安普頓郡（Northamptonshire）的維爾登村（Weldon），曾一度是被洛金罕森林（Rockingham Forest）所環繞，這裡曾是王室的狩獵區域。這並不是一片容易領航的森林：很多遊客只是轉錯了個彎，然後就迷路了。人類已經在森林裡迷路幾千年了，未來也會持續迷路下去，不過維爾登村卻擁有一個古老、極為罕見且絕妙的方法，可以解決這個問題，而這個方法一直流傳到今日。

故事是這樣的，據說某個旅人在洛金罕森林裡徹底迷路[29]，最後完全是靠著維爾登村教堂鐘塔散發出的光線，才順利找到方向走出森林。這位大大鬆了口氣且心懷感激的旅人，決定也想要拯救他人免於相同的恐懼，所以付錢蓋了更為永久的設施——在維爾登村（Weldon）聖母瑪利亞教堂（St Mary the Virgin Church）的頂端建造了一座圓頂，裡面放著蠟燭或掛著燈籠，這也是英國全境唯一位於內陸，同時依然運作中的燈塔。

而一座燈塔也可以教導我們如何閱讀樹幹的形狀。十八世紀的英國儀器製造師暨工程師約翰·史密頓（John Smeaton）[30]，便負責在普利茅斯（Plymouth）的海岸設計一座新燈塔。史密頓心知他設計出的作品，必須要能夠日日夜夜承受最惡劣的天氣，且也得經年累月，屹立不搖。這對任何工程師來說，都是個十分艱鉅的任務，不過對一個能夠理解大自然，並已經找出了該如何創造出能夠抵擋風暴的某種高大結構的人而言，就沒那麼令人卻步了。你會需要強韌的材料、穩固的基座以及正確的形狀。

史密頓設計埃迪斯通燈塔（Eddystone Lighthouse）時，便是根據橡樹幹的形狀。他明白面對無情的海浪，石頭的效果會比木頭還好，不過形狀其實並不需要調整太多。這座燈塔最後撐了超過一個世紀，從一七五九年到一八七七年，而遭到替換的原因，完全只是因為下方的石頭已經開始遭到侵蝕，變得不太穩固了，燈塔本身狀況還十分良好*31。

大多數樹幹在基部都會展開，但包括橡樹在內的一些樹木，情況會比其他樹木還更明顯。樹木愈高愈老，展開的情況就愈明顯。高大的樹木雖然必須應付最強的風，卻依然很容易低估這個效應有多麼極端。比鄰居稍微高一點的樹木，簡直就是一點遮蔽也沒有，而此處便必須應付非常強勁風勢。樹木只是稍微長高了一點，就會導致必須承受更為強大的風力，因而造成樹幹基部更明顯地展開。擁有明顯基部展開外形的總統樹（President tree），是一棵有著三千兩百年歷史，高達七十五公尺的加州紅杉，它位於加州的內華達山脈，是世界第二大樹，是這種現象最具代表性的範例。

每根樹幹在接近樹頂處都會逐漸變細，但展現這種特性的方式，其實是反映出了該樹種的特性，且也與樹枝的生長趨勢相吻合。先驅樹種，例如落葉松、樺樹、赤楊，這些預期會生長在空曠、風大地點的樹木，樹幹也會變得像鞭子一樣細。慢慢來、穩紮穩打的樹，像是橡樹和紅杉，樹幹變細的趨勢則更為和緩，幾乎到了最頂部，都還是保持一定的粗度。

沿風向消瘦

沒有樹幹會是絕對完美對稱的圓柱體，如果我們想像從樹幹頂部高度將樹幹切開，可能以為會看見剖面是圓形的，但從來都不完全是這樣，總是會有些偏差。總有些因素會使它偏離完美的圓形，

＊現今依然還是可以前往普利茅斯附近，拜訪史密頓設計的燈塔，燈塔在民眾同意支付費用後拆除，並在陸地上重建，自一八八四年起便矗立在現址：「以紀念土木工程史上，所完成過最為成功、用處最大、也最具啟發性的作品之一。」

像之前提到的，這些因素包括：基因、環境、時間。

某些樹種生來就注定要違反完美的形狀，紅豆杉就不講究規則，世界上沒有任何一棵紅豆杉的樹幹，擁有完美的環形剖面。而許多較小的樹種，也會透過分裂成好幾根莖幹，把勻稱單一圓形的這個概念給狠狠打破，榛樹和赤楊正是其中的佼佼者。複莖樹會從地面處緊密的一束莖開始生長，但隨著時間經過，莖會開始散開，朝遠離彼此的方向生長。

許多健康的樹種，包括水青岡和橡樹，從大約腰部高度到差不多最低的主枝幹下方，樹幹的剖面都會相對固定、有規則，這個部分一開始乍看之下可能會是圓形，不過其實更有可能會是橢圓形。

整棵樹木都會對風做出反應，當然也包括樹幹。大多數樹幹都會「沿風向消瘦」，你只要在空曠地區繞著一棵成熟的大樹走上幾圈，很快就會發現樹幹是如何先變粗再變細之後又變粗的。這便是林務員為什麼會用圓周長，而不是使用直徑來記錄

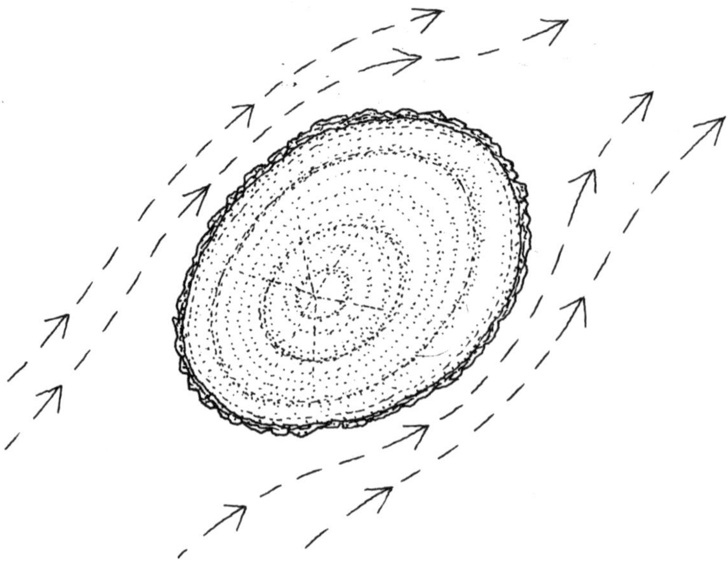

樹幹沿風向消瘦

樹木大小的其中一項原因[32]。

當你順著盛行風向的方向觀察樹幹時，樹幹會是最細的；而從垂直盛行風的方向望去，則樹幹會是最粗的。

鐘形底部和仙子屋

有時樹幹會從地面流暢優雅地一路長到頂部，不過我們比較常會看見的，其實是一些破壞流線結構的隆起。

我們就先從底部開始，然後逐漸往上移動。我們預期樹幹基部會稍微有點展開，以增強樹木的穩定性，但某些老樹，卻擁有看起來粗壯到誇張的基部，彷彿樹幹的底部已經放棄當一棵樹了，而是想變成一座巨大的鐘。這個現象的名稱包括「鐘形底部」（bell bottom）、「基部鐘」（basal bell）或「瓶底」（bottle-butt），但無論稱為什麼，都代表樹木裡面有了麻煩。

讓哺乳類的心臟停止跳動，牠就會死亡。同樣的道理也可以應用在其他內臟器官上，像是腎或是肝。我們已經習慣了這個概念，即生命是由體內深處維持的，我們生命力的關鍵，位於皮膚下方深處。不過就樹木而言，其情況幾乎是完全相反。

就算老樹中心的木材已經死去，但只要依然受到樹皮和外層保護，就能作為樹木的一部分繼續撐上很久的時間，但沒有生命。可是要是死去的木材有了裂縫或其他弱點，讓微生物跑了進去，那就會開始腐敗。許多古老的樹都是從內部開始腐爛，但依然可以活上數個世紀，方法便是繼續維持外層的正常運作。對結構的穩定來說，外層也同樣扮演最為重要的角色[33]，而這又是另一個我們這些以骨骼為基礎的生物，會認為違反直覺的概念。

如果老樹的基部中心出現問題，樹木依然可以透過向外生長及繞過問題，來繼續存活下去。古老的樹木也可以在這個過程中受益，方法就是重新吸收某些養分，在樹木內部腐爛之後，這些養分會重新回到土壤之中。(更驚人的是，這些樹木也會在樹幹內長出樹根，來吸收自身的腐爛物質維生)[34]。

同樣道理，樹木也會透過長出更多木材來解決問題，而這些額外的生長，便導致了這類古老樹木基部變成鐘形。此外，造成感染進入樹木的裂縫或破洞，也會隨著時間擴大。這表示我們會看見在雄偉老樹在其低處樹幹深處充滿破洞、凹槽和其他空隙。

這造成了一個你可能曾經見識過很多次的結果，多半也有做出什麼評論，因為這的確蠻迷人的，就像是在樹木的基部有一扇門，通往仙子居住的小巧家園一般。動物時常會在這類中空處築巢，孩子們也很愛，而這些美妙的住所，也有可能大到能讓成人走入，我有次就曾整個人縮在某棵巨大榆樹的仙子屋裡躲避冷雨。好啦，我承認：躲雨只是我的藉口，我這麼做是只是因為這樣子讓我感到開心。

軟墊

在我試圖以這種奇怪的方式謀生的跌跌撞撞路途中，我曾前往布魯姆斯伯里（Bloomsbury）的貝德福德廣場（Bedford Square）開會。這是某個沉浸在非凡文學歷史中的倫敦地區，頭上雄偉的喬治時代建築也投下高聳的陰影。對任何懷有遠大抱負的作家來說，沒有幾個會議地點，比這裡還更令人興奮或畏懼的了。

我痛恨遲到，但這肯定是改變這個習慣最糟糕的時機，我覺得這次會議絕對會改變我的一生。我因此熱切、緊張，提早了四十分鐘抵達會場。於是我在布魯姆斯伯里繞著同心圓走打發時間。我發覺自己就在這個廣場繞圈好消磨掉這最後十分鐘，彷彿囚犯出來在中庭放風。

廣場中央，有座正式且維護良好的花園，四周被堅固的黑鐵柵欄環繞。我蠻想走進去的，想說綠地可以讓我冷靜下來，但大門鎖住了，而我沒有鑰匙。我能做的，就只有在尖鐵欄杆旁不斷徘徊，試圖窺探其中的綠意。我非常想穿過欄杆的縫隙，享受另一邊的風景。接著我看見，樹木應該也擁有相同的感受：樹木也想要穿過縫隙。一排懸鈴木的基部，已然膨脹了起來，想要吞噬鐵欄杆的底部。

樹木成長時，樹幹也會變肥變粗，而要是碰上了某種堅硬又頑強的東西，像是石頭、磚頭或鐵欄杆，就會在接觸點上長出額外的木材：形成一個「軟墊」。新的木材會在接觸點形成一個支撐，雖然有時候也會把障礙物整個給吞噬掉，樹幹可是很渴望吞噬掉所有擋路的東西。

我認為會議進行得很順利，於是回去靜待消息。這麼高的期望，彷彿已擘畫好未來，即便我心中有一部分連半點地圖都沒有。當消息傳來時，包含了「不錯」這個詞，而這總是代表「想都別想」，事情並不如我預料中開展，這也不是我一心冀望的轉捩時刻。這樣的時刻在我們接近它時，感覺都好像會改變人生般，但事後回想起來，我們能夠看見，最重大的時刻往往是慢慢降臨在我們身上的。人生繼續下去，我在走了好長一段路，擺脫了遭到拒絕和灰心喪志的感受後，我也長出了另一層情感木材，在我下一次遇上堅硬的障礙物時，可以當成軟墊接住我。

隆起和樹脊

樹木不會知道下個問題是什麼，卻早已知道答案，答案總是「長更多木材」。樹木跟許多動物不同，無法再生細胞，只能添加更多木材而已。

有時我們會看見一個隆起，完全包覆樹幹上方，高度遠高於展開的基部。這種環繞整根樹幹的隆起是個線索，代表樹木正在試圖處理內部的問題。接下來則是要注意這個隆起的特徵：是滑順平緩地起伏，像道緩和的波浪呢？還是幅度更大地陡升，像道階梯？

平緩的隆起象徵樹幹內部已經腐爛了，是跟鐘形底部一樣的問題，只是位置稍微高一點。幅度更大的階梯狀，則表示樹木內部的木材纖維已經變形彎曲了[35]，多半是因為風暴這類損害事件。無論是哪種情況，樹木都察覺到了內部的損傷，並在周遭長出了一圈新的木材加固，以支撐傷口，就像骨折時要打石膏一樣。

每當你在樹幹上發現隆起時，都很值得去尋找看看，是什麼跡象造成原始問題。如果隆起是由內部的腐爛造成，肯定有個入口可以讓攻擊樹木的微生物進入其體內，例如某根樹枝斷裂所留下，沒有妥善密封好的開口[36]。假如沒有老樹枝存在的跡象，那你可能會看見其他問題的線索，比如樹皮缺失，這很可能是被動物啃掉的。

木材可說是大自然最為驚人的工程創造之一，但依舊有其限制。假如施加在木材上的力量是逐年增加，那樹木就能長出更多層木材，且能應對極端的張力和壓縮。但木材沒辦法馬上適應：像是風暴、山崩或其他突如其來的衝擊襲向樹木，樹幹就有可能會斷裂。而樹木也會察覺到重大的損害，比如像斷裂，接著，正如你猜想的那樣，樹木又會長出更多木材，試圖處理這個新弱點。

一道完全貫穿樹幹的主要裂縫，遲早都會造成整棵樹死亡，不過如果只有一側裂開，那樹木就還有機會復元。樹木會沿著問題的周遭及上方長出木材，使得斷裂處會出現一道隆起的樹脊。有時這能讓樹夠治好自己，但並非總是這麼順利，而我們也能從樹脊的形狀，來判斷復元是否順利。環形的滑順樹脊，代表樹木成功癒合了；尖銳或凸起的樹脊，則代表失敗了[37]，水平的斷裂是源自樹幹承受張力；而垂直的斷裂，則是在遭到壓縮

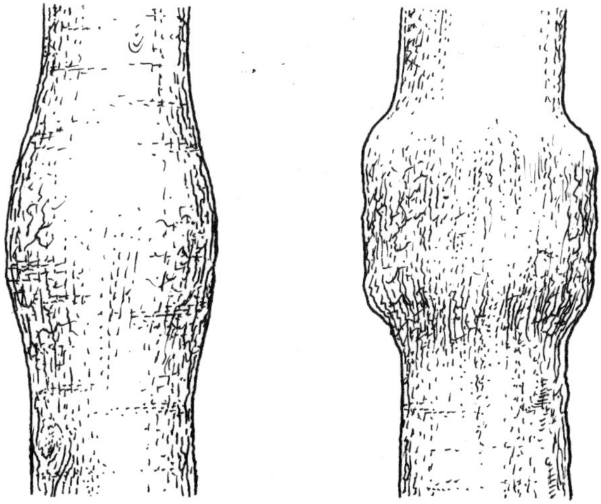

海浪隆起（左）及階梯隆起（右）

時出現[38]。

如果你試著折斷一根細小蒼綠的嫩枝，樹枝並不會乾淨又輕易地折斷，但要是你用力將其拗到一側，然後再換到另一側，你就會看見一堆垂直的裂縫，接著樹枝就會開始斷裂，這個現象稱為「嫩枝骨折」（greenstick fracture）。早在樹枝斷成兩截之前，你通常就可以從垂直的裂縫看見另一邊透過來的光了，壓縮會造成垂直的裂縫，而裂縫會逐漸變寬成為更大的斷裂。同樣的裂縫，也會出現在壓力過大的樹幹上，但在樹幹完全斷成兩半之前，樹木就會在裂縫周圍及上方長出木材，並形成我們在樹皮上所見的肋狀隆起。

造成裂縫和肋狀隆起最為常見的原因是風，不過也存在其他觸發因素。結霜也會在樹幹上造成裂縫，特別是當樹的某一個部分，生長或縮小的速度，比鄰近的部分還快時，且霜裂通常會是垂直的[39]。

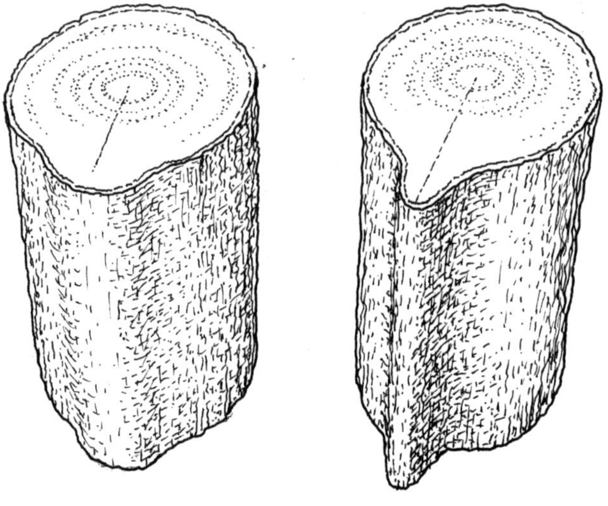

滑順及尖銳的樹脊

彎曲

十一月的約克夏（Yorkshire）某個清冷的夜晚，我揮手跟羅伯和戴夫告別，並祝他們好運。他們的任務是要運用星辰、天體、月亮、動物和樹木，找到幾公里外的一間農舍。他們走下山丘，而當他們的背影消逝在初夜漸濃的深藍色之中時，我感覺到一陣興奮。

我用了一整個下午訓練這兩名農夫兄弟，他們要去參加一個電視節目，而即便在這類情況中，總是會有些瑣事、微調和策略，這依然都是個刺激的時刻。我終於能夠拿下臂章，推著這些菜鳥出發去野外，並在他們第一次自行嘗試這些技術時，發出一些鼓勵他們的聲音。

我跳上荒原路華（Land Rover），繞遠路前往他們的目的地，等待他們幾小時後抵達，一切都非常順利。他們成功抵達農場，不需要別人前往救援，而當我們呼出的氣息在月光下如蛇般蜿蜒而上時，我們臉上全都掛著笑容，並且握手祝賀。

我們開始總結，他們告訴我在林子裡時曾稍稍偏離路線，不過運用天體、星辰和樹形找出了方向，並順利回到路線上。如果從上方看，他們的路線應該會是彎彎曲曲的：他們逐漸偏離路線，接著重拾方向，朝正確的方位前進。而樹幹也不一定總是呈筆直，它們成長期間有時也會偏離路線，且也擁有自己的方法，可以重回正軌。

等待羅伯和戴夫時，我在距離農舍最近的田野上踱步保暖，正是在此時，我看見了那棵彎到不行的樹。那棵美國扁柏的樹影就矗立在月出的明亮背景中，非常引人注目。它的樹幹相當驚人，只比一般的香蕉樹稍微再直一點而已。

樹木能感覺得到重力。樹幹頂部引導方向的嫩枝會往上生長，和地心引力的方向相反，這個過程稱為「向地性」（geotropism），又稱向重力性（gravitropism），巧妙之處在於，樹頂不斷感知地心引力的作用，並依此調整方向。

這點相當重要，因為很多因素都可能導致嫩枝長歪，因而需要回到正軌的方式。嫩枝可不能轉頭或是重長：過去已經永久定形在木材中了。這表示我們可以將樹幹當成樹木生長所走過的路徑：要是它在某處偏離了路線，那我們就會在樹幹的外觀中看出來，將會呈彎曲狀，有時還會是扭曲的。

那晚我看到的彎曲的美國紅檜生長在英格蘭北部的山丘上。很可能是重雪在樹木年輕時壓低了它，讓它徹底偏離了路線。長長的曲線意味著它花了相當多的時間才回到正軌。

很多因素都會讓樹長歪，不過雪和土地滑坡是最常見的兩個原因。可以觀察彎曲最劇烈的位置：這會為你提供很好的線索，讓你知道事件是何時發生的。如果是在接近基部處，那就是在樹木剛誕生時；位置愈高則代表是愈後來才發生的。而如果改變是非常漸進地，且樹木上沒有任何一處突出的彎曲，那這棵樹就有可能是穩定地偏離路線，最有可能原因的是腳下的土地緩緩朝下滑動。

彎曲跟傾斜不一樣。有時候樹木會選擇不要完全筆直生長，這就會導致傾斜的樹木，如同我們在本章開頭所見。主要的原因通常會是因為明亮的光線只來自單一方向，而這在我們先前討論過的三個情況中，也都頗為常見：道路旁、河流旁以及林地邊緣。不過這在陡坡也蠻常發生的。

每當我們在陡峭的地勢看見傾斜的樹木，都代表在兩種不同的生長方式間正展開一場輕微的「競爭」。其中一種是由重力宰制，即向重力性；另一種則是由光線，也就是向光性。樹幹凌駕一切的目標，就是要往上長，也就是向重力性，但有可能會受到光線的極端不對稱，即向光性，稍稍推離路線。這種狀況在陡坡上相當常見，因為光線只會從一側照射過來。每一種樹種都會根據自身偏好的棲地，來決定要優先順應哪種生長方式。

長在河邊的樹，像是赤楊和柳樹，便演化成以光線優先：會朝河流傾斜，且樹幹幾乎很少完全呈筆直。多數大樹和針葉樹，則是偏好筆直生長，除非有什麼外力導致歪斜，所以，假如你看見一棵彎曲或傾斜的針葉樹，那就是某種比光線還更強大的因素在作用。

如果你能經常觀察這些現象，那你就可以開始透過樹幹對光線和坡度的反應，來讀懂每棵樹的特徵。比如，在經過陡坡上某座混合林的邊緣時，你就可能會注意到，某些樹種會直接向外傾斜並繼續生長；有

陡坡上高樹及矮樹生長的角度

些則是雖然朝外傾，卻又會彎回垂直的方向；另外一些則是筆直生長，且似乎無視這類外力。

這其實是個很令人興奮的時刻，因為這代表你的觀察能力大幅躍進了。等到我們有辦法注意到每棵樹是怎麼對相同的影響因素做出不同的反應時，就代表我們能夠看見很少人會注意到的事物了。

坡地很常見沒錯，但確實也會導致另一個特別又很少人會發現的現象。在山坡上，較高的樹木通常會垂直往上長，方向和重力相反。但是位於林下的矮樹，其實可以透過從山坡朝外伸展[40]，垂直於地面，以獲得更多光線。

分叉

從我小屋的門外，只要走幾步，就有一棵成熟又令人驚豔的水青岡矗立在那。我已經見過這棵樹好幾千次了，也親手觸碰了好幾百次。寫作的日子裡，我常走近它，甚至能聞得到它的味道，而在夏天時，我則是喜歡在樹蔭下吃午餐。

某天早上，我為自己設立了一個挑戰，我擔心這可能會徒勞無功，我決定要花個幾分鐘好好端詳這棵樹，看看我先前是不是忽略了什麼。這棵水青岡上，有沒有什麼有趣的特徵是我以前從未注意過的呢？

在觸手可及的距離觀察完之後，我往後退，而我就是在此時，才第一次好好端詳這棵樹的形狀，這讓我大感震驚，我因為其普通而震驚。在最接近我的這棵鄰居樹後方，就在林地邊緣，還有另外兩棵水青岡，但都沒有這棵長得這麼整齊。這些樹都是同個樹種，大小也都類似，但那兩棵的形狀，不知怎地卻沒這麼經典，沒這麼「理想」。

背景中的那兩棵水青岡長得比較雜亂，缺乏對稱性及美感，但最靠近我的這棵，卻看來精緻又優雅，可說是水青岡中精雕細琢的典型。我在這個區域的其他幾個地方，也曾注意到這種模式，最接近建築物的樹，看起來總是比那些稍遠處的樹還要整齊。但答案並不在於園丁或樹醫生的幫助。我在樹旁踱步了一會兒，才搞懂究竟發生了什麼事。而為了解釋，我們必須先花點時間討論一下「分叉」。

有些樹過著相當中規中矩的生活，不會遇上什麼災難，也以基因上注定好的方式生長。這些幸運的樹木，便形成了我們在一般的樹木繪畫中看到的典型形狀。高大的樹木偏好擁有單一根主要的樹幹，從基部一路延伸到頂部，不會轉向，因為這是最穩固的形狀。而如果主樹幹在某個地方分成兩根，就稱為「分叉」。分叉是結構上的弱點，這就是為什麼最高的樹不會有分叉的原因。

高樹身上若出現分叉，便代表這棵樹過去發生過什麼嚴重的事，通常會是遭到斬首。假如風暴、動物或人類破壞了樹頂，新的生長就會從這個位置附近重新開始，且通常會是從多個新芽中生長出來。要是新的生長存活了下來，那樹木就很可能會擁有兩根或以上的樹幹。即便高大的樹木若要支撐三根同樣大小的樹幹，是個頗為罕見的情況，但分叉成兩根樹幹，卻相當常見。

如我們所知，樹幹的木質部分並不會向上生長，所以分叉出現的高度便是個很好的線索，可以指出原始事件發生的時間範圍。一般的原則是，假如分叉出現在地面附近，就代表草食性動物很可能會是嫌犯，例如鹿；若分叉出現在更高處，就有可能是更小型的動物造成的，比如松鼠或鳥類，要不就是嚴重的小型天災，例如風暴造成的。

世上並不存在完美的樹，但所有看來美麗整齊又理想的樹木，在一生中的大多數時間內，肯定都擁有健康的頂芽，而這點就反映在樹幹的經典形狀上，從地面到頂點會是筆直的一直線。假如樹幹出現分叉，就表示樹木曾失去了頂芽，這將會產生連鎖效應，不只是造成分叉而已。

還記得，正是頂芽將荷爾蒙傳下樹幹，抑制低處樹枝的生長，並讓樹木保持又高又瘦，特別是在還年輕時。這代表若出現分叉，就是在建議你去觀察低處的樹枝。它們是否比起只有一根樹幹的相同樹種，會往外生長得更加旺盛。而在低處出現分叉的樹幹，也會導致樹形整體上更為寬大且雜亂。

回到我家附近的水青岡上。最靠近的那棵樹終其一生都擁有健康的頂芽，因而擁有非常經典的形狀。而後方較雜亂的那些樹木則在低處擁有分叉，很可能是由遊蕩吃草的鹿造成的。

鹿在這個區域相當常見。牠們喜歡在一段稍微遠離建築物或其他人類活動跡象的安全距離之內覓食。這就是為什麼，在文明聚落附近會擁有更多整齊美麗的樹木，而稍微遠一點的地方，則擁有更多雜亂的分叉樹。此外，建築物附近的樹木，也會吸引更多樹醫生來進行手術，但這又是另一個故事了。

分叉就是弱點，但愈早形成且位置愈低，通常就會更為穩固，而在〈樹皮線索〉這一節中，我們也將學習如何尋找顯示分叉即將斷裂的線索。

07 樹樁羅盤及蛋糕切片

白蠟樹枯梢病（Ash dieback）奪走了我家附近土地上數千棵白臘樹的性命，而那些存活下來的樹木，也依舊極度脆弱。擁有這片土地的公家機關擔心染病的樹倒塌，在公用道路上砸到人，造成一片混亂，之後還得去收拾。因此，他們選擇砍伐數以千計的白臘樹，而不是為此失眠。

我確定他們肯定有好好想過，而我也沒資格去評論這究竟是不是正確的政策。但這奪走了一些我最喜愛的本地樹木，不過同時卻也為我提供了機會，可以去研究無數根剛剛遭到砍伐的樹樁。我在這些樹樁身上，我學會看見了許多事物是我先前從未注意過的，而現在我應該來和你分享。

我所觀察的第一件事，就是環繞樹樁基部的樹皮。假如樹皮依然緊緻，和裡面的木材之間沒有空隙，就表示樹木還一息尚存[41]。一年後再回來，你很可能就會看見我們先前介紹過的萌蘖枝從樹樁基部周遭迸出。但要是樹皮已經鬆脫且開始從樹幹上剝落或掉落，那就遊戲結束了：樹木死透了。

蛋糕切片

我們每天都會吸進數十億個真菌孢子，這還真是驚人的想法。這些孢子可以在我們的肺裡長成一大片真菌，很快就會讓我們窒息而死[42]，但這並不會成真，因為我們的免疫系統會將其殺死。我們現在將這個概念視為理所當然，認為空氣中充滿病毒、細菌和真菌孢子，很樂意以我們為家。在我們醒著的每一刻，我們也不會因此感到驚慌，因為深知我們的防禦系統堪稱無懈可擊。然而，這其實仍是個相對新穎的概念。

數千年來，每個人都能看見病原體成功之時，會發生什麼事，卻看不見細菌、病毒和真菌的存在。生活中也充滿各式各樣的提醒，告訴我們怪異的全新生命型態，幾乎可以從任何地方誕生，從麵包上的發霉，到某個死於麻疹的病患身上。彷彿這些詭異的生命迸發，是自然而然出現的一樣，這導致古希臘哲學家亞里斯多德在超過兩千年前犯下了一個大錯。

亞里斯多德認為，生命可以從無機物上自然而然產生。他相信許多物質中都含有某些他稱為「元氣」（pneuma）或「維生之熱」（vital heat）的物質，可以促使新生命從這些物質中誕生，且不需要任何外力影響。他指出一個乾淨又空蕩的水坑，只要放置夠久，很快就會成為許多生物的家園。這種所謂的「自然誕生」理論（spontaneous generation），可以解釋青蛙為何會變魔術般從汙泥中出現，老鼠又是怎麼從發霉的穀物中出現，而這也能在某種程度上，解釋木材的腐爛以及真菌從中迸出的現象[43]。

現今，我們已理解自然誕生是不可能發生的，地球上所有新生命，都擁有某種形式的親代，就算是像病毒這麼基礎的生命形式也是。有了這樣的認知，便能幫助我們理解之後將會在樹樁上看見的一些模式。

只要堅持上述的理論，即木頭會自然而然腐壞，不須借助任何外部微生物之力，那就沒有任何理由去尋找樹木是如何捍衛自身抵禦病原體。二十世紀初期科學觀點改變，當時日耳曼林業學家羅伯特·哈提（Robert Hartig），發覺木頭會在感染發生時腐爛，是在樹木遭到真菌入侵時發生的。這一點在我們看來可說顯而易見，但在當時可是劃時代的大發現。

美國生物學家暨樹木專家艾力克斯·希戈（Alex Shigo）也根據上述的新見解繼續發展，並開拓了一種關於樹木是如何應對感染的觀點。他注意到真菌入侵樹木的某個部分時，樹木的反應會是試圖控制。樹木在偵測到病原體後，會加厚樹幹中的細胞壁，將感染隔絕起來，希戈於是將這個過程稱為「樹木區隔理論」（Compartmentalization of Decay in Trees）[44]，簡稱「CODIT」。

首先會有一道牆阻止真菌在樹幹中垂直上下移動，還有另一道牆會阻止其前往樹幹中心。而我們最常用肉眼看到的那道牆，則是所謂的「蛋糕切片」：即樹木加厚的輻射狀牆壁，從中心往外延伸到樹幹邊緣，就像車輪的輪輻。這會將所有感染限制在樹幹中一個楔形或蛋糕切片狀的空間內。只要觀察過夠多樹樁或樹林中堆積的木材，那你很快就能夠發現一塊深色的「蛋糕切片」了，這塊切片，便是被困在楔形空間內的感染。

只要看見蛋糕切片，我們便能好好欣賞樹木使出渾身解數控制問題的方式。但不幸的是，我們之所以能看見這些木材，是因為樹木倒下了，這代表樹木或許延緩了真菌的擴散，最後卻還是無力阻止其肆虐。

將感染限制在蛋糕切片內的輻射狀細胞，也使樹幹及樹枝變得極為堅硬強韌。這就是為什麼，我們看到的木柴，會是劈砍成類似蛋糕切片的形狀[45]。而這也是為什麼，翠綠的嫩枝很難折斷，以及我們先前之所以會遇上「嫩枝骨折」現象的原因。

當感染出現時，我們便能清楚看見輻射狀的線條，不過橡樹卻是唯一一種，就算沒有任何感染發生，木材也會出現這種現象的樹木。

心材和邊材

外層樹皮下還有一層內層樹皮，這是一層薄薄的活細胞，形成了一個重要的組織「韌皮部」（phloem）。這層組織負責運輸光合作用中形成的糖分，進而形成樹木重要的能量網路，使得樹木中那些需要能量，卻不負責生產能量的地方，例如樹根，能夠生長及運作。韌皮部會環繞整棵樹，不過卻很薄，而且相當接近樹木外部，導致樹皮只要遭受任何損傷，韌皮部就會受到影響。

在韌皮部下方，樹木還擁有另一層非常薄的細胞，薄到肉眼看不見，稱為「形成層」（cambium）。這層組織負責生成新的細胞，並促進樹木生長，讓樹枝及樹幹、樹根可以逐年變粗。

「木質部」（xylem）在形成層內部構成樹幹的絕大部分，它由兩個部分組成，老的和新的。位在形成層正下方的則是年輕的木質部細胞，生命力旺盛，忙著在樹木上下輸送水分及礦物質。

每一年，樹木都會在前一年的木質部外，再長出一層全新的木質部。這就是為什麼我們可以觀察到年輪，以及為何最老的年輪都最接近中心。木質部細胞在其生命週期間都能發揮作用，但增加足夠多層之後，內層就不再需要並且將會死去，此時，許多樹種都會以保護性的樹脂或樹膠將其填滿。位於外層，更年輕活躍的木質部稱為「邊材」（sapwood）；內層則稱為「心材」（heartwood）。

從肉眼看起來，心材乍看之下並沒有太大不同，不過在大多數樹種中，心材顏色更深，而在某些樹種中，顏色則會更加明顯，有時甚至還會被誤認為是病變。顏色非常深、密度大，被稱為黑檀木的木材，指的便是某些熱帶樹種的心材。不過這些樹種的邊材和其他樹種相比，顏色並沒有特別深。此外，雲杉的心材和邊材之間，也沒有明顯的對比。

在某些樹種中，心材也會突破年輪，形成更不規則的紋路。外在的壓力，例如乾旱，也可能改變心材的組成，導致更驚人的形狀[46]。我曾在水青岡、樺樹、楓樹、白臘樹這類樹木的心材中，便曾見識過星星、雲朵、一隻雞，甚至是一隻熊貓的圖案。

心材密度比邊材更大、更乾、更硬也更重，所以在許多實際需求上，都更受青睞（黑檀木由於無法大量且永續地砍伐，已不再是商業用途的首選，不過它依然是一種迷人的木頭，密度大到能夠沉到水中）。某些木匠也會使用結合邊材和心材的木頭，創造出美妙的效果，

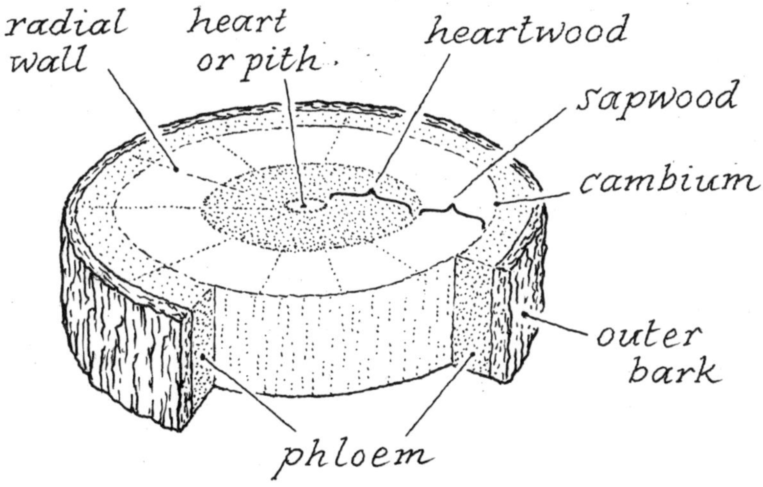

左上順時鐘往內：輻射狀細胞壁、樹心或髓心、心材、邊材、形成層、外層樹皮、韌皮部

例如用同一塊木頭雕刻出來的木碗，本身便自然而然擁有深淺不同的區域。完美的長弓也同時含有邊材及心材[47]：接合處的強大延展性，讓箭矢更具穿透力。

年輪

年輪或許可以協助我們解釋西方歷史中最為戲劇化的事件之一。西元四世紀末，羅馬帝國在東方劫掠者（其中包括匈人〔Huns〕，這是一支遊牧民族，擁有惡名昭彰的領袖阿提拉〔Attila〕）的入侵下開始瓦解。

樹木年輪學家，即年輪的專家，已經找到證據證明，在西元四世紀時中國出現了一場大旱[48]。因為青藏高原生長的樹木年輪在這段期間內出現了一連串更窄的年輪。理論於是認為，突如其來持續數十年酷熱又乾燥的天氣，迫使此地的居民往西遷徙，以尋找更潮濕也更肥沃的土地，而這進一步導致了羅馬帝國的覆亡以及黑暗時代的降臨。

我希望大多數小朋友依然知道，我們可以藉由計算年輪來得知樹木的年齡。我們之所以能看見年輪的原因，從後見之明看來可說十分明顯，但很少人看見年輪時會想到：每圈年輪都擁有兩種顏色。假如每年長出來的部分擁有相同的顏色，那我們就根本看不見年輪的存在。

每一年，樹木的成長都分為快速和緩慢的階段。春天和初夏時，樹木會長出細胞壁薄的大型細胞，也就是年輪中較寬、顏色也較淺的部分。稍後，在生長季時，生長速度會慢下來，樹木會長出更小、密度更高的細胞[49]，即年輪中較窄、顏色也較深的部分。這種較窄而深色的生長部分，便是作為分隔線，讓我們更容易看見及計算較寬、顏色也較淺的部分。

樹木生長環境的狀況每年都不一樣，而這將會影響到每圈年輪的寬度。對樹木友善的生長季節，會造成肥胖的年輪，很多人都會以為，年輪最胖的部分是持續的陽光照射造成的，但大多數樹木其實是在潮濕、溫和和適量的陽光狀態下長得最好。

我們剛開始觀察位於身旁樹木樹椿上的年輪時，會覺得它們蘊含著某種奇蹟般的訊息，因為它們看起來長得全都如此類似。那些年輪巫師，是怎麼在這套奇怪的「語言」中發現任何意義的呢？他們使用的是一種我們可以如法炮製的簡單技巧：他們並不是將年輪視為一個整體，而是留意洩漏出祕密的特定紋路。

在世界上每個角落以及所有年代，都存在著一些反常的年分，這些年分標誌著極度古怪季節變化。在歐洲早期，幫助推動這種判定方法的例子，是一個被稱為「一七〇九年大冰封」（Great Frost of 1709）的事件，那一年氣候異常嚴苛寒冷，在英格蘭、法國、德國、瑞典及其他地區樹木年輪中留下一圈深刻印記。無論我們身在何處，都可以嘗試看看這種時光旅行的技巧。

樹木是從外面長出新的部分，所以最外圈的年輪，便代表最後生長的那年；而最內圈的年輪，則是來自樹木的幼年時期。當你觀察一個年輪相當清楚的新鮮樹椿時，記得多留意一下，哪一圈或哪幾圈年輪，在你看來最引人注目。然後開始從外往內數，並減去樹木倒塌的年分，就能得到你的日期了。

你也可以在同一區域的其他樹椿或大型的木頭上尋找年輪的蹤跡。假如某個季節真的足夠嚴苛，能在一棵樹的木材上留下記號，那也會在其他樹上留下痕跡。而且研究那一年究竟發生了什麼事，也相當有趣：可能是個怪異的夏天，異常乾熱，或是一場大洪水。

對英國的樹木來說，一九七五至一九七六年，以及一九八九至一九九〇年，都是特別難熬的年歲，且也留下了雙重記號。我在先前的另一本著作《野遊觀察指南》（*The Walker's Guide to Outdoor Clues & Signs*）中，將其稱為「十二年三明治」。在歐洲的橡樹及松樹身上，也擁有可追溯至一萬兩千年前的紀錄。不過除非你的職銜包含「樹木」這個詞，不然我不會建議你把精力集中在尋找一個世紀前的蹤跡上。

每個樹種都各自擁有獨特的模式，但平均來說，樹長得愈快，年輪肯定也會愈寬。針葉樹生長速度比闊葉樹還快，所以其年輪通常也會更寬（這也是為什麼，針葉樹又稱「軟木」——樹長得愈快，木材密度就愈低）。而且也不用費心在熱帶地區尋找這類模式了：因為樹木在那裡終年都能生長，所以根本就找不到年輪的痕跡[50]。天氣和氣候是影響每年年輪寬度的主要因素，不過也有其他因素在運作。

一般通則非常簡單：壓力會抑制生長，並使年輪更窄。而壓力可能以許多形式展現，且也不一定總是負面的。在闊葉樹上，年輪在「豐年」（大種子的樹種，比如橡樹和水青岡產生大量的種子的年分）時便會更窄。繁殖也可能會造成極大壓力，我們在〈隱藏的季節〉一節中，也會再詳細探討豐年。

樹樁羅盤

我偶而會發覺自己在講一些不明所以的話：「樹木的中心不是在中間。」這是口誤：樹木的中心當然是在中間。我要說的其實是，樹木的「樹心」，並不是在樹幹的正中間。

樹心是指樹木最老的部分，就是如果我們從樹皮開始，一路跟著年輪，直到無法再前進為止的那個地方。樹幹最中央部分的正式名稱是「髓心」（pith），但我在此還是稱為「樹心」（heart），因為這樣比較直觀也比較好記。樹心其實很少會完美位於正中心，幾乎總是有點偏向樹木的某一側，而這個現象，背後可是存在合理且實用的理由。

我們已經見識過樹木在承受壓力時，是如何長出反應木材的，針葉樹上會長出抗壓材；闊葉樹上則會長出抗張材。而反應木材的年輪也會比一般年輪還寬，且生長也總是不對稱，重點就在於此：樹木正試圖抵銷朝向某一側的推力或拉力。這就表示樹心的一側會長出更多反應木材，並解釋了為什麼樹心很少會位於樹幹正中央。

擁有充足光照的樹木，會在南側長出更大也更長的樹枝，因為大多數陽光都是從這個方向照射過來的。而這一側多出來的重量，便會對樹幹造成壓力，樹木因而會在這一側長出更多木材，以平衡這種重量不均衡。

在闊葉樹中，我們預期會在靠近南側處找到樹心。理論上來說，針葉樹則是相反，樹心會靠近北側，不過大致上來說，它們通常都會長得比較平衡，所以說太陽造成的效果，在針葉樹上會比較不明顯。

假如只需要考量光線這一因素，那事情就會簡單許多，卻也沒那麼有趣了。盛行風向也會從某個方向推動樹木，使得樹木必須長出木材來平衡這個推力。在針葉樹上，樹心會比較靠近迎風側；闊葉樹的樹心則是比較靠近背風側，這就是其中一個原因。這也解釋了如果沿著盛行風向看去，樹幹為何看起來會比較細；而從垂直盛行風的方向看，樹幹則會比較粗。

此外，地形也不會是完全平整的，因而坡度也會對樹心的位置帶來巨大的影響。在闊葉樹上，樹心會比較靠近下坡的邊緣；針葉樹的樹心則比較靠近上坡側。

最後一個要觀察的則是我所謂的「寂寞芳心效應」。我們已經知道如果有棵非常年輕的樹，在地面附近就失去頂芽，很可能還是能夠活下來並長出新的嫩枝。多年後，這可能會導致樹幹分叉，形成多根樹幹。這些樹木比單一樹幹更不穩固，且伐木工人也常常會砍掉這些樹。可以注意一下，這類樹木的樹心會更接近樹幹群體中心，也就是更接近其他樹幹，彷彿大家想念彼此一樣。

上述所有因素都會互相影響，所以我們常常可以看到各種因素混在一起作用。當你還是新手時，我會建議先去尋找最簡單也最明顯的例子。而如果你能在陡坡上的林地中找到剛砍下的樹樁，那你就有了一個好機會，因為在此處，太陽和風的影響微乎其微，坡度的影響才是老大。

樹樁可說是為我們提供了一台X光機，讓我們能夠看見許多在樹木健康時無法看見的事物，所以不好好利用一下，簡直太可惜了。我敢說你第一次注意到抗張材的顏色較淺，而抗壓材（木質素含量較高）顏色較深時，肯定滿心歡喜，精神都來了。但如果你是木匠，兩者你都會很討厭，因為這些木材只要一乾燥就會變形，而抗張材在使用機器加工時也會形成粗糙的質地[51]。

每個樹種都有自己獨特的紋理，而試圖從剛砍下樹樁處的木材來判別樹木，是個頗為有趣的挑戰。有些樹種也會擁有更明顯的提示：櫻桃木便呈現豐富的深紅色；赤楊則是在接觸到空氣不久，很快就會變成鮮豔的紅色。

我們也可以用嗅覺來收集線索。松木便含有一種樹脂，帶有愉悅卻有點辛辣的味道[52]；紅豆杉的樹樁則沒什麼味道。如果你遇見紅豆杉的樹樁，那你可能會受到誘惑，想從計算年輪來判別其樹齡。那你最好準備好迎接挑戰，因為紅豆杉的年輪，可說是最難判斷的之一。

樹樁老化的方式也會提供線索，對我們的記憶擁有很大的幫助，因為它會反映出樹木的生長狀況。那些長得很快的樹木，像是樺樹、櫻桃木及白臘樹，木材和樹皮很快就會腐爛。橡樹的木材中含有能夠延緩腐敗單寧酸，使其能夠優雅地慢慢變老。而為松木帶來濃郁香氣的樹脂，也能使松木比其他樹種更耐腐敗。

由於針葉樹先於闊葉樹出現，因而結構更加簡單，這在紋路中也看得出來。針葉樹的樹樁通常是從外部開始腐爛；闊葉樹則是由內部開始腐爛[53]。雪松是針葉樹中的例外，是從內部開始腐爛。

消失的樹樁

偶爾你也會發現樹木彷彿踩著短短高蹺，樹根看起來好像將樹幹抬離地面，這背後又是什麼奇怪的魔法造成的呢？

還活著的健康樹木，對於感染擁有天然的抵抗力，但是當腐爛開始入侵樹樁時，將會摧毀樹木組織，並為其他新生命創造出一個友善的環境。其他樹木的種子因而可以運用腐爛樹樁中的養分，為自身的生長提供燃料，就像是樹樁成了一個裝滿肥料的花盆一樣。這個現象更適當的名稱其實是叫作「保母樹樁」（nurse stumps），或是當同樣的事發生在倒塌的腐爛樹幹上，就稱為「保母倒木」（nurse logs）。

隨著時間經過，新的樹也會向四周伸展出樹根，並覆蓋在腐爛的樹樁上。最終，舊的樹樁會整個腐爛死去，留下一棵擁有怪異基部的新樹木以及呈拱形懸空的樹根。精靈跟仙子肯定運用了這個建築結構，但千萬別向他們解釋：他們喜歡維持神祕感。

「討樹厭」的樹樁

我在撰寫本章期間，有天晚上下起大雪。我習慣在這種時候早早起床出門，因為在英格蘭南部，可不是天天都有機會可以研究五花八門的雪中線索。

在我運用樹木北側的積雪，滿心愉悅領航穿越林地後，太陽在東南方升起，絢爛的粉色和橘色，反射在西北方雲層上。

到了午餐時間，積雪便已開始融解，到了下午茶時間，則幾乎已經消失不留痕跡了，除了在山丘頂上之外，此處的積雪在每棵樹的北側積成一小堆。隨著我愈來愈接近家裡，我走了好幾分鐘連半點厚雪都沒看見，接著我在看見一層薄薄的完美雪層覆蓋在寬闊的白臘樹樹樁上。它之所以如此明顯，是因為附近一點雪也沒有。這是個美麗的小小謎題：為什麼就只有在這個位置有層厚雪，但是其他地方都沒有呢？

要回答這個謎題，解答要分為三個部分。首先是因為地面已經因那天偶爾灑下的陽光變得溫暖，而樹樁就像一台冰箱，將雪抬離了溫暖的地面。離地一公尺的空氣比地面還冰冷，我沒戴手套的手指都能感覺得到了。

樹樁同樣也擁有絕緣功能，阻止地面的熱量抵達上頭的雪層。謎底的最後一個部分，對讀樹人來說，可說是最為有趣的，巨大的樹樁代表當地的天空景觀出現大幅改變。這根特定的樹樁上之所以會有雪，是因為上面沒有樹冠遮蔽，雪就可以自由落在地面上，不過這件事所帶來的影響，要比雪還要廣泛了。

看見巨大的樹樁時，我們也可以一併尋找消失的樹木如何改變此處地景。假如旁邊有其他樹，可以找找消失的樹木在其形狀中留下的「足跡」。我非常熟悉的一棵高大獨立的橡樹，長得就頗為詭異：它朝南方彎曲，且在北側一根樹枝也沒有。我們很容易認為是光線憑藉一己之力塑造出了這個詭異的形狀。這可說是個相當吸引人的想法，但這看起來真的太極端又怪異了，所以實在不太可能。

答案其實是出在這棵橡樹北邊約八公尺處的巨大樹樁。這棵橡樹直到最近，都還被一棵巨大的白蠟樹遮擋住，現在白臘樹被砍掉了，只剩下巨大的樹樁。這棵白臘樹遮蔽了橡樹鄰居好幾十年的時間，並導致它歪斜且奇特的形狀。

假如你用心尋找，很快就能發現彎曲生長以遠離某根巨大樹樁的樹枝。這個現象的原因很簡單，就是先前曾有棵投下陰影的巨樹，現在已經不在了。不過我喜歡從另一個角度去思考，這幾乎就像是活著的樹不喜歡巨大的樹樁，活樹枝覺得這些樹樁很「討樹厭」。

木刺和圈圈

下一次你看見剛砍伐完的樹樁時，可以靠近點好好瞧瞧。如果樹樁表面相當不平整且十分粗糙，樹幹就有可能是在風暴中折斷的。大多數樹樁都會擁有平整的切面，因為伐木工人或樹醫生是刻意將它們砍倒的。而要是你仔細觀察平整的樹樁，那你也時常會看見所謂的「木刺」。

伐木工人砍樹時，會鋸掉大部分的樹幹，留下我們預期會看見的平整部分，鋸子來回切割之處，可能會有些線條、溝槽和刻痕，但大部分的切面都會頗為乾淨。樹木倒塌前的最後幾秒間，伐木工人會往後退到安全的距離外。此時樹木完全是由非常脆弱也非常細瘦，還沒完整鋸掉的一小部分支撐著，這個部分不夠穩固，無法讓樹木維持筆直，於是便開始倒塌翻覆。

樹木倒塌時，這個還沒鋸斷的細小部分會崩開並折斷，如果此時你剛好人在附近，這就是你會聽見的恐怖斷裂聲。這會留下一小段鋸齒狀的細小木刺，從樹樁處突出。我還蠻樂於尋找這些木刺的，並且在找到之後，我也會想像那恐怖的斷裂及撕裂聲，就是樹木還跟樹根連在一起的那最後幾秒鐘。

許多樹木都會有攀緣植物，像是常春藤，沿著樹幹往上生長。伐木工人把這些樹砍掉時，很少會處理攀緣植物，因為電鋸通常能輕鬆處理它們。這些攀緣植物的莖以小小木圈的形式緊緊依偎在主要的樹樁旁。

有時候，樹木也會在攀緣植物的莖周遭，長出部分或完整的木頭。我們可以回憶一下上一章提到的「軟墊」，而這就可能會在活樹的樹幹邊緣，形成有趣的圖案，另一方面，在死掉樹木的樹樁內部，也可能會形成耐人尋味的圖案。

多年來我幾乎每天都經過的一棵白臘樹，便完全包覆了好幾根常春藤莖，但是樹木還筆直挺立時，這可不是輕易能看見的事。樹木倒塌後不久，我就在較大樹樁的邊緣內側，看見這些呈小圈圈狀的莖了，有點像是木星表面的特寫近照，巨大的行星吞噬了較小的圓圈。

08 樹根

樹木之死和偏好路徑

我提早抵達倫敦西南部的邱園（The Royal Botanic Gardens, Kew）和「樹藝經理」（manager of arboriculture）凱文・馬汀（Kevin Martin）會面。邱園在植物學界擁有巨星般的地位，是世界知名的植物研究重鎮，管理至少超過五萬種植物，同時也是聯合國教科文組織的世界遺產。因此邱園的團隊肯定對樹木瞭若指掌。

凱文在門口歡迎我，接下來兩小時裡我們滔滔不絕地聊著樹木或相關研究，這是段非常愉快的時光。凱文的資格也不證自明：他的樹木專家地位在職銜中就清楚明瞭了。但我的經歷更為古怪，所以我跟他解釋說，我一直都在研究樹木身上的線索，特別是和自然領航有關的部分，已經超過二十年了。我們相當享受討論彼此對一些具有里程碑意義的研究以及其背後的研究人員的看法。

多年來，我一直都知道樹根的健康與其正上方的樹冠間有著緊密關係。如果你破壞了樹木一側的根系，最為深受其害的就是正上方的樹冠，它會難以長出樹葉甚或是直接凋零死去。

為了自然領航，我得了解樹冠的形狀，所以這件事對我來說一直以來都相當重要。樹木一側的樹冠之所以苦苦掙扎，是因為缺少陽光、受強風吹拂，還是因為地面處遭到蹂躪或是靴子的重重踐踏呢？幾十年來，樹根和樹冠之間的關係，對我來說都是個枯燥的事實：有時對解決謎題頗為有用，但並不是那種我會積極尋找的線索。而凱文即將改變這點，他告訴了我一種地面模式，稱為「偏好路徑」（desire path）*。

偏好路徑是行人抄捷徑行走時形成的。假如造景設計師在草皮上鋪設石頭供人們通行，但行人卻想要節省時間直接穿過草皮，就會在草地上踩出一條痕跡，這就是所謂的偏好路徑。造景設計師想要大家遵循某條特定路線，但這條新的路徑卻揭露了大家真正「偏好」的路線。

我們剛走進植物園沒多久，凱文就帶我來到園中體積最大的樹木前。「你有看到那個標示嗎？」他指著釘在樹皮上的一小塊黑色長方形塑膠標示，我往前靠近一步，閱讀上頭的白色文字：

栗葉櫟（*Quercus castaneifolia*）

伊朗，高加索地區

---

* 我這輩子對於路徑都相當著迷，對於自然領航員來說，路徑就好比指揮家手中的樂譜。我對於土地上的這些路線實在是非常沉迷，甚至還幫某一種路徑取了名字。「微笑小徑」便是我幫一種彎曲路徑取的名字，它們會繞過障礙物，例如倒塌的樹或巨大水坑，這類路徑從來都不是捷徑，他們總是會繞遠路，這就是為什麼路線上會出現彎曲「微笑」形狀的原因。到處都可以見到這種路徑，你過去一兩天內很可能就走過一條，但這類路徑罕為人知，也不會有人特別注意到或提及。我以前常常把這叫作「香蕉路」，不過「微笑小徑」是個比較好聽，也比較棒的名字。而在二〇二〇年還得到英國皇家航海學會（Royal Institute of Navigation）正式收錄認可。

「有啊。」我回答，不確定他是希望我從中看出什麼。

「遊客愛死這棵樹了，想要了解更多關於它的訊息。以前他們會走過去讀那個標示，而且所有人都沿著同一條直線路徑走。幾千雙腳踩過相同的路徑到那個小標示旁。地上於是有條走了又走的路徑，你現在都還看得到。」

我盯著地上，看見了那條偏好路線的痕跡。

「我們不得不用繩索把這個區域圍起來，並把那塊塑膠牌子移走。人流正在殺死這棵樹，你有看到那根最粗的樹枝斷了吧？」凱文指著我們頭上的某個位置，粗大樹枝斷裂的傷痕清晰可見。他解釋說，一大堆人持續踩踏同樣的樹根會導致樹根死去，無法為這一側的樹木供給養分及水分，因而斷裂的那根粗大樹枝，便可說是偏好路線的直接後果。

這是個有力的實例，展示了兩個基本的概念，理論上來說，這兩者對我來說都不是什麼新鮮事，但凱文要讓我看的是兩者如何結合在一起，並讓我們一頭栽進樹木的故事中。他揭示的是：我們自身所挑選的路徑，如何能夠殺死樹木的某個部分。

感謝凱文撥空和我聊聊後，我回到薩塞克斯的家中，心情愉快又興奮。我才隨手把筆記本朝廚房桌上一扔，就趕緊接著走出後門進入樹林。我走某條小徑穿越林間，這條路線我已非常熟悉，卻不敢相信我眼前所見，我竟然是跟著一條頗受歡迎的捷徑穿越水青岡林，這是條偏好路徑，而且每隔幾秒，我都能看見另一根掙扎中的樹枝。路徑兩側都有著一根根死去的樹枝，但總是會出現在最靠近路徑的一側，我以前怎麼會從來沒發現呢？那些死去的樹枝，肯定藏在我眼皮底下，我卻視而不見無數次了。

現在輪到你了。下個禮拜找個機會，在樹林中尋找一條許多人走過的捷徑吧，一條引誘了許多人的偏好路徑。大部分城市裡的公園，肯定都有不少條偏好路徑。請仔細觀察生長在路徑邊的樹枝，要不了多久，你就會發覺因「偏好」造成的死亡。

也許我們不該再走這些路徑了。不過我們在走的時候，要因此感到愧疚嗎？我並不這麼覺得，理由我稍後會解釋。但我的首要工作，是要協助你看見這些事物，要是某件事在我們眼前形同隱形，那我們是無法學會判讀它們。在我們驚覺自己也屬於故事的一部分之後，就很難不去注意到，我們正走在死去的樹枝下方了。

我們走過大自然時，就是冒著傷害自然的風險，但我堅信，最巨大的風險莫過於視而不見了。此外在本章結尾處，你也能學會，該如何經過樹根卻不會傷害到樹木。

四種形狀

樹根是樹木最主要的生長驅動力，但在開始生長之前，它們得先搞清楚究竟要往哪個方向生長才行。

如果種子以正確的方向落地，樹根就會從底部冒出，並繼續往下鑽，直到不斷分支出去。但要是它落地的方向顛倒，根尖就會從頂部長出，往上長一小段距離，然後做一個U形大迴轉，開始往下生長。這又是向地性發揮作用，也就是植物對於地心引力的生長反應。樹根不愛光線，會朝陰影鑽，植物學家將這種趨勢稱為「負向地性」（negative phototropism），根尖長出一段時間後，就會開始冒出側根，而且也知道要往哪裡去：遠離主根並往下生長。

泰奧弗拉斯托斯（Theophrastus）是名古希臘哲學家，他是某天我過世之後，也很希望能在另一頭認識的人。他熱愛觀察大自然中的大小事物，不過尤其偏愛各式線索。他會撰寫純粹探討哲學的論文，但也寫了一本有關天氣徵兆的作品，還寫了兩本關於植物的作品。

大約兩千三百多年前，泰奧弗拉斯托斯注意到每年春天，樹根開始生長的時間，都會先於樹木其他更高的部分。這還蠻合理的：沒有水和礦物質，樹是撐不久的，所以盡早確保兩者的輸送，可說相當有意義。直至今日，植物學家仍在努力監控觀測樹根的行為，因而能在超過兩千年前，就注意到這些趨勢，可說是令人印象深刻又鼓舞人心。幹得好，泰奧。

樹根和植物其他部分一樣也會按照計畫生長，這個計畫是由其基因所決定的，並且會順應植物所遭遇的世界調整。每個樹種都會依循自身獨特的計畫，不過我們還是可以將其歸類為四大類：盤狀、下沉狀、心臟狀、軸狀（taps）[54]。這些名稱可說概括了不同樹根的優先考量：它們是要拓展得又廣又淺就像盤子，或是試著往土壤深處鑽，跟軸狀樹根一樣呢？（這裡的「軸根」指的是這種根系會有一根主根往下鑽進土壤深處。）

每當我家附近林子裡有高大的水青岡被強風吹倒，都會在地上造成一個形狀熟悉的洞。樹木會抬起一大片淺土，很像是你把紅酒杯埋在土裡，埋到整根杯柄都沒入，然後用力推倒會出現的情況。樹幹正下方會出現一個稍微深一點的洞，但除此之外，留下的痕跡都會頗為寬闊，且意外地淺，這

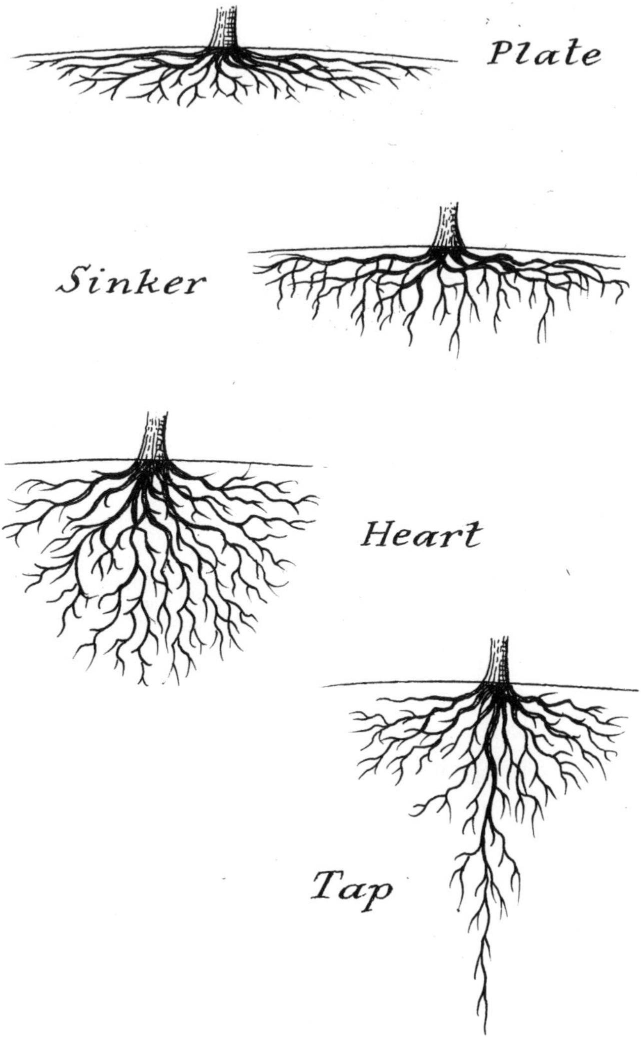

樹根的種類，上至下：盤狀、下沉狀、心臟狀、軸狀。

是因為水青岡，以及冷杉和雲杉，擁有的都是「盤狀」根系。

某些樹木，包括幾種橡樹，會先向外拓展，然後從側根處垂直往下長出幾根新的樹根，進而創造出「下沉狀根系」。

樺樹、落葉松及椴樹則是選擇折衷：它們的根部範圍寬廣且深，會長成「心臟狀」根系。

某些橡樹年輕時會擁有深厚的軸狀樹根，但在較老的樹上就沒那麼明顯。這在松樹的樹根上則是比較持久特色[55]。這就是為什麼，一場可能會吹倒雲杉的風暴來襲時，鄰近的松樹有可能依舊屹立不搖。胡桃樹是少數幾種成熟後仍然會維持壯觀軸狀根系的樹木，這就是為什麼這些樹不喜歡被異想天開的園丁四處任意搬動的其中一個原因[56]。胡桃樹源於中亞，其軸狀根系造就了它們更優異的抗旱能力。

在乾燥地區，「了解根系的形狀」可說是門藝術。假如樹木的存續，靠的是長時間從深層水源取水，那就需要軸狀根系。不過要是它們依賴的是偶發的降雨，如同沙漠中常見的情況，那就需要大範圍的淺根[57]。軸狀根系在潮濕的溫帶地區，比如英國，較為罕見，但是少數幾種擁有這類根系的樹，像是胡桃樹，在二〇二二年那個超級炎熱又乾燥的夏天，就過得非常不錯*。

一般的通則是，樹根拓展的範圍約可以達到樹冠寬度的二點五倍。而關於深度，還有另一個更

* 我在《解讀身邊的天氣密碼》一書裡，便提過在阿拉伯的沙漠中，遇見開得肆無忌憚的沙漠野花蒺藜（bindii）。它那美麗的黃色花朵，便是個最近剛下過雨的線索。而為了研究這種植物，究竟是怎麼在如此嚴苛乾燥的環境生存下來的過程中，我得知了兩件有趣的事。第一，蒺藜結合了軸狀根系以及由其他更小的根組成的精細網路，第二，風乾的蒺藜根據說可以壯陽，雖然科學並不支持這一說法就是了，科學還真奇怪。

為簡單普遍的原則：闊葉樹的樹根可能比你認為的還淺。因為樹根想要的大多數東西（包括養分和氧氣）都可以在地表附近找到，而樹根的大部分工作，也都是在僅約六十公分的深度進行[58]。

針對軸狀根系有許多討論，但是就像政客一樣，通常都只是說說而已，並非真的有人親眼見證。大家似乎很喜歡一個概念，也就是每一棵樹都會擁有強健的主根，深深插進土壤之中。但是當你看見遭到連根拔起的樹木時，要找到所謂的軸狀根系其實極為罕見。

這背後有三個充分的理由，第一就是，如前所述，大多數樹木都會選擇範圍更大、深度更淺的根系。第二，我們最有可能看見連根拔起樹木的狀況，通常都會是在風暴肆虐過後，而盤狀根系承受強風的能力，其實並不如其他更深的根系。最後，和成熟時相比，軸狀根系的作用，在樹木年輕時會比成熟期重要。我們可以認為所有的樹木在只有幾週大時，全都擁有軸狀根系，但只有極少數樹木在成熟後還會保留這樣的特徵。

平均來說，針葉樹的樹根會比闊葉樹還深。冷杉和雲杉雖擁有又寬又淺的「盤狀」根系，不過其他大多數針葉樹，都比較偏好更深一點的根系。

適者生存

美國華盛頓州奧林匹克國家公園（Olympic National Park）的濱海卡拉歐克（Kalaloch）地區，有棵北美雲杉，因其頑強的生存精神而獲得了一個頗為親切的稱呼：「永生樹」（Tree of Life）。這是為了向這棵樹的矢志求生致敬，即便大自然幾乎讓它難以生存。

卡拉歐克的這棵雲杉就算長期曝露在沿海氣候影響之中，仍長得又高大粗壯。它一開始有好的起跑點，便是生長在良好的的土壤中、擁有充足的陽光和來自溪流的清水。然而，原先是個恩賜的清水供給，竟日漸成為問題：水太多了也靠得太近了，根本不能安居於此。流經樹木下方的溪流，持續將樹下的土壤掏空沖入海中，雲杉發現自己生長在一座小小的峽谷之上，只能靠拓展得夠寬，足以跨越這個裂縫的根系支撐著。

這棵樹幸運地擁有盤狀根系：如果它是狹長形的軸狀根系樹木，在正下方形成一個大開口的情況下就無法存活下來。就像電影裡英雄用指尖死命攀著懸崖邊緣一樣，樹木兩側的根系也擁有足夠的力量，將樹撐在這片虛空之上。不過，真正有趣的地方，其實並不在於問題開始時樹根的形狀或擁有的力量，而是在情況愈來愈糟後，樹根的形狀如何改變。

隨著時間經過，溪流也把愈來愈多土壤沖向海中，峽谷也愈來愈深，愈來愈寬，直到這棵可憐的雲杉看來就像是懸掛在半空中。樹幹和所有主要的枝幹，現在都位於一個幾乎和主樹冠一樣寬也一樣深的缺口之上。這棵樹面臨這個絕境的反應可以讓我們理解，有關樹根生長的第二個重要知識。

這棵北美雲杉的基因，為樹根提供了絕佳的整體計畫：讓樹根長得又寬又淺就跟盤子一樣。但是任何生物的基因，都無法預料到之後會遭遇什麼事：它們提供了如何進門的指示，但卻不告訴你進了門之後要做什麼。樹木生長出的部分，會對各種刺激產生反應，而樹根也會模仿樹木在地面之上部位的方式：它們如果察覺到壓力，就會長得更大也更強壯。

「永生樹」邊緣的樹根，承受了極大的張力，但幸運的是，這並不是一次出現。如果那個洞像天坑一樣在一夕之間出現，樹木無法應對就會墜落消失在深淵之中。但溪流淘空樹下土壤的速度夠慢，使得樹根承受的壓力穩定增加，這也讓樹根有足夠的時間可以鍛鍊出木質部分的肌肉。位於邊緣的樹根，比在溪流尚未淘出這座峽谷時大上許多，也強壯許多。某些樹根甚至看起來更像是主枝幹，而這樣看待樹根也是不錯的想法。這些樹根甚至就像樹幹和樹枝一樣還長出年輪。

樹根也不只針對壓力做出反應，同樣也會尋找生命中的美好事物。它們會朝著水和養分的方向生長，而且，如同樹頂一樣，如果主根被切斷，它們也會分叉和分支並向外生長。

樹根很容易就會被擋住，但卻很少因此遭到攔阻。如果根尖碰上障礙物，會先試圖出點力穿過去，不過要是這招沒用，就會盡量抄近路繞過阻礙，並朝同一個方向繼續生長。關於樹根穿透物體的能力，其實存在相當廣泛的誤解，大多數的樹根其實並不擅長鑽過堅硬的障礙物。但是當我們討論的是樹根會穩定地愈長愈粗，它們的確足夠強大。這大概也是這種迷思的來源：我們知道樹根會往外長，也知道樹根夠強壯，足以抬起路面跟行道磚，但這兩件事其實並不一樣。

現在我們已經了解了影響樹根形狀的兩大因素。樹根大致的形狀是受到遺傳計畫的控制，分為盤狀、下沉狀、心臟狀及軸狀[58]。它們同時也會適應環境改變：樹根會在哪裡長得更粗、更壯或更長？又是為什麼？但是當樹木還昂然挺立時，實在很難辨識出這類模式，這就是為什麼我們必須好好把握每次機會，盡情欣賞享受我們眼前那些所有倒塌且遭到連根拔起的樹木，所展現出的根系型態。

風和山丘

風對樹根擁有很大的影響，但要了解這點，我們首先應該記住，風其實並不是隨機亂吹的，儘管它們看來可能是如此。無論你身在世界何處，風都會更常從特定方向吹來。在溫帶地區，這通常也會是大部分的強風吹來的方向。我們於是便將這個方向稱為樹木的「迎風側」，至於相反方則是稱為「逆風側」或「背風側」。

樹根必須面對風的影響，而這將造成兩股相反的作用力，就是我們的老朋友：張力和壓縮。兩種力都會帶來更粗更長的樹根，不過形狀也會有所不同。在迎風側，樹根就像是帳篷的拉索：它們處於張力之下。而在逆風側，樹根則是遭到壓縮：它們如同支撐住一面老舊斜牆的支柱。

像拉索般的樹根能維持樹木穩定，對抗盛行的強風，且可以用來尋找方向。

平均來說，樹木迎風側的樹根，比起其他地方，會長得更粗、更壯、更長，這在樹幹基部便能看見，樹根在此處會先展開，然後才深入地底：這在自然領航中也是很有用的趨勢。我們可以把最粗、最長的樹根當成羅盤：它們會指向盛行風吹來的方向。

樹木背風側的樹根，則會是僅次於迎風側的第二大根系，這表示在北美和歐洲等中緯度地區，通常就會在樹木西側及東側的基部，看見樹根更寬闊地展開，而這些地方的樹根也會延伸地離樹木更遠。

假如你把一根樹根切斷，並從末端觀察它，那你會看見什麼形狀呢？多數人以為樹根會長得像又長又細的圓柱狀，且剖面會像水管一樣呈環狀。但是每根樹根其實都面臨不同的壓力，所以位於樹木不同側的樹根形狀並不一樣。

迎風側的樹根承受的是張力，會長成沙漏形或是8字形[59]；背風側的樹根則受到壓縮，長得更像T字形。樹根如果埋在地下，那顯然是不可能看見這些現象的，不過要是有任何樹木遭到連根拔起，那請務必好好觀察看看。

我有個習慣，只要經過翻覆的樹木，都會用手指包住樹根：這會讓我回想起上述的模式，這是個好方法，可以透過手指感知我的雙眼錯過的形狀。

連接點、支撐、階梯

假如樹幹是垂直深入土壤，且樹根是從此處水平向外長出，那就會形成一個直角，以及結構上的弱點。只要風一吹，這個連結處就會產生巨大壓力，這就是為什麼，樹幹基部和樹根在地表處是以曲線相連，這能緩解及分擔這些壓力。彎曲程度在每個樹種上都不盡相同，但是曲線愈平緩，樹木就承受愈大的壓力。

我們雖然從遠處看不見樹根，但樹幹基部的曲線仍是清晰可見。通常在樹木的迎風側會更加明顯。所以樹幹基部看起來會不對稱。這種形狀總讓我想起象腿，大象的腳趾正是朝向盛行風的方向。

一些樹種會將這個邏輯發揮到極致，並生長出所謂的「板根」（Buttress roots），這個連結處將會由巨大的板根取代，且會向上延伸到樹木相當高的位置。板根在鬆軟潮濕的土地更為常見，像是楊樹這類生長在這種環境的樹木，以及廣泛分布於土壤潮濕的熱帶地區的樹木也常見到板根。

樹根也會適應坡度。樹木其實搞不清楚哪邊是上坡，哪邊是下坡，樹根當然也是，因而只能對於

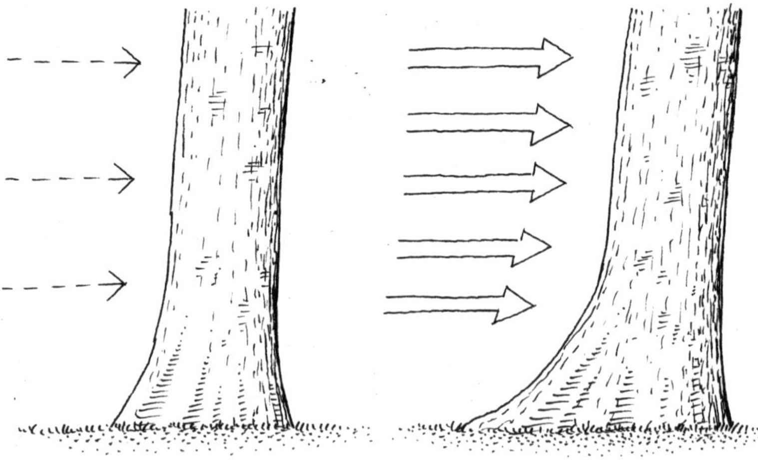

「大象腳趾」指向盛行風方向

自身感受到的作用力產生反應。下坡側的樹根會承受更多壓縮力；上坡側的則是會處在張力之下。兩側的樹根都會根據壓力，變得更粗更壯，不過長度就可能就差很多了。有時樹木可以藉由在下坡側長出又短又粗壯的樹根，以應付額外的壓縮，並抗衡重力來支撐自己。但這招在上坡側就行不通，因為樹根需要長得更長，才能以槓桿原理保持樹木的筆直。

如果我們給自己來個類似的挑戰，就會更容易理解其中的邏輯。想像一下，你的任務是要確保一個裝滿水的水桶，能夠紋風不動地直立在陡坡上，不過只能使用木頭達成目標。如果你的方法是在較低處堆起木磚，你就有可能會需要幾塊又短又粗的木頭墊在基部來支撐它；但要是你得從上坡處支撐它，你就需要一塊又長又穩的支柱，一端固定在地上，這樣才能撐起來。

樹木同時採取了這兩種策略，這造成了山坡上

陡坡上的「階梯」現象

樹木的每一側，樹根都會擁有不同的形態。通常，針葉樹偏好運用壓縮力從下方推起；闊葉樹則喜歡張力從上方拉動。樹根因此也會出現我們上述提到的8字形和T字形。此外，在陡坡上，樹根也會更為裸露，這提供了我們更好的機會，可以好好觀察這些現象。

樹木上坡和下坡兩側不同的樹根角度，也會造成另一個你可以尋找的模式。在陡坡上的樹林行走時，你會遇上某個我稱為「階梯」的現象。在樹木的上坡側，樹根會從樹基延伸而出，方向接近水平，而這將會形成一個小小的平台。而在下坡側，樹根則是會深深往下插，方向接近垂直，當我們從成熟樹林的上坡側跨步到下坡側時，會造成一個突然小落差。

我發現當我們沿著陡坡向下行走，並用樹木當作支撐和平衡時，這種現象非常明顯。而這個習慣也會帶領我們經過最凹凸不平的地面，形成一連串的階梯，使得我們必須不斷使用手臂，雖然感覺起來有點奇怪，不過在長時間的行走中，這可能是一種讓人欣喜的變化。

兩種樹根

樹根的生命存在土壤下方、地表及遠離地表的地方。它們的生存狀態也會反映在樹木更高的部分。我們先前討論過，踩踏如何能在破壞樹根之外，也會殺死和受損根部同一側的樹枝。在你觀察這個現象時，你很快會注意到的就是：有時樹木只因輕輕一踩，就會遭受嚴重損傷，但是其他時候，即使在非常靠近樹木的地方出現一條繁忙路徑，樹木本身看來似乎仍頗為健康。這可能會令人十分困惑，直到我們理解背後的原因。當然，某些樹種比其他樹種更加脆弱，但這並無法解釋，我們在同一樹種的不同樹木之間所看到的差異。

我住在英格蘭東南部一個叫作奇徹斯特（Chichester）的小鎮附近，這裡曾是羅馬人的聚落諾維奧瑪格努姆（Noviomagus Reginorum）。他們在此建了一條羅馬著名的大路，通往羅馬時代的倫敦（Londinium），而這條筆直又工藝精湛的道路在地景中留下至今仍然鮮明的痕跡。一部分的古代道路，現在位於繁忙的 A29 號公路下方，不過只要從我家後門稍微走一小段，就能走入過去，走上一條又寬又直的道路，這條路線穿過當地的樹林，劃出了一條明顯的直線。

在一些地方，這條古代道路會收窄，接著蜿蜒曲折穿越過水青岡、山楂、白臘樹、接骨木和其他樹木的樹根之間。古羅馬人可能不太欣賞如今這條蜿蜒又顛簸的小路，但我還蠻欣賞它的：這是條迷人的小徑，供徒步旅行者、自行車騎士、狗、綿羊、鹿、兔子共享，甚至彷彿還能聽見靴釘有節奏敲擊光滑石子地的微弱回音。

多年來，我一直覺得非常奇怪，這麼一條頻繁使用的步道，竟然沒有殺光長在邊緣的樹木，或至少沒有殺死這些樹木面對步道一側的樹枝。因為在步道最窄的地方，行人時常經過樹木的樹根，踩踏十分嚴重，有些地方的樹根已經磨到閃閃發亮了。然而，粗大的樹枝依然在頭上健康地七橫八豎地交織著。這條繁忙路徑邊緣的樹木，究竟是怎麼能如此蓬勃迸發，但其他樹木卻只是輕輕踩個幾下，就奄奄一息甚至真的死亡？

某些小型樹木，已演化成能在繁忙的區域茂盛生長，比如接骨木，樹根也能耐受土壤壓縮踩踏。不過還有一些更簡單也更基本的原則，在所有樹上都一體適用：樹根的每個部分並非扮演相同角色。

樹根擁有兩個主要任務：支撐及供應。樹根最接近樹幹的較粗部分，負責的是結構上的工作，而離樹幹更遠，擴散出去的較細根鬚則是負責運輸水分及礦物質。

樹根距離樹幹最遠的部分，才是最脆弱的，且輕微踩踏這部分的樹根，對於樹冠造成的傷害，比起重重踩踏靠近樹幹的樹根（通常更粗壯也由更多木質組成）其實更為嚴重。一般而言，踩踏不太會直接破壞敏感的樹根，而是會夯實土壤，並在樹根中形成氣穴（cavitations），即空氣泡泡，而這兩者都會導致嚴重的水分供應問題。

如果你站在能夠觸摸到大樹樹幹的位置，那你就是站在樹根最粗壯的部分附近，或可能是直接站在上面。這裡是樹根最強韌的部分，可以承受各種來往的踩踏。但要是你走到更靠近樹冠邊緣的地方，那你就有可能是踩在某些最為敏感的樹根上方了。這個區域稱為「滴水線」（drip line），位在此處地表正下方的脆弱細根，會收集從樹冠邊緣流下的雨水。如果你為樹木提供水分或養分，那這裡就是最適合的地方了[60]。所以要是這個區域上方形成路徑，上方的樹枝就會開始受損、枯萎甚至斷裂。

這條古羅馬時代的道路，現在已成為一條穿過樹根又粗又堅韌部分的路徑了。諷刺的是，這條路線彎得太靠近大樹了，所以無法對其造成什麼嚴重的傷害。即便古代士兵的聲響，已由登山腳踏車喀噠喀噠的聲響取代，樹木依然繼續繁茂生長。

不一定是由人類踏出的路徑才會對樹造成傷害。許多動物也會依循相同路徑移動，尋找食物、水源和居所。我曾和榆樹狂粉約翰・塔克（John Tucker），在布萊頓（Brighton）普雷斯頓公園

（Preston Park）的非凡榆樹間散步。他跟我提起一條他知道的綿羊小徑，在地面上和樹木上都可以輕鬆觀察到[61]：綿羊走往水槽的路徑上方也有一整排死去的樹枝*。

土壤中的裂縫

樹根上方的土壤中寫滿各種訊息。如果你在大樹的基部附近，發現特別乾燥的土壤，那就很值得好好研究一下。乾燥土壤很容易就會裂開，而我們可以運用這些裂縫，來判斷一棵樹木究竟站得有多穩固。如果在盛行風向側出現更多裂縫，那就表示樹木容易受到強風的影響。而要是裂縫擴張出去，並形成半圓形[62]，且樹幹是位於中心的話，那下次大的風暴來臨時，這棵樹可能就撐不住了。

城市中的樹木，和位於強風肆虐山坡上的樹木相比，擁有更多遮蔽及保護，但城市也有自己的強風特徵。有時你便可能會在水泥地、人行道磚或柏油路上的樹木旁，看見裂縫。而要是樹木位於長長的風道（如大道）上，或是靠近會導致強風的極高建築物旁，那這個現象也會更為常見。

淺根

我記得有次前去探索英國德文郡某個潮濕的荒野，我身旁全是親水的樹木和較矮小的植物，包

＊我還花了點時間尋找某件我深知一定會出現在那裡的事物，卻依舊沒找到。要是我們了解位於樹冠邊緣的樹根，會吸收大量的水分，靠近樹幹的樹根則不會吸收水分的話，那就代表隨著我們遠離樹木，也一定會出現土壤乾濕互生的「圓圈」。因為濕度的起伏波動，總會影響我們在此看見的土壤顏色和植物。但迄今，我在這裡都沒有發現什麼明確的相關線索，也許在滴水線處，從樹冠邊緣流下的額外水分，與該處負責吸水的樹根所需的額外水量完美平衡了。但這個解釋對我來說似乎有點太完美了，所以追尋仍在持續中。

括柳樹和燈心草，而且我也能看見一堆樹根暴露在地表上，這些觀察其實都是緊密關聯的。

所有樹木都會想要樹根至少是稍微埋在土壤之下，就連盤狀根系的樹木也不例外。所以要是我們在地表處看見蔓延遠離樹幹的樹根，就代表土壤裡有什麼問題困擾著樹根。泡水便是其中一個可能性：要是地下水位異常地高，樹根就會被迫抬升。這並不是由於樹根不想要水，而是因為需要氧氣，氧氣這種重要氣體，在靜止的水中的含量很低。和闊葉樹相比，針葉樹的樹根對泡水更為敏感，不過兩者都會受到這個現象影響[63]。

如果淺根的產生是源自於水，那樹木面對強風就會加倍脆弱：因為樹根實在太接近地表了，沒有好好紮穩，且土壤也很鬆軟。較矮小的樹木，像是許多柳樹和赤楊，能夠應付這個問題，因為這些樹本來就比強風吹拂的高度低上許多，不過高大的樹木若擁有淺根還能存活，那就有趣了。這代表這些樹木可能位於風影區域，也許是在森林的逆風側或是高地的背風側庇護下。但是當罕見的風暴從反常的方向襲來時，這些樹就極為脆弱了。亞文風暴（Storm Arwen）就是這樣的風暴，二〇二一年十一月底，風暴從英國東北方襲來，連根拔起了許多矗立在湖區（Lake District）至少一個世紀的樹木。

假如你發現淺根，原因卻不是水的話，這就代表土壤很薄，很可能下方不遠處就有石頭[64]。樹根因而被擠到地表上，如果情況是這樣的話，那你會在土壤中的石頭及顏色上看出許多佐證。

只要你在地表上看見樹根，且蔓延遠離樹幹，就抬頭看看樹冠吧。你有很高的機率會注意到樹冠不太健康，要是負責支持的樹根處於困境之中，那這棵樹可能無法獲得所需的一切來長出茂盛的樹冠。

幽閉恐懼症

我有次曾站在美國德州高速公路交叉口的行人穿越道上等待號誌變換。我已經按下燈號的按鈕，並站在那裡希望只要等個幾秒，紅燈就會變綠燈讓我通過。車流變了一次，接著一再改變，但燈號依然是個鮮豔的粉橘色手掌，顯示我還是不允許穿越。我於是不耐煩了起來，決定沿著高速公路一直走，朝我需要前往的方向走去，直到我在車流中找到一個缺口，然後快跑過去，站在八線道高速公路間的一個狹窄分隔島上。

遺憾的是，這樣做並沒有解決問題，反而是亂闖馬路把我帶到了個更大的困境之中。我卡在一個八線道高速公路之間的水泥分隔島上。身旁是飛速移動的各種巨型交通工具，我看著一位身材嬌小的老太太開著一輛擁有巨大輪胎和咆哮排氣管的小卡車轟隆經過。我心想，德州的產油歷史，可能解釋了為什麼准許上路的最小車子，後面都能拖一台拖拉機了。

總之，車流又密集又快速，彷彿持續了好幾個小時不曾停歇。而我人就陷在那邊，沒有合法或是安全的方式，能夠離開這座充滿廢氣的分隔島。我不得不在高速公路中間尋找可以分散注意力的東西。路旁有些無聊的廣告，而在路的遠端有個更為有趣的景象，是隻黑色禿鷹正在吃某種可憐生物的遺骸。就在這時，我發現了寶藏：有一排小樹，我覺得應該是紫薇樹，竟然長在我所在的水泥分隔島上，那個狹窄又乾燥的花壇中。

為了殺時間，我沿著這排小樹走，並注意到樹木的高度變化，先是變高接著變矮。分隔島兩端的樹是最矮的，接下來的樹稍微高了一點，而位在中央的樹則是最高。這些樹全是小樹，但在我從分隔島兩端往中央走時，存在一種由矮變高的明顯趨勢。而這跟樹木年齡無關：這些樹木年齡都相同，可能還是同一天種下去的。

起初，我以為這肯定是我們之前討論過的「楔形效應」例子，即兩端的樹必須承受強風的衝擊而變得更矮，有些風還可能是經過的車輛產生的。但接著，我便發現了真正的原因，花壇寬度並不平均：末端較窄，愈靠近中央則愈寬。因而兩端樹木的樹根，遭到水泥緊密擠壓，代表這些樹正在苦苦掙扎，生長狀況不如位在中央有著最寬花壇的同伴。

最後，我終於趁著卡車車流空檔脫逃，但在這之前，在我充滿一氧化碳、頭暈腦脹的腦中，就開始出現一句話了：「一棵樹要是樹根沒位放，樹木也無法大綻放。」

現在既然我已經相當熟練觀察這個現象，我發現它簡直到處都在發生，包括在崎嶇的岩石地形中，在城市裡也非常常見。都市造景設計師經常把樹種在樹根沒有足夠空間可以生長的地方。所以要是你在某座城市中看見一排人為種植的樹木，且其中有一棵，通常會是在最末端的，比其他同伴都還更矮，那這棵樹的樹根有很高的機率是因為被死死圍堵住而罹患了幽閉恐懼症。

彎曲的手指

我走進薩塞克斯的某座紅豆杉林中，並感覺到周遭古老樹木黑暗又狹小的氛圍。這是某個冬日黃昏，貓頭鷹也為其棲地增添了一絲神秘感。我繼續走了幾步，接著在看見從地上伸出的彎曲手指時，不禁瑟縮了一下。我以前就經過這裡很多次了，但在稀微的十二月天光中，這隻黑暗的木手還是讓我顫抖了起來。

你也可能會遇上這種詭異的樹木模式，這會讓幾乎所有無法解讀樹木早期生活史的人感到一頭霧水。當低垂的樹枝碰觸到地面時，樹木會察覺到這點，並觸發一種反應：新的樹根會迸出，並深入土壤。這些樹根會為低垂的樹枝提供獨立的水分及養分，使其不再需要母樹的支持了。隨著時間經過，樹枝和母樹之間的連結，也會枯萎並消失，並在距離母樹約三公尺處，留下一棵全新的複製樹。這個過程便稱為「壓條」（layering），如果是在母樹正受到出現某種程度的損傷，更有可能發生。

新長出來的樹總是會擁有怪異的外觀，因為它是從一根水平的樹枝開始生長的。無論它們長到多成熟，根部附近永遠都會有一個如註冊商標般的彎曲或折角。有時候，母樹的樹枝會有好幾根碰觸到地面，而每根樹枝上的壓條過程都遭到觸發，這會形成一整個樹圈，或是更常見的一個弧形的新樹群。當這種情況發生時，年輕的樹總是會以放射狀的模式開始生長，遠離母樹，且是朝著樹枝碰觸地面時所指的相同方向生長。

母樹若倖存下來，就更容易觀察到近期的壓條成長史。我們依然能夠看到某些低垂的樹枝朝地面，並推測其餘的情況。但是在長壽的樹種身上，包括紅豆杉在內，新長出來的樹常常會活得比母樹還要久，因而創造出了這種詭異的模式：半圈的彎曲樹木，就像從土中伸出的手指。

假如你看見一圈怪異的樹木，剛開始是朝水平方向生長，接著往上彎，朝垂直方向生長，那就朝圈圈中央看吧，你可能會找到一根腐爛中的樹樁，或是母樹的其他殘餘物。

漂流物模式

樹木基部會形成許多有趣的模式。隨著樹根延伸遠離樹基也形成了一張網子，可以捕捉所有隨風而來的東西。風會帶著枯葉、塵埃、細枝、羽毛以及更多東西飛越地面。樹木擋在了「風中漂流物」的路上，其中一些東西會從風中掉落，開始堆積在樹基附近。而從我們在樹根附近看到的小堆漂流物中，總是會有可以尋找觀察的模式。

枯葉便是我們最常會固定看見的漂流物，包括在林地內或林地附近，如果你去研究一下樹根之間的凹處，你就會開始注意到這些枯葉也有偏好：它們通常會堆積在樹木的一側，形成小而深的堆積，而另一側則幾乎沒有。在山坡上，你會看見更多落葉堆積在上坡側（這會加強「階梯」現象）。而在

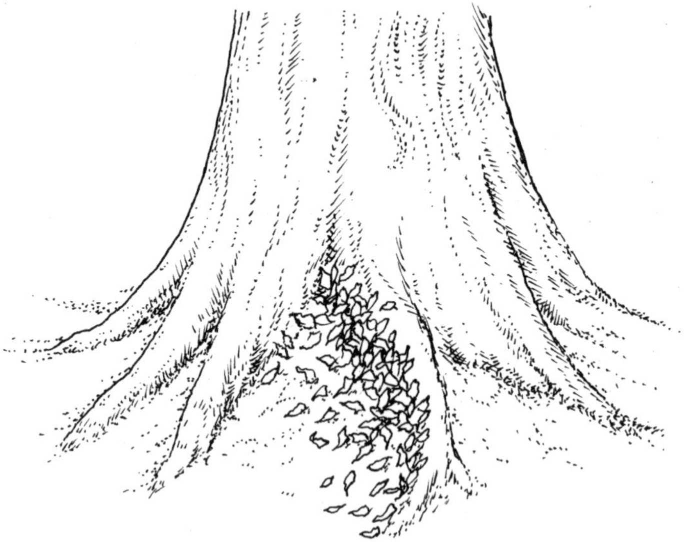

漂流物模式

更平坦的地面上，模式則是由風形成，背後則是有兩個空氣動力學上的理由。

風承載的所有東西，在氣流慢下來時，很可能會因為風吹不動而掉落。每當風遇上障礙物時，總會有吹不到的地方，如前所述，這些擁有遮蔽的位置便稱為「風影」。此處就像是枯葉磁鐵，枯葉會掉進凝滯的空氣中並停留在此，因為沒有半點風吹得進來，再將其吹走了。所以會堆積在這一小塊受遮蔽的區域中。

這個現象會發生的第二個理由，則是樹根的形狀在樹木的每一側都不盡相同。在迎風側，樹根會更加朝外；但在逆風側，樹根只會稍微凸出一點，而這就形成了更寬也更深的凹槽，讓樹葉可以掉落其中休息。

前幾天，我穿越了一座樹木繁茂的山丘，先是水青岡，再來是橡樹，接著是美國側柏。隨著樹種變化而枯枝落葉也隨之變化，不過每棵樹下的模式都如出一轍相當顯眼且易於辨認。許多小堆的落葉，都堆積在樹根的東北側，西南側卻很少。我們可以選擇是否要運用這些模式來尋找路徑，或者只是替我們正行走其上的路徑增添一絲小趣味。

【插曲】如何觀察樹木

幾天前，我在離家不遠處一座山丘頂上的環形小樹林中，度過了一小段時間，我待在林子裡時，在樹木間發現了一種模式，是如此簡單、優雅而且實用，這讓我大感震驚，因為我先前竟然從未注意到它。

我們在本章稍後會介紹這種模式，但現在正是個好機會，可以簡單思考一下認知的科學及藝術這回事。我們是無法判讀某種我們根本沒注意到的事物。而且，正如我證明過許多次的，這絕對沒有聽起來這麼容易。成功觀察到事物的關鍵，就隱藏在以下這個簡單的小故事中。

我有一次決定要到西南倫敦的東希恩墓地（East Sheen Cemetery）晃晃，反正我有的是時間要殺，那何不在死人間度過呢？

這是一小片整齊的方形區域，也許有上千座墳墓，在樹籬上開了一道缺口，並露出後方草地上的整片數千座的墓碑，它們整齊俐落地一排接著一排，灰白色的直立石碑，一路延伸到遠方的邊界。每一座墓碑都代表一個個體，但這些個體在眾多墓碑中顯得微不足道。

有台非常破舊的淡藍色福特 Escort 經過兩排墓碑之間並停了下來。這讓我嚇了一跳，我都不知道車子可以開到墓園的這麼深處。一名年長的女士走下車，白髮、黑色大衣、乾淨整潔。她的動作中有種熟悉又小心翼翼的節奏，一隻腳往前，再伸出另一隻，手放在門把上，然後從車裡起身。我擔心她會察覺我在看她，這可能會打擾到她的私人時刻，所以我轉過身，往反方向走去。當你不認識埋在墓園中的半個人時，總是會有種入侵的感覺。

墓園外圍有許多樹，木雖然不如墓碑多，但比我預期得還要多上許多。而且樹種也五花八門：有著名的紅豆杉，但還有雪松、松樹、樺樹、橡樹和楓樹。令我印象深刻的是，竟然有這麼多樹是長成一對，或是三棵以上聚在一起的群體，一對紅豆杉、一對楓樹，接著是四棵懸鈴木，它們美麗又整齊，且是經過安排的繽紛多樣性，這是人為規畫的跡象。

附近沒幾個人：少數幾位的訪客人數遠遠不及園丁和他們嘈雜的機器的數量。發出高音的柴油引擎正試圖喚醒死人。我向一對夫婦打招呼，友善地說「哈囉」，都遭到忽視。於是我之後經過其他路過的人時，也很快地不再露出微笑。我從其他人身上採納了這個地方的規則：不要盯著彼此，也不要向彼此打招呼，自己管好自己的事就好。

我走向一棵垂枝樺，其樹枝以一種我頗感興趣的方式擺盪著。接著我不禁瞥向三名女子，其中一位是中年人，另外兩人非常年輕，可能還是青少年，她們一邊往長桌上的花瓶插花一邊嬉笑。

「不確定現在還剩什麼事能做了。」年紀最大的女子說。

「真的，差不多了，接著就是時候……開派對啦。」其中一名年輕女子回答，爆出一陣大笑，但是笑聲戛然而止，也許是因為我走進聽力可及的範圍之外。

「還有購物。」第三名女子補充，更多笑聲。

她們很顯然是在為某個非正式的紀念或類似的活動做準備，但鐵定不會是在慶祝某個親人死去，這一點都不合理。我迫切想要知道更多細節，縮短我們之間距離的渴望非常強烈。但這真的不關我的事，就算有強烈的好奇心也無法改變這一點。

我們會注意到的東西，便是以某種方式凸顯了出來。比如一點動靜就會吸引我們的注意，這就是為什麼許多被掠食者當成獵物的動物，像是鹿和兔子，在看見我們時都會僵在原地不動。我不可能真正觀察到墓園中的每一棵樹，但我卻注意到了樺樹樹枝的擺動。異常的形狀、模式和色彩，會強行闖入我們的思緒中。灰白色的墓碑排成的筆直線條和草地形成鮮明對比。我也不覺得我會注意到墓園中央的那輛老車，尤其是那種老派的淡藍色。但當車子在移動又發出刺耳的聲響，還是讓我注意到了。對比的事物也會凸顯出來，像是老婦人的白髮和她的黑色大衣。

我在上述這個不起眼卻絕對真實的小故事中，做出了許多細微的觀察，我想要集中注意力觀察某些很容易被忽略的事物。

認知分為兩個部分：生理上和心理上。我們可以使用各式鏡片，從望遠鏡到隱形眼鏡，來提高我們的生理觀察力。而我們也同樣能改善心理觀察力，最有用的方法之一，便是提升我們的觀察動機，當我們在乎眼前所見的事物時，便能注意到更多事。

這其中也包含個人層面的原因：我們會注意到我們深愛之人的臉上，最細微的歡笑或哀傷。演化賦予了我們這個天生的能力，我們也經過精細的演進，可以理解其他人的動機，這就是為什麼偷聽可能是件相當吸引人的事。而強烈的動機背後，也有實用的理由：如果我們是運用自然領航或是尋找食物，那某些特定實用的模式就會特別明顯，尤其是我們賴以維生時。但有趣的是，在沒有燃眉之急的個人或實用目的的情況下，我們依然能夠增強自身的動機。

當我們學會了足夠多的東西並預期能在其中找到意義時，就會發生真的很神奇的事。美國行為經濟學家喬治．羅溫斯坦（George Loewenstein），曾提出許多開創性的概念，包括所謂的「冷熱同理隔閡」（Hot-Cold Empathy Gap）。這個概念指的是，當我們處在不同情境中，便很難同理對方的想法。當你覺得太冷的時候，就很難想像太熱是什麼樣的情況；或是在吃完吃到飽後，也無法想像很餓是怎樣。

一九九〇年代初，羅溫斯坦也提出了一個解釋好奇心的理論。科學家甚至包括社會科學家，都喜歡去研究容易定義及測量的事物。金錢便符合這兩項原則，所有經濟學家都會研究它。好奇心不符合這兩項原則，因此針對好奇心成因及影響的研究，數量便遠少於研究存錢帶來的效果。即便所有理智的人，都會認為比起存款帳戶的影響，好奇心是以更為耐人尋味的方式形塑了世界。

所謂的「資訊落差」（Information Gap），便是羅溫斯坦試圖彌補這種不平衡的一次絕妙嘗試，好奇心其實是：「一種由知識和理解上的落差所引起的認知上的剝奪感。」[65]

又或者好奇心就是一種癢[66]，在我們擁有某些資訊，卻發覺還有更多缺失時，便會感覺到。假如這聽起來不夠開創性，有可能是因為我們通常會專注在「缺少」的那部分，但創造力其實存在於我們「確實知道」的事物中。就像你無法只有一個缺口，而不考慮缺口兩側的東西，這樣又怎麼會存在落差呢？羅溫斯坦研究背後的意義非常深遠，他強調了知道一些事，比起一無所知更能激發我們的好奇心。某些資訊像是點燃了引信一樣，喚起了我們的好奇心，而完全無知則完全不會有這種效果。

好消息則是，我們可以主動創造出這類落差——也就是我們可以主動激發自己的好奇心。讓我們對任何謎題都充滿好奇心的技巧，便是先填補一些空白。當你快完成一份填字遊戲，只缺了兩個單字沒填時，這種情況會比起完全空白的填字遊戲，更讓人充滿好奇心和急於完成。

每次我們看見一棵樹，都能快速又輕易地填補許多空白的資訊：它的外觀、顏色和樹葉。而另一個部分我們也能同樣快速填上：只要觀察出這和一般常見的模式有所不同即可。

在這些差異背後，也絕對會存在某種理由，這就是我們在知識上的落差。它永遠都在那裡，而一旦我們知道這點，我們將永遠能找到它。它點燃了好奇心的引信。我們學會去尋找這些差異，且也不禁思索背後的意義，於是，我們第一次真正看到了這棵樹。

我在本章開頭提到的非凡發現，便是存在於樹根的形狀之中。在上一章中，我們討論了許多樹根的模式，包括在盛行風側樹根是如何長得更粗更壯也更長。

在環形樹林中的那個下午發生了兩件事，讓我得以看見多年前就隱藏在我眼前的東西。那天下午大部分的時間，太陽都被雲遮住了，但隨後它從雲層下方落下，並將橘色的光線照在到我所在的林子中。樹木的樹冠投下的陰影遮蔽了大部分的地面，但光線還是照到了我面前幾棵樹的最低處。這創造出了一個有趣的現象，使樹幹向根部擴展的區域變得引人注目。雲層底部經過部分太陽時造成的顏色對比和運動，將我的注意力吸引到了樹根上，我發現樹根直直指向某個方向。

我的大腦立即得出結論，認為樹根是指向西南方，一如我所預期的那樣。但我只花了一點時間就意識到事情不可能是這樣——太陽賦予了我強大的方向感，不願讓我的思緒直接跳到這麼一個錯誤的結論上。樹根竟指向北方。

這還真奇怪，我心想，發生什麼事？現在我的理解中出現了落差，還湧起一股旺盛的好奇心，迫切想要解開一個偶然觀察背後的意義。這股感覺足夠強烈，讓我又在這個區域待了半小時，一直熱切地專心觀察，直到我破解了這個謎團，直到我填補了這「資訊落差」。動靜、顏色、對比，現在又加上好奇心，一同協助我看見了先前可能遺漏的事物。

我花了點時間在這片環形小樹林邊緣的樹根處，小心謹慎地尋找觀察之後，我注意到了一個新的模式：這些樹根全都指向林地邊緣。

剎那間一切變得完全合理了。位在森林邊緣的樹木和位在森林中心相比，每一側承受的風都會更強。因而樹根在風力最強的的那一側，也會長得更粗、更長：所以山丘上林地邊緣附近的樹根，當然也會指向林地外緣啊。樹根是在告訴我們出去的路！

本書是有關理解我們在樹木身上看見的事物，但這只是整個大循環中的一部分。我們愈是知道要尋找什麼，那我們就會愈仔細觀察，也會看見更多事物。而當這種情況發生時，我們就會開始看見一些並非刻意尋找的事物，它們也會再提出自身的問題：我們覺得它們很有趣。

而最大的樂趣在於，無論我們注意到新事物的過程有多麼曲折，一旦我們成功發現並且解讀了背後的意義，那下一次再遇上，這些新事物便會昭然若揭且永遠無所遁形了。

09 千變萬化的樹葉

在古希臘時代，大家要進行困難的抉擇時，都會從被稱為「神諭者」的女祭司身上尋求指引。其中兩位最為知名的，便是德爾菲（Delphi）和多多那（Dodona）的神諭者。德爾菲的神諭琵西雅（Pythia），以她隱晦且近乎無意義的譫語著稱。有一種理論認為，她是在咀嚼月桂葉或吸進其煙霧之後，才陷入迷醉狂歡的狀態。

在古希臘，橡樹十分神聖，是宙斯之樹。旅人抵達多多那後，會去尋找某個睡在一棵特別橡樹下的女祭司。神諭者會傾聽旅人的困境，接著轉向橡樹尋求徵兆，並在樹葉的摩娑聲間找到答案，據信這便是宙斯之聲[67]。

樹葉中藏著富含意義的線索，而在本章中，我們將學會如何解讀這些線索，且無需諮詢地位崇高的女祭司。

大小有關係

所有樹葉都是試圖完成相同的兩個簡單任務：它們必須盡可能以有效率的方式獲取陽光和交換氣體。既然它們都需要完成這兩項工作，為什麼卻長成這麼多不同的形狀？這實在是令人驚訝。

太陽和氣體並不會出現什麼劇烈的變化，那麼我們在一趟短短的散步之中，究竟是為什麼會看見肥厚的樹葉、細長的針葉、橢圓形、三角形、裂葉、鋸齒狀、尖刺狀、皺褶狀、黯淡、有光澤、長葉柄、短葉柄、簡單的模式和複雜精細的模式呢？我們可以注意到樹葉上的數百萬個特徵，且每一個都擁有某種意義，關鍵在於了解哪些特徵傳達了最為有趣的訊息。

大自然並不是個異想天開的藝術家，在我們的地景上隨意潑灑多樣性，以期贏得創意大獎。我們看見的所有差異，背後肯定都有其原因，而一旦我們了解，就能成功找到線索。樹木在小範圍內就經歷了劇烈的水分、風、光線和溫度變動，樹葉也會反映出這些變化並讓我們知道。

下次你走在某條街道上可以試著注意一下，其他人走路時，手肘是緊緊收在身體兩側著還是展開。天氣不好時，你很少看見人們將手伸出來或舉起來。在冷風中，動物會蜷縮起來，並把四肢收起來，好讓身體縮得更緊，這樣比較不會散失熱量。

而針葉樹之所以擁有較小的針葉或鱗片狀葉，是因為這種緊縮的大小，更能應付嚴苛的環境。闊葉樹在寒冷或空曠的地區，也會長出較小的葉子。通常葉片愈是曝露在強風或是寒冷之中，它就會愈小。

一棵生長在多風處的樹木，葉片會比生長在遮蔽處的樹木更小也更厚，但我們也可以在更微小的層面上探討這點：一棵樹最暴露的部分會有最小的葉子；而最受保護的部分則會有最大的葉子。如果你散步時經過兩棵同樹種的樹，一棵位於山頂，另一棵則位於山谷中，山頂的那棵樹木頂端的樹葉，便極有可能會是最小也最厚的；而位在山谷樹木底部的樹葉，則可能會是最寬也最薄的。

樹葉也會對光照程度做出反應，樹木的樹葉主要分為兩大類：陽葉（sun leaves）和陰葉（shade leaves）。陽葉較小、較厚、顏色也較淺，我們在樹冠邊緣、頂部、陽光更充足的樹木南側，也會發現更多陽葉。而更寬闊、更薄、顏色更深的陰葉，則更常見於較低處，包括在樹冠較內側，以及樹木的北側。

樹葉也會和周遭的世界互動。要是某棵樹被一棵新長出的樹或新蓋好的建築物遮蔽，那葉子也會從陽葉變成陰葉：它們會變得更寬闊、更薄、顏色更深。樹葉能夠根據生長環境的變化，改變自身形狀的這種能力，便稱為「可塑性」（plasticity）。而這種從一個形式，轉變成另一個形式的「決定」，是樹木於前一個生長季尾聲長出新芽時所做出的，為下一個生長季的展開做好準備。

平均來說，在乾燥地區，樹葉也會更小：大葉片很容易因曝曬過熱，小葉片則是保水能力較佳。在擁有遮蔽的陰濕地區，你比較有可能看見下垂的大葉片，而最大的葉片，則出現在叢林之中。

彙整所有條件，那麼我們在陽光強、乾燥、寒冷和多風的地區，便會發現異常小的葉子或針葉。我們可以研究一下森林界線（即標誌山上林地的最上緣界線）附近的樹葉，並將其和山谷河邊的樹葉比較，那你就會發現兩者的大小差異頗為驚人。

千變萬化的形狀

有些地方就是風更大、光線更暗或更潮濕，所以很輕易便能理解，為什麼樹葉的大小會這麼五花八門。可是這些歧異甚大的樹葉形狀，又是怎麼回事呢？植物學家運用了大量的詞彙，來描述樹葉的形狀可說是描繪出了一幅栩栩如生的圖像，卵形、三角形、菱形，還有更多更難懂的名稱，只會讓你莞爾一笑，腦中卻難以想像出什麼具體圖像，像是心形、二出複葉、奇數羽狀複葉、掌狀深裂*。

樹葉的大小和樹枝模式之間，存在著一種有趣的關係，我們先前從樹枝末端觀察過。現在值得我們從樹葉的角度重新審視：樹上葉片愈小，你就能數出愈多根樹枝。原因其實很簡單：要支撐一片巨大的葉片，你只會需要一根強壯的樹枝；但要是葉片很迷你，你會需要一堆樹枝填補空隙。這在後見之明看來，可說顯而易見，但這正是那種除非我們選擇去注意，不然就會隱藏在我們眼前的事物。

而這也是個你可以在更接近地面處，好好探索一番的模式：可以注意一下像是大黃這種葉片巨大的植物，在每片葉子下，是如何擁有一根粗大的莖的，但其他擁有數百片迷你葉子的草本植物，莖部卻會分成許多迷你細枝。

觀察葉片形狀時，我們必須做出的第一個重大判斷，就是我們眼前看到的，究竟是「單葉」

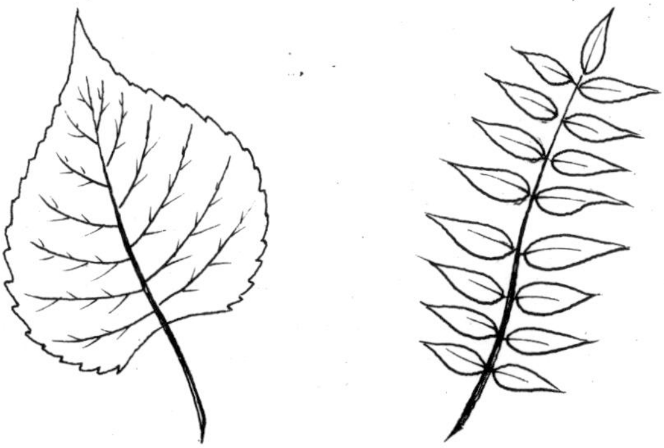

單葉、複葉

＊卵形，即蛋形、橢圓形；像希臘字母 Delta 的三角形；菱形，鑽石形；心形，心臟形；雙對形，擁有兩對小葉，每一對小葉又有兩片葉片；奇數羽形，小葉數量為奇數，葉軸末端則擁有一片小葉；裂掌狀分裂，擁有裂掌狀裂片的葉片，且具有極深的缺刻。

（simple leaf）還是「複葉」（compound leaf）？你看見的葉片，是單獨一片的（單葉），或是屬於一組小葉中的一部分（複葉）呢？

單葉只會擁有一根莖，稱為「葉柄」（petiole），並和樹皮覆蓋的細枝連在一起。複葉的小葉則是會從一根綠色的中軸「葉軸」（rachis）向外長出。而假如小葉成對地從中央綠色的葉軸上長出，便稱為「羽狀複葉」（pinnate compound）。

在涼爽的溫帶地區，羽狀複葉可以讓樹木迅速長出許多葉片，並快速捕捉大量陽光，不須花費更多時間和能量生長木質細枝。這樣的安排，適合快速生長，但在明亮或多風的地方效果會更好。且這些優勢是相輔相成的：要是有片開闊空曠的土地，先驅樹就會想要快速生長，但同時卻也必須應付大量陽光直射，且面對強風也沒什麼遮蔽。光線也會穿透複葉的隙縫，讓多層樹木的下層也能捕捉到一些光線*。

簡而言之，擁有羽狀複葉的樹木，包括白臘樹和接骨木，代表樹木已善用空隙抓住了機會。而一如既往，若地景充滿先驅樹，也代表此地還很年輕，在接下來數十年內，還會出現劇烈變動。

請勿自己跟自己競爭

我記得幾年前，一家人在倫敦一個公園的地墊上，享受了一場歡樂家庭野餐。我們坐在公園邊

* 在世界上更熱更乾的地區，複葉的意義則是截然不同。它們讓樹木在乾旱時期，可以直接捨棄整根葉軸，這是種效率十足的方式，可以一次擺脫大量樹葉節省水分。

緣的環狀步道附近，每隔幾秒，就會有氣喘吁吁的慢跑者經過我們。我是不知道你怎麼想，不過對我來說，當我自己在運動時，感覺很好，但要是我在不同的心境下，或我的嘴裡塞滿雞蛋三明治時，看到別人運動就覺得有點荒唐了。

經過我們的其中一名跑者，穿著件印著「我 vs 我」的T恤，我得超努力忍住不笑，直到他經過。我有時會發現一些專業運動員在接受訪問時，宣稱他們不是在和其他人競爭，只是在跟自己競爭而已。這種說法很顯然荒謬而無稽的，但這是一種很受歡迎的方式，可以避開無益的問題的。

所有生物都是為了生存資源競爭，且常常是在跟同種生物競爭。外頭的世界已經很難生存下去了，而任何一棵植物最不需要的就是增加內鬥。要是樹林中有棵樹倒下了，那鄰近的兩棵樹就會彼此競爭，也會跟新興的先驅樹競爭，想要攫取新的陽光。這些樹肯定負擔不起自己跟自己競爭。

想像一下，要是某棵樹上的每根樹枝跟每片樹葉都朝著彼此生長，努力想要長得比對方還高，並遮蔽住其他人，讓其他人死光，那這絕對不是一個能夠持久的生存策略。樹葉需要很多能量才能生長，它們並沒有多餘的資源，可以在同一根樹枝上重疊生長葉子。所以它們必須攜手合作，而方式正是遵循一個特定的計畫。

最簡單的計畫，就是讓一根枝條上的葉子保持在一個平面上，就像個盤子。要是這個寬廣樹葉盤子的上方，沒有其他樹枝遮擋，那就不會有遭到遮蔽的危險。水青岡和楓樹便偏好這種安排[68]，但這其實是個理想化的情況，只適用於單層樹上，而且要從長期看來才會有用。

很多樹種都不能仰賴這個計畫，必須在更高處長些樹葉，不能只靠在低處樹枝上現有的樹葉。

有幾項很不錯的策略，便能將攜手合作化為可能而非彼此競爭，其中最常見的策略就包括改變葉柄的角度及長度。

假如植物能確保上方的葉子以和下方不同的角度生長，那就能降低遭到遮蔽的風險。從上方看來，這造成了一個有點像是一種螺旋梯的效果，每級階梯都代表一片新葉。這種策略在較矮的植物上，比起樹木更容易觀察到，下一次你經過某株小型的多葉灌木或草本植物時，可以試著從上往下觀察：你很快就會發覺，植物是如何達成兩件非常巧妙的事。

第一，你看不太到地面，因為植物用樹葉覆蓋了大多數空曠的區域。第二，要是你想像一下一條從你的雙眼到地面的垂直線，那這條線行經之處，並不會碰到一片以上的葉子，因為植物已經做好安排以避免效率不佳的重疊。

樹木還有另一個方法，可以長出樹葉，卻不會擋到下方的樹葉。假如樹木縮短葉柄，使得高處的葉子更接近莖部，那就不會直接在低處的葉子身上投下陰影。上方的樹葉也會更小[69]，這還蠻合理的，因為要是更大的樹葉在上面那就太蠢了，植物又不是笨蛋。

這類策略在樹冠高處可能不容易看出，但在接近地面的樹枝葉子上更容易觀察到。因此，只要你在靠近地面的樹枝上看到樹葉，務必停下腳步，尋找一下讓樹葉能夠攜手合作的計畫。究竟是寬盤、巧妙的角度、更短的葉柄、頂部的小樹葉，還是天才般地融合了各式策略呢？

顛倒的指針

如前所述，樹枝會朝光線生長，導致所謂的「指針效應」，即樹木南側的樹枝會更接近水平，北側的樹枝則近乎垂直。

樹葉也有自己的指針效應，不過卻是顛倒的。樹木南側的葉子是接近垂直：它們會指向地面；北側的樹葉則是近乎水平。背後的理由很簡單：樹枝朝光線生長，但樹葉卻會轉動自己，和光線呈垂直方向，因為樹葉必須面對光線，才能獲取光線。而南側在較下方處會擁有更多光線；北側則是大多數的光線來自上方。

這可能會令人有點困惑，不過想像一個奇怪的情境，可能可以幫助我們理解。現在假裝我們正坐在一棵樹下，抱著樹木，而空著的那隻手上，則拿著一塊小小的太陽能板，雖然樹幹附近很暗，但我們還是想要盡量獲得更多光線，那最佳策略會是什麼呢？

這會取決於我們人在樹木的哪一側而定。假如我們在南側，我們會察覺陽光出現在南邊，並朝那個方向過去，即水平的樹枝生長。接著，等到我們來到樹冠邊緣時，我們則會拿起太陽能板（葉子）朝向太陽，所以葉片更接近垂直。

要是我們是從北側出發，那就感覺不到任何來自南側的光線，中間太多樹木擋住視線了，但我們會察覺頭上高處有些陽光。因此，我們得向上爬，即垂直的樹枝生長；而當我們發覺頭上的光線足夠明亮，我們就會水平拿起太陽能板以捕捉上方的陽光，所以葉片會接近水平。

這個效應在所有闊葉樹及較低矮的植物身上都會發生。偶爾，我們會看見一片葉子似乎是以不合理的方式旋轉，而這就是個停下腳步，並且記住一些重要事情的好機會。葉片才不在乎北方或南方：樹葉在乎的是陽光。就像我們會發現樹枝往外朝河流跟道路上長，而不管方位，我們也會看見樹葉會面向更亮的區域。不管我們是往森林的哪一側走，寬大的葉子總是會面對你的方向：因為我們總是從光亮處抵達。

為流水而生

柳樹分成很多種，其中又有很多雜交種，所以試圖辨別或是完美指出其名稱其實沒什麼意思。然而，柳葉的形狀卻很有趣且非常容易判讀。我每天在家附近散步時，都會看見某種柳樹，但大多數人都不會馬上認出這是柳樹，因為對柳樹來說，其葉片是橢圓形又寬闊，這種柳樹叫作黃花柳。我也會看見其他柳樹，包括爆竹柳，但沒那麼常見，這種柳樹的葉形就是經典柳葉，又長又細，稱為「披

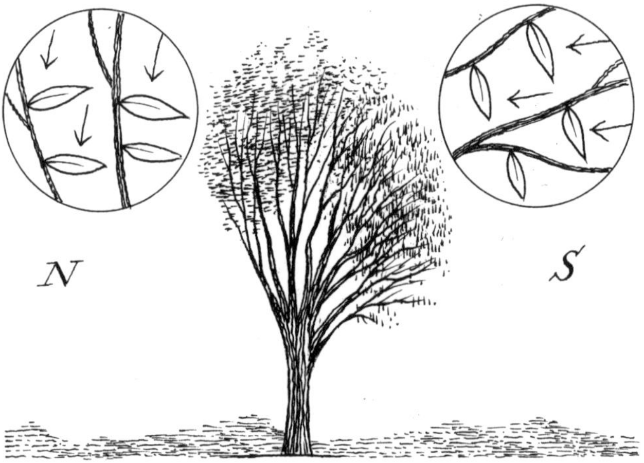

樹枝的「指針效應」及葉片的「顛倒指針效應」。
左方：北方、右方：南方

針形」（lanceolate、lance-like）。

我不需要再精確指出樹名，總之我看見的柳葉，都遵循一個簡單的規則：愈接近活水，葉片通常就會愈細瘦。擁有橢圓形葉片的黃花柳，生長在潮濕的土壤上，但幾乎很少生長在活水邊。爆竹柳和其他葉片細瘦的柳樹在告訴我，我已經接近河邊了。細瘦的葉子會比寬闊的橢圓形還更能適應流水。不過像是赤楊，雖然長在流水旁，卻擁有更寬闊的葉片，這似乎違反了上述的邏輯，但這其實又是另一個線索。赤楊和柳樹都長在水邊，卻是採取不同的生存策略。

柳樹預期自己會輸掉和急流的戰役，也把這點變成自身的優勢，流水折斷柳樹脆弱的細枝時，會將其往下游沖，直到細枝撞上河岸的土壤，如此樹木便能從藉由這種自然的扦插再次重生。光是一棵柳樹，就能藉此傳播到整個下游地帶，這便是其林立在河岸兩側的生存策略。柳樹雖然短期內輸了這場戰役，長期來看卻贏得了整場戰爭。

赤楊則是採取另一種方法：其樹幹和樹根更強壯，生來就是要抵抗水流的。它們不僅能夠支撐住自己，還能防止河岸遭到侵蝕。但這個方法也有其限制，這就是為什麼赤楊在和緩的水流旁會長得比較茂盛，特別是在擁有靜水或流速緩慢淺水的寬闊地區，赤楊可以在此形成濕地樹林，即所謂的「沼澤林」（carr）。而赤楊的樹葉也會高高位於水面上，不像柳葉，柳葉可能會碰到水或是垂掛在水面上方約一個手掌寬的地方。

位於英國東南部我很愛去探險的安布利溪濕地區域（Amberley Brooks），就有許多的柳樹和一片赤楊林。某個夏日午後，我在那消磨了愉快的半個小時，就在赤楊林附近一塊乾燥高地，坐在一堆木頭上往外望著幾棵赤楊，一邊等著其他人加入散步的行列。這是段強迫無所作為的時間，而這種時刻，對心靈非常有幫助。其他人有點遲到，但我一點也不覺得困擾：天氣很好，我的思緒奔騰，思考玩味著赤楊葉和柳葉之間的差異。等到其他人加入我時，我腦中就有一對句子了：

赤楊樹上的葉子更高，
柳樹上的葉子則長低。

裂葉愈熱、裂得更高

許多樹木都擁有裂葉（lobed leaves），其中最常見的是每片葉子裂成五指狀，或稱為五裂葉，特別是在楓樹家族的樹木。裂葉的確很美，但大自然可沒有純粹為了美觀而存在的東西，那為什麼會存在裂葉呢？裂開的部分會打破葉子的邊緣，因而能改變通過上方和周圍的氣流，使得葉片更容易散熱。所以裂葉的功能，可說就像是大熱天裡的風扇。

擁有裂葉的樹木，在陽葉處的葉片，會裂得更深也更明顯，所以在樹木愈高處以及南側，我們都能預期看見更多更明顯的裂葉。這裡所謂的裂得更深，指得是裂痕更加明顯。我們可以這麼想：如果我們沿著葉子邊緣畫一條線，裂葉就代表這條線偶爾會稍微繞向葉片中心。如果我們離中心愈近，這也意味著葉子的裂片愈深。

一個愉快的十二月早晨，我在倫敦的肯辛頓大街（Kensington High Street）待上幾個小時。那天有點被破壞了，因為我得為聖誕節採購點東西。我還蠻享受挑選禮物送人，但購物的過程讓我感到疲憊。我覺得這些商店讓人精疲力竭。在三間店討價還價一番，買了些禮物之後，我覺得額頭上都是汗珠了，於是獎勵自己，在外頭涼爽的空氣中稍作停留。

我站在寬闊的人行道上，深吸一口氣，感覺像是無奈的消費者。瞥見一間高級烘焙店的櫥窗中，我可以看見裡面展示的杯子蛋糕，上面的糖霜比下方的海綿蛋糕還多的，還有標價的標籤，而標價高得讓我覺得糖霜可能會因為高價而融化，甚至引發海綿蛋糕自燃。我因為這簡直堪稱包著糖衣的搶劫感到沮喪，我轉移視線，並發現自己的目光落在一對三球懸鈴木上。

三球懸鈴木就擁有頗深的裂葉，而隨著我從最低處的樹葉望向最高處時，我可以看見裂葉也變得愈來愈深。在接近樹頂處，葉子真的裂得超級深，使得看起來就像某種五指怪鳥的鳥爪。注意到這千變萬化的樹葉，實在讓我心滿意足，對我心情的鼓舞，遠超過任何昂貴的杯子蛋糕能帶來的效果。

你變了

俗話說：「將軍永遠都在打上一場戰爭。」而有時校長也是，我青少年念書時，髮禁的規則很簡單：不能碰到衣領。學校認為他們想出了一個簡單粗暴的方式，可以阻止我們重覆犯下父母那個世代的覆轍，因為他們那一代充斥著嬉皮。

但我們可是青少年，而我們知道規則就是用來打破的。我們會一直狂留瀏海，直到長到可以碰到下巴。接著我們再把瀏海一路往後梳，直到幾乎要碰到脖子後方的領口。每天只要一放學，我們就會搖頭晃腦，並透過亂糟糟的髮型來展現自己，就像我們那時叛逆又愚蠢的樣子。

而到了我兒子的世代，他們決定「狼尾頭」（mullet）風格必須好好復興一下，所以他們全忙著把頭髮前面和兩側剪短，並把後面留得又長又亂。這還真是個可怕的發展，但是……對每個世代來說，這就是他們愛幹的傻事。

人生中沒什麼是確定的，但是我們的外觀會隨著我們成長而變化，可說是其中一件百分之百確定的事。對許多樹葉來說也是一樣。如果你看著一片同樣樹種的樹，你可能會注意到，你在比較老的樹木上看見的葉子，和在其年輕的鄰居上看見的不太一樣。

某些植物便會擁有不同的幼年和成年葉子：樹葉的形狀在植物一生中的年輕和成年階段會發生變化。科學家目前尚在研究這個現象背後的成因。我讀過最符合邏輯的理論，便是年輕的樹是開拓者，需要很多的碳；較老的樹則是生存者，必須面對自然環境度過漫長的一生[70]，而葉形便會依此改變，以優先符合這些需求。科學家發現，環境的壓力，例如長期的高溫或低溫，能協助觸發植物從幼年期邁向成熟期[71]：那些殺不死樹木的因素會使其更加成熟。

有些樹木的變化如此顯著，導致要是我們不知道它，我們可能根本就認不出這是同一種樹的葉子：例如桉樹的葉子隨著樹木成熟也會從圓潤變得細長。不過其實並不需專門尋找會出現這類極端改變的樹種：尋找我們周遭獨特卻更加細微的改變，更使人心滿意足。

年輕針葉樹的樹葉，和較老的鄰居相比，通常看起來和摸起來都截然不同。雖然每個樹種有所不同，但年輕針葉樹的樹葉通常更短、更細、摸起來也更軟更像刷子。

這個小遊戲的有趣之處在於：並不是整棵樹木的所有部分都能視為同樣的年紀。我們會習慣性地認為人類擁有單一年齡：他們可能是一個月大的嬰兒、四十歲或是九十歲。但我們從來不會認為，某個人可以同時三者皆是。但是這樣的單一年齡數字，其實只是一種文化上的方便而已，因為在某種程度上來說，人類確實同時處於這三個年齡：他們指甲細胞可能只有一個月大、心臟細胞四十歲，而他們的眼睛細胞九十歲。

我們看著小樹的頂端時，看見的是那棵樹最為年輕的部分。而隨著我們往下掃視，也會回到過去，直到我們在靠近底部處，看見最老的部分。針葉樹便會在小樹的頂端長出幼葉，而在較下方處或旁枝上，則長出更成熟的葉子。我們也會發現，樹木最年輕的部分，距離樹幹最遠，也就是每根樹枝的末端。

有時你也會在樹幹附近找到幼葉，並在樹冠邊緣發現成葉。這除了反映出這些樹葉的年齡之外，也顯示樹冠邊緣的生活壓力更大，因此才觸發了這樣的改變。所有迫使樹木從頭開始的創傷性事件，例如定期砍伐，都會造成幼葉出現，而非成葉[72]，無論母樹樹椿的年紀有多大，都是如此。*

---

*你也會在較矮的植物身上，看見這個現象。我每天都在常見的攀緣植物常春藤身上看見這種現象。這種植物實在是教會了我許多植物學知識。常春藤幼葉擁有數個裂縫和尖端，和只有一個尖端的成葉看來截然不同。領航健行時，我有時會運用這樣的差異來玩個小把戲，我會等到沒人在看我的時候，從沿著樹幹往上生長的常春藤上，摘一片幼葉和一片成葉，之後再走一小段路後，再在手中各拿一片葉子，向某個人展示，並問說：「你能辨識出這兩片葉子各自是什麼葉子嗎？」有些人還真的可以，但最為普遍的反應，是那個受害者會一頭霧水，指著那片顏色較深、擁有多個裂縫的幼葉，然後表示：「這是常春藤啊，但不確定另外一片是什麼。」

在乾燥的光線中閃耀

我們需要花點時間，才能學會欣賞我們在樹葉上看見的許多形狀、模式和色彩，其實都是反映出了葉片生長環境中的微觀世界。這項事實也導致了一個簡單的預測：我們應該預期會在世界上擁有類似環境的地方，看見相同的趨勢。

在西班牙南部、希臘和澳洲健行期間，我見識了許多不同的樹木，它們大多生長在強烈的陽光下。起初，這些樹乍看之下沒什麼共通點，但只要我們一開始注意到某種相似性，那就很難忽視它了。

橄欖和桉樹原生於世界上截然不同的地方[73]，但這兩種樹木都能在炎熱地區繁茂生長。橄欖在南歐又熱又乾的氣候中精力十足；桉樹則是在澳洲又熱又乾，樹木尚且能生存的地方稱霸。這兩種樹木家族，雖身處不同半球，卻都演化成能夠應付高熱及烈日的能力，即便各自擁有許多不同特徵，但葉片中也都呈現出一抹銀色色調，這個顏色能夠反射部分太陽光，並使其炎熱的家園稍微宜居一點。

淺綠和深綠

你可能曾注意到，許多樹種的樹葉，在正面和背面會顯現出不同的色調，有時甚至是不同的顏色。這個現象可以在大多數樹木身上看見，且在颳風的日子中，在一些闊葉樹上，還會上演一場精采的表演。而在某些樹種身上，例如白楊，這個現象也足夠明顯，使其得名（白楊同時也擁有很深的裂葉，而其原生地區，如摩洛哥，也是又炎熱又乾燥，也一點都不令人意外了。）

樹葉的正面和背面看起來會不同，是因為扮演不同的角色。大部分的陽光直射，都會照到葉片的正面，因此此處便是光合作用所需的大多數葉綠素集中的地方；而葉片背面，則是在氣體交換上更為重要。

綠色代表葉綠素，但是葉綠素也有不同類型[74]。或者更精準地說，葉綠色分為不同種類而且色澤不同，從淺綠色到更深的綠色都有。而每片葉子含有的葉綠素類型，會根據其所扮演的角色改變。適應較低光照程度的葉片及更老的葉片，會擁有更多深綠色的葉綠素，這就是為什麼陰葉的顏色比陽葉還深，以及為何隨著夏天的推進，葉片顏色也會變得更深。

藍色愉悅

我的工作需要花的旅行時間，比我願意選擇的還多。但我學會了一個非常簡單的小技巧，可以讓這件事變得比想像中的還更正向。一如往常，我得用最困難也最笨的方式學會這個技巧，但這個教訓著實令人難忘，而且回過頭來，也帶領我發現了一個令人愉悅的樹木線索。

二〇〇八年，我創辦了我的自然領航學校，深知一切一定很難。就連祝福我的親友，眼神也都透露出他們覺得這根本是個不可能成功的事業上的賭博。所以，就像幾乎所有其他不聽勸告的人一樣，我心中暗自懷著一股決心，要證明這一定可以實現。

我的一個簡單明瞭的處世哲學便是如果有人請我去做什麼，一律回答「沒問題」就對了。在我創業初期，有天收到一封電子郵件，邀請我去英格蘭北部約數小時車程向一小群人演講。我於是確認了一下我的行程，上面有許多空白所以我回覆：「沒問題。」

幾個月後，我卻發現了一個問題。現在想起來會讓我覺得可笑，但我那時其實還沒掌握如何安排自己行程。在我們說好的那天晚上八點，我確實是有空，但我已經接受了隔天早上九點要去康瓦爾（Cornwall）最偏遠地區的工作邀約，這距離我前一天晚上的行程，可是要開八個小時的車。

第一場演講結束後，我當晚就開車南下，每隔幾個小時就停車小睡片刻，然後搞定這兩件工作。我賺的酬勞連補貼油錢都不夠，但就像在所有新事業總會發生的一樣，我也從中學到了不少寶貴的教訓。第一就是行程表中日期數字，其實無法講述那一整天的完整故事。第二個教訓是，因為糟糕的計畫，而必須急匆匆離開從沒去過的新地方實在太愚蠢了。要是我在第一站可以留下幾個空閒小時，我就可以在不用付出額外的成本的情況下，順道去探索美妙的野地了。

自此之後，我就立下了一個原則，在每個目的地以及沿途經過的所有地方，都會嘗試撥出一點點時間走走看看。而事實證明，這是我在過去十年中，最有價值也最值得的習慣之一。現在，當工作安排出現在漫長的旅程盡頭時，我經常會在前往目的地的途中、目的地附近和回程的途中抽空進行小範圍的探索。這個小小的習慣所帶來的意外發現及收穫，比我規畫好的旅程所獲得的還要多。而我就是這樣發現了「藍樹羅盤」。

某個十一月天，我結束在蘇格蘭蓋洛威（Galloway）的一項工作，回程途中，選擇了一條穿越我從未造訪過的葛倫肯地區（Glenkens）的迂迴路線。我停好車，準備好邁向山丘，來個自然領航挑戰。這類短暫旅程中途休息的挑戰，通常會遵循一個簡單的架構：開心走多久就走多久，接著讓大自然引導我以不同的路線回到車旁。

啟程前我正在尋找方向，這時，一棵雲杉樹上頭的湛藍色引起了我的注意力。我們都曾經注意到一些針葉樹上覆蓋的淡藍色光澤——這種光澤通常與陽光下針葉樹的愉悅氣味搭配在一起。不過這棵樹身上，存在一件非常驚人的事物：它的藍色十分鮮明。當我們盯著針葉樹，並說我們看見藍色時，我們指的通常會是藍綠色，但在我眼裡看來，這棵樹之所以與眾不同，便是因為藍多於綠。

我停下來好好欣賞，繞著樹轉了一圈。這棵樹是位在一片針葉植被的南緣，我才稍稍走了幾步，便注意到其他樹木看起來沒那麼藍。起初我以為這只是光線的變化：陽光從雲間透出，而我認為陽光的角度對於我看見的色澤，產生巨大的影響。確實是這樣沒錯，但實際上，也存在一種已經超越了這種光線現象的真正的藍色，而且只出現在這棵最南緣樹木的南側而已。

我當時並不知道，我們所看見的藍色其實是蠟造成的。我看見的是針葉上較厚的一層保護蠟，可以保護葉子免受危險的太陽紫外線照射。而這層蠟，在這樹木得到較多光照的南側針葉上更厚，便代表樹木的南側也會更藍。自從這個小小的發現之後，我就很享受尋找藍樹羅盤，且所有能夠帶來像這樣愉悅發現的旅程，也總是讓人覺得收穫滿滿*。

＊當你發現了一個特徵後，類似的特徵會變得更為明顯，這實在是相當絕妙。從蘇格蘭回來的好幾週內，我都忍不住注意到針葉樹上的顏色變化，幾乎每天都會看見那抹藍色，但除此之外，其他我多年來未曾留意的樹種，也突然又讓我驚豔。某些受到充足陽光照射的針葉樹上，都會鋪滿一種健康的金黃色，尤其是在南側。這是個美妙的基因現象，商業種植者相當喜歡，這就是為什麼，你常常會在庭園的樹木中看見它。

泛黃

隨著秋天接近，樹木也會回收樹葉中的葉綠素，因為它們不願意浪費如此貴重的資源。我們在一年的這個時節中，最常看見的樹葉顏色，如黃色、橘色或棕色，就是樹葉少了葉綠素之後的顏色。

有時候，你也會看見早在秋天之前，就轉黃的葉子。這是葉子在大聲疾呼需要養分的訊號。樹葉變黃的正式名稱叫作「黃化」（chlorosis），代表樹木缺少某一種或更多種關鍵的養分，例如氮或鎂。這種現象在野外很罕見，但在人類對樹木提出過高要求，尤其是在貧瘠的土壤中，或是城市地區和我們擾動荒野時，則會更常見。

黃色其實還蠻有趣的，因為這是種負面效應：我們看見的雖是黃色，實際上看見的卻是缺少葉綠素。黃化是個線索，表示樹木缺少製造葉綠素所需的原料。了解這點有助我們解開其他樹葉顏色之謎。比起單純思考究竟是什麼原因造成了黃色或橘色，我們可以透過詢問：「綠色跑哪去了，又是為什麼？」通常都能夠更快解開謎團。

水分、酸鹼度和人為擾動都會影響樹葉的顏色。我們從潮濕低地到較高的乾燥地區，或從原始的荒野到繁忙喧鬧的林間，在所有地景之中都會看見樹葉顏色變化。這就是為什麼，我們從高處往下俯瞰某片森林時，總是會看見同一樹種的樹木間出現顏色的變化。

有時土壤的酸度大幅改變，也會明顯影響樹葉的顏色。酸性土壤養分含量低，且沒有任何一片地景，酸鹼度是完全一成不變的。我會在山坡上觀察這種現象，尤其是在有礦業活動的地區，因為這會導致水分、酸鹼度及人為擾動出現劇烈變化。通常在活動最為頻繁的地方也通常最有可能發現色彩出現漣漪及波動。

不過相反地，某些樹種，特別是挪威雲杉這類針葉樹，在酸土上會過得更加開心。要是土壤變得太過鹼性，這些樹木的樹葉，也會失去一部分豐富濃厚的綠色。河流和道路也會改變水分和土壤的化學性質，所以葉片的顏色很少能保持均勻。

葉片的顏色總是會受好幾個變因影響，所以最簡單的思考方式，就是如果樹木均勻呈現濃厚的綠色，那就代表這些關鍵因素在其能耐受的範圍內。要是我們看見有幾棵樹是「掉色」，那則是代表其中一項變因，對該樹種而言正邁向危險程度的邊緣。如果我們已經排除水分和人為擾動為可能原因，那麼土壤化學性質的問題就很值得考慮。

明顯卻視而不見

幾年前一次散步時，我在觀察樹葉的顏色時，也注意腳下超滑的白堊岩。我很享受注意陰葉的深色，以及一棵受到強風摧殘的橡樹，位在迎風側高處的一些樹葉失去色彩的情況。

步道旁的一棵栓皮槭攔住我之後，我決定好好仔細觀察樹上的十多片樹葉，並忠實遵循我的信念，認為在我們看見的色彩中，總是能找到意義及價值。我努力尋找它們的意義，雖然我沒有屈服於認為它不存在的想法，只是覺得我剛好沒發現而已。幾分鐘後，我在同一條步道稍遠處的一棵年輕橡樹上，重複了這個過程，結果又發生了一模一樣的事：我在這些橡葉的顏色中，也找不到任何引人注目的訊息。不騙你，這實在令人有點沮喪，每一組樹葉上的顏色，都與另一棵樹的顏色相似。

但我依然察覺在我看見的色彩中存在不同之處。但依靠我對先前樹葉的印象，實在很難判斷究竟是哪裡不同，所以我從橡樹上摘了幾片樹葉，然後走回上一棵槭樹旁。當我把橡葉和槭葉放在一起時，它們的顏色頗為類似也同樣都是裂得很深的葉子，但你卻不會混淆兩者：它們形狀截然不同。

它們在色澤上肯定有什麼不同之處，雖然相當明顯但尚未揭曉。是橡葉的色澤更深嗎？不，看起來似乎不是這樣。接著我靈光一閃，許多年來某種在我眼中都視而不見的線索，現在卻昭然若揭，它們的葉脈完全不同！

槭葉的葉脈從葉片基部輻散而出，線條明顯朝著每條裂縫而去；橡葉則是擁有一條強烈的中肋，且從這條主脈延伸到各裂片的線條較不明顯。葉脈的顏色比葉片更淡，且葉脈的模式也會將葉片劃分出不同區域的顏色。瞬間，我看見的顏色便不再相似，我想把這種感覺，比作我們觀看大城市的空照圖時，一切看來似乎都大同小異，但接著，我們看見了某個自己相當熟識的街區，一致性便消失了，特點將會顯現出來。而美妙的事情便在於，大腦顯然頗為享受這種感受，同時也會緊抓不放，一旦模式躍然而出，它就永遠無所遁形了。

了解某些樹種，包括槭樹在內，其主脈從葉柄附近的中央基部輻散出去；而其他樹葉，像是橡樹和水青岡，則是擁有中肋，這可以協助解釋許多我們在樹葉顏色上所見的細微變化。比如在秋天時，我們在個別的樹葉上，就可能會注意到內部顏色模式的變化，這通常會和主葉脈的模式密切相關。當我們看到一片葉子上出現乍看是隨機點綴的黃色或橘色斑塊時，我們應該注意到這些顏色實際上是以均等的距離分布在主脈周圍。我們可以將這些顏色的分布視為解釋顏色變化的地圖。

葉脈是獨一無二的，是屬於每棵樹標誌之一。此外，如同許多視覺標誌一樣，在我們能夠加以描述之前，便會先注意到某些特定的模式了。現在，我光是從葉脈模式就能辨認出許多樹葉來，完全不需要其他線索，山茱萸便是個很好的例子。

有時，我在地面上看見舊的、撕裂的或破損的樹葉時，馬上就會知道這是山茱萸，這都多虧了其葉脈獨特的「平行彎曲線」特徵，就算葉形和顏色因為磨損和碎裂無法提供半點線索，也能認得出來。而你之後也會發現到了某個時刻，你常常一眼就能辨識出所見樹葉的葉脈特徵了。奇妙的是，很快你對這些模式會比對自己的掌紋還更熟悉。

最清楚也最明顯的模式是最容易被熟悉的，但在這過程中你也會遇上一些引人入勝的特徵。比如胡桃葉就擁有從中肋延伸而出的葉脈，看似堅定地朝葉緣衝去，但卻在最後一刻放棄，向葉緣彎曲。

我覺得這實在很怪，我肯定已經見過數千片橡葉和槭葉了，先前卻完全沒注意到其葉脈模式中這種簡單又清楚的區別。但現在這卻像黃昏時的閃電一樣明顯。慢下腳步、仔細觀察，這個行為將能使過往視而不見的事物，變得明顯清楚起來。

白色條紋

某些針葉樹葉片上有白色條紋，有些則沒有。許多冷杉樹種，包括花旗松、銀冷杉、巨冷杉，在樹葉背面都擁有兩條平行的白色條紋，但大多數雲杉則沒有，這些白色條紋為什麼會出現在那呢？白色條紋是由一種稱為「旺盛氣孔」（stomatal bloom）[75]的現象造成的。

氣孔是所有樹葉用來進行氣體交換的小型開口。這些孔洞是必不可少的，卻也是個弱點。樹葉不能完全密封，因為必須交換氣體，進行光合作用，但是每個開口，都代表水分有機會散失，而水正是樹木必須最為小心翼翼保護的資源之一。因而大多數的樹葉背面都會擁有更多的氣孔，可說頗為合理，因為此處接收到的熱及散失水分的情況都比較輕微，且光合作用所需的空間，也沒那麼重要。

氣孔在放大鏡下很容易就能看見，但還是很難用肉眼輕鬆看見。然而，某些樹種在這些小孔周圍，會擁有一層白色的蠟質保護層，這就是所謂的「旺盛氣孔」，而我們在許多冷杉葉的背面，都能看見白色條紋。

了解這些白色條紋究竟是什麼，已經很讓人心滿意足，但是我們繼續深入探討這個小小謎團時，事情也會變得更加耐人尋味。少數樹種在樹葉正面，也會出現白色條紋，可是這又是為什麼？答案和我們在本章先前介紹過的藍樹羅盤有關。

樹葉正面出現旺盛氣孔現象的樹木，是為了要保護此處的氣孔，免於陽光輻射造成的乾燥及破壞。因而在陽光直射下生長茂盛的樹木上會更為普遍。（耐陰樹種則是必須使用樹葉正面進行光合作用，所以我們在其陰葉上，並不會看見旺盛氣孔現象。）

你最有可能在離群索居的針葉樹針葉正面發現這類白色條紋，例如長在開闊地區或是位於主要的林線之上，因為這些地方是渴望陽光的樹種最適合生長的地方。對自然領航來說，若是在林地外緣發現樹葉正面出現這些白色條紋，便代表我們眼前所見位於林地的南側。

到目前為止，你很可能已經注意到一個更廣泛的模式了。假如我們在樹葉上看見耐人尋味的顏色，背後永遠都會有個理由，而要是顏色是銀色、藍色或白色，就代表背後原因是源自太陽。而無論何時，只要太陽形塑了我們所見的事物，那我們就能找到一個現成的羅盤。

你的痛苦我感同身受

如果你在樹葉上發現什麼反常之處，那就完全可以對那棵樹說：「你的痛苦我感同身受。」每一次只要樹葉摸起來比我們預期的感覺還更厚、更強韌、更黏、更毛絨絨或更鋒利時，那我們就可以很有信心地假設，樹木歷經了某些努力以對抗生命中出現的挑戰。唯一的問題則是：究竟是什麼挑戰？

假如樹葉感覺更強韌，那就代表它們必須承受嚴苛的天氣，無論冷熱。月桂、桉樹、橄欖和冬青櫟，全都能忍受原生地區炎熱乾燥的季節，它們的樹葉因而有種粗糙的皮革感。我們已經討論過在寒冷的冬天，大片的樹葉如何會是種累贅，這就是為什麼溫帶地區常綠闊葉樹不多的原因，不過少數幾種在整個冬天都還能保留大葉子的樹，比如冬青樹，就全都擁有堅韌的樹葉。冬青樹的葉子一年到頭都可以存活：它們異常厚實，摸起來與幾乎其他所有的樹葉都不同。但也不是很多人會花時間去好好摸一下冬青葉，因為上面有尖刺，而這則是應對不同挑戰的標誌。

在樹葉上長出尖刺的樹木，是為了對抗草食性動物以保護自己。這是一種動態反應，許多樹種，包括冬青，我們在它們樹葉上看到愈多尖刺，就表示樹木愈是努力抵禦動物。這就是為什麼，接近樹基的冬青葉比位在樹頂擁有更多尖刺，以及為什麼由園丁修剪過的冬青樹籬會極其多刺。

樹木的棘刺和樹葉的尖刺不同：棘刺是從嫩枝處長出來的，但兩者的功用都是為了抵禦動物。但諷刺的是，我們遇上擁有尖刺或棘刺的樹木時，其實都很值得停下腳步，尋找動物的蹤跡。大多數擁有尖刺的樹木，都會比擁有主樹冠的樹木矮上許多（如果你高於地面三十公尺，那也不需要防禦吃草的鹿）。某些動物，包括許多小鳥，已經發覺棘刺和尖刺可以阻止速度快的掠食者進出這些樹木，所以此處其實是非常棒的避難所和家園。

在一年中的特定時節，這個現象尤其明顯：冬天或春天時。我幾乎每次經過某棵冬青、山楂、黑刺李叢，都會注意到一些小動物活動的蹤跡，哪怕就只是有隻鳴禽在尖刺和棘刺間飛舞。稍晚的時節，鳥類也會知恩圖報，靠的便是吃下同樣樹木的果實，接著散播其種子，我喜歡用這樣的方式思考：「棘刺和尖刺，便是指向動物的手指。」

某些低矮的植物，也會使用特別的毛，來儲存化學物質以作為防禦，就像我們熟悉的擁有酸性尖毛的刺蕁麻一樣。不過許多樹葉擁有的毛其實更為友善，且所有摸起來感覺極為柔軟的樹葉，都是擁有一層短小的絨毛。這些細小的毛會將薄薄一層空氣困在樹葉旁，如此便能防止蒸散作用[76]，也就是能夠阻止樹葉脫水。

葉緣的這層空氣還能夠防止霜凍，在某些樹葉上，這些毛甚至還能阻擋昆蟲的攻擊。葉片上的毛永遠都有特定的功能，在許多樹種中，包括我家附近林子裡的水青岡，這層絨毛在樹葉年輕時頗為明顯，不過會隨著成熟逐漸消失。

那些看起來閃閃發亮，摸起來呈蠟質的大型樹葉，則是同時擦了防曬和穿上雨衣。這層防水的蠟質層，能夠保護葉子免受毒辣的太陽照射和大雨的侵擾，在熱帶雨林中非常普遍。這類樹葉在末端常有明顯的尖端，蠟質表層便會將大量雨雨疏導至尖端，並盡快排出。一般來說，樹葉末端愈尖，表示在這個區域預期會出現更多的降雨量。

用眼睛觀察及用手感覺這些差異時，你會注意到許多樹葉的正面及背面，不僅在外觀上，而且在感覺上也有很大的不同。正面摸起來會更像蠟質，因為需要更多防護來應付有害的輻射；背面則通常會更加毛絨絨，因為目的是要擁有更佳的防脫水力。細緻的毛使白楊葉有著非常明亮的背面。

我最後的小技巧，就是讓你的腳也加入，我不是

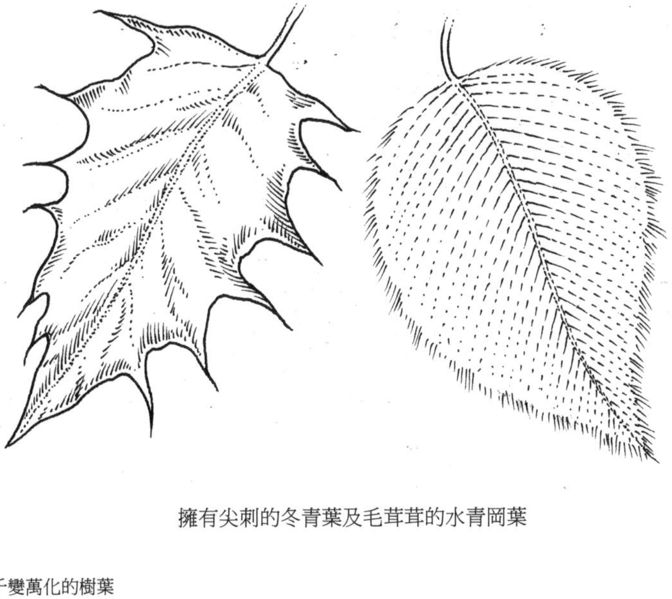

擁有尖刺的冬青葉及毛茸茸的水青岡葉

說你得打赤腳，雖然這麼做肯定也有不少樂趣。每次只要我覺得腳在樹葉上滑動時，不論是在城市或鄉村，我都會尋找岩槭的蹤跡，且通常也都會找到：岩槭的葉子腐爛之後會變成一層又滑又黏的東西。

而在樹林中，如果土地踩下去突然往下深陷，便是提醒你抬頭看看掉下針葉的落葉松了。在狀況最好，腳步也最悠哉的日子中，你的視線在頭上的樹枝間逡巡時，也可能會在腳下感覺到毬果。雲杉的毬果踩下去安靜又濕軟，松果則是會發出更多碎裂聲。

跟蹤葉柄

你有沒有曾經經過某個路邊小吃攤，覺得自己完全可以抵擋誘惑，卻只是在微風中聞到一絲香氣，然後就淪陷的呢？雖然我對這種情況免疫，但聽說這種誘惑，在法國南布列塔尼（Southern Brittany）著名的可麗餅攤周圍非常強大。

果樹也身陷一場艱困的生存競爭，它們必須吸引昆蟲前來授粉，但必須面臨每一種也依賴昆蟲授粉植物的競爭，而且時間還很緊迫。花朵的作用便是充滿吸引力的路標，卻不一定總是能達成目的。這就是為什麼，許多果樹及某些胡桃樹也擁有「蜜腺」（nectaries），即在葉片基部的突起部位，會分泌香甜且富含營養的花蜜讓昆蟲無法抗拒。

我很喜歡觸摸櫻桃木、梅樹、杏仁和桃樹的葉片基部的這些突起部位[77]。而當我這麼做的時候，我會想起試圖飛越樹木花朵的成群蜜蜂，卻發現自己的意志力徹底崩潰，偏離路徑朝可麗餅攤——我是指蜜腺——飛去。

你觸摸葉片基部附近時，可能也會發覺，每根葉柄也都擁有自己的特徵，顏色各異，有些葉柄擁有一種非常特別的紅色，特別是在年輕時，而形狀也比我們想像的還要多元。大多數葉柄的剖面大致上會呈圓形，而只要違背這個原則的變化，就很值得去思索和探討一番。所有呈現扁平而非圓形的葉柄，都是演化成能讓葉片擁有更多彈性。

所有葉片都會隨著微風輕輕擺動，但其彈性在樹種間差異甚大。生長在明亮開闊地區的樹木，擁有會在風中擺盪的樹葉。大多數先驅樹的樹葉，像是樺樹，葉子都會快速飄盪；而許多耐陰樹木的樹葉，比如月桂，則是更為穩重。我們也可以在針葉樹上觀察到這個現象：松樹和落葉松就很喜歡陽光，且其針葉也會隨風擺動；紅豆杉和鐵杉則是能夠適應深邃的陰影，因此其樹葉只會在強風吹拂時擺動。

喜愛陽光的楊樹家族，樹葉也超有彈性，而在顫楊的例子中，效果是如此驚人，因而也成了這種樹的名稱及特徵。那些自然作家肯定都報名了相同的課程，上課時還被迫在電子白板上寫上一百次的「顫動白楊」、「顫抖白楊」、「擺動白楊」。接著他們會被關在一間房間裡，跟一本《羅氏同義詞辭典》（Roget's Thesaurus）作伴，如果他們不想出避免使用這種陳腔濫調的方法之前，都無法獲釋。然後他們就會開始寫些什麼焦慮的、不安的和神經質的顫楊，而這些描述對世上已知的事物並沒有任何實質的貢獻。

我離題了。假如樹葉只要碰上一絲微風，就會開始擺動，那這類樹木就是找到了一種方法，讓整棵樹上的所有樹葉，都可以承受風勢並共享光線，而這就是為什麼，樹葉會擁有扁平的葉柄。

你有沒有注意過，雖然建築師使用了很多鋼梁，但鋼梁的剖面卻很少是圓形或實心的嗎？你會看見鋼梁有H、I、L、T和U形，卻沒有圓形的，原因並不是因為圓形鋼梁不穩：而是因為圓形鋼梁要擁有相同的力量就會非常重。

工程師了解某些形狀會為你提供所需的力量，卻不會帶來任何不必要的重量。不管你要建造什麼，你都不需要在四面八方都超有力。重力本身，就是一種非常可靠的向下作用力了，且也永遠都會是，所以工程師才不會擔心要是重力突然轉向對橋梁這類建築造成什麼影響。每種鋼梁形狀都可以依其所需應付的力量來挑選，而不需要去處理那些永遠不會來找麻煩的力量。大自然則是稍微早一點就悟出了相同的道理，事實上，是早就超過一億年了。

有時你也會發現U形的葉柄，這代表植物想要撐住某樣重物，卻不想要負擔圓形葉柄的所有重量。你在許多植物和樹木上，都會看見這種現象程度不一地展現。但是葉片愈大，你就愈有可能會注意到。

如果你曾經看過棕櫚樹掉落的羽葉，你可能會注意到葉柄是明顯的U形或V形，棕櫚葉之所以會落下，是因為承受了某種不尋常的作用力，像是一陣強風從葉柄無法抵抗方向吹來。此外，你在較矮小的植物上，也可以看見這種現象，包括大黃。

精巧移動的樹葉

樹葉也會調整方向以捕捉陽光，不只是闊葉樹會這麼做針葉樹也會。你可以盡早進行這個觀察，最好選在天氣晴朗的日子，而且在太陽升起之前，找一株沒有受到風吹拂的植物，仔細研究其葉片。看看葉子朝向的方向，並在那條直線上選擇一個參照物。

之後，在日落前重複同一個實驗，然後你就會看出其中差異了。挑選葉子的過程也可說是門藝術：你會需要一片在白天時會擺盪的葉子，但要選擇那種只要吹起一絲微風，就會整個扭曲的葉子。我通常會在同一棵植物上挑個幾片葉子，並計算出葉子平均面向的方向。我會推薦從生長在地面附近植物的寬葉開始，接著換成闊葉樹，最後則是針葉樹。

許多植物的葉片都會隨溫度冷熱變化做出反應。熱浪來襲時，植物通過葉片失去的水分，比能夠補充的還多，這會使得植物內部的水壓降低，而因為這是支撐葉片的作用力，葉片會因而下垂，我們會看到它們枯萎。

杜鵑是種小型樹木，很少超過五公尺，且許多人會認為它比較像是灌木而非喬木。由於杜鵑入侵的習性，它有些擁護者以及許多敵人。一旦在一個地區扎根，就會毫不留情地四處擴散，還可能會將擋路的原生種趕到一旁。世界上有許多種不同的杜鵑，不過大多數都喜歡酸土*。

最近英國經歷了史上最溫暖的十二月。但寒冬不久之後就會回來，當它來臨時，我就會往北開

* 「rhododendron」這個字直譯就是「薔薇樹」，「rhodo」意為「薔薇」，「dendron」則是指「樹」。某個薩塞克斯的植物社群，在某期刊物中，便將其形容為「令人厭惡的」。

半小時的車來到一個叫作「黑唐丘」（Black Down）的地方。這是西薩塞克斯郡海拔最高的土地，也是個下雪後探險的好地方。黑唐丘並不是什麼巨大的地方：它的高度不到三百公尺，但已經足夠在我所在的地區，對雪量帶來產生重大影響。（這個現象會更加明顯，是因為我正往內陸走，而當我們愈遠離海岸，雪就會積得愈深。）

黑唐丘坐落在一個叫作「綠沙山脊」（Greensand Ridge）的地質景觀上，這是一排酸性的砂岩帶，比起北方和南方的其他岩石更能抵抗惡劣天氣的風化作用。我人都還沒走下車，就能感覺到土壤中的酸性是如何改變我身邊所有動植物的生活。針葉樹稱霸此地，荊豆和石楠也活得很好。

停好車後，我往上山頂走去，接著開始探索這整塊區域。抬起雙腳在以避開最深積雪，杜鵑花迎接著我，它的樹葉指向地面，表示：「這裡好冷啊！」因為杜鵑葉因其在寒冷的天氣中蜷曲和下垂的習性聞名[78]，葉子會指向地面。

針葉樹之網

你見到一片大大張開的針葉時，可以看看裡面藏著些什麼。針葉樹的葉片就像一張網，會捕捉到很多有趣的東西。根據季節和最近的天氣，你可能會看見枯葉、羽毛、糞便、塵埃、昆蟲、蜘蛛絲、花粉等等。有許多次，我會因為一根躺在深綠色樹床上的羽毛，提醒了我要去尋找附近的鳥巢。

養成觀察這張網的習慣，其實是個頗為聰明的做法，因為你很快就會發現其他東西。你絕對會注意到每棵樹的樹形，是如何隨著地勢改變而變化的。例如，你就會發覺在樹林中低頭觀察紅豆杉的葉片，比起注意開闊地區的松樹更加容易。因為，如同我們所知，我們看見的樹形，會反映出它們所處的地景：松樹喜歡開闊又陽光普照的地方，低處沒幾根樹枝；而紅豆杉則是在陰影處蓬勃發展，因而擁有許多低樹枝。

10 樹皮線索

我有幸能在畫廊欣賞到幾幅梵谷名畫，但有一幅我從未近距離欣賞過，也非常想看的：《巨懸鈴木》（*The Large Plane Trees*）。這是幅令人目眩神迷的畫作，雖然並沒有特別強調樹木，但在我思考樹皮時，其中一部分對我來說特別有趣。

這其實不是一幅畫，而是兩幅。梵谷一開始是在一八八九年畫下這個場景，並稱為《巨懸鈴木》，但接著他又重畫了一幅，叫作《聖雷米的鋪路人》（*The Road Menders at St Rémy*），兩幅畫作的輪廓幾乎一模一樣。都是相同的樹木、人物和建築物出現在相同的地方，但是第二幅畫卻遠遠稱不上是複製畫，主要的差異便是在於使用的色彩。

梵谷身為使用鮮豔色彩的先驅著稱，而他在第二幅畫中，更是把顏色對比大幅調高。而且他也不是一視同仁地運用這個手法：人物幾乎失去了大部分的色彩，其中一名女性僅剩輪廓，手裡提著看起來像是籃子的東西，但樹木顏色卻變得更加鮮豔。第二個版本畫中的秋葉，呈現出明亮大膽的金黃色，不過我的雙眼卻覺得樹皮部分更為驚人：它格外突出。

懸鈴木擁有令人相當印象深刻的樹皮，有人曾將其形容為「軍事迷彩」[79]，另一個人則認為是「反向豹紋」[80]，這都是因為其不尋常的色彩圖案。梵谷可說在色彩方面異常敏銳，但就連他有時都忽略了懸鈴木樹皮所展示出的色彩。樹皮很難引起注意，但我們擁有一項其他人沒有的優勢，因為我們在尋找其中的意義，不同樹木的樹皮是永遠不會一模一樣的。

薄或厚、粗糙或滑順

棕色、灰色、橄欖綠、鐵鏽色、紅色、白色、銀色、黑色、滑順、紙質、粗糙、條紋、糾結、皺縮、螺旋、剝落、滲血的……樹皮擁有許多顏色及質地，究竟該從哪開始呢？就從一些最巨大的差異和最明顯的特徵開始吧。

想當然，不同樹種之間的對比，也會是歧異最大的。看看水青岡滑順的薄樹皮，然後再和成熟垂枝樺粗糙、扭曲的樹皮相比。這兩種樹木都擁有相同的目標，也就是把一些葉子舉起來以獲取陽光，那為什麼樹皮差異又會如此大呢？

這一切都要回到棲位特化（niche specialisation）上：水青岡預期自己會身處茂密的林地中，和其他數百棵同類站在一起，這是個擁有遮蔽且保護完善的世界。樺樹則必須準備好獨自生存，它們必須準備好迎向不只是惡劣的天氣，還有動物的挑戰。

那些演化成能夠適應陰影的樹木，會擁有較薄的樹皮；而先驅樹和其他單獨生長或三五成群的樹木，比如某些果樹，通常則會擁有較厚的樹皮。我從我的小屋就能看見一棵野生櫻桃木，我頗為欣賞它堅韌的樹皮，這棵樹就矗立在林地的邊緣，粗糙的樹皮便是能阻擋連年進犯的陽光、風雨、冰雹和雪的盔甲。

這裡還有一條重疊的線索：光滑的樹皮代表樹木生長得很緩慢，會慢慢花時間隨著樹幹愈變愈粗，填滿樹皮上的空隙。粗糙的樹皮則表示樹木長得很快，迅速突出了自己的皮膚。如前所述，只有耐陰樹種可以負擔得起慢慢生長，也就是那些龜兔賽跑中的烏龜，例如水青岡。

但要如何只靠觀察來判別樹皮的厚度呢？如果樹皮上有任何裂縫或重大損傷就會很容易。但也有另一個方法可以判別樹皮的厚度，只要觀察健康樹幹上的樹皮就行了。質地是個很好的指標，粗糙度是厚度的標誌；滑順的樹皮通常非常薄[81]，這不是完美的方法，但在大多數情況下都行得通。

如果你行走在開闊地區而非林地中，那你就更有可能看見粗糙的樹皮。在我家附近，我要不是身處林地，周圍圍繞著水青岡、千金榆和冬青的滑順樹皮，就是正經過粗糙質地的柳樹、楊樹、山楂、黑刺李、樺樹、落葉松和接骨木。但所有規則都有例外：紅豆杉就會在陰影中茂盛生長，其樹皮卻能讓一名焦慮的祖父的額頭看起來都堪稱光滑，這也許是因為，紅豆杉就是要計畫比鄰居還多活上個幾百年吧。

同樣的規則也能應用在針葉樹上，但這只是相對的，因為針葉樹皮通常都有點粗糙。松樹喜愛陽光，擁有非常粗糙的樹皮，而在樹林深處，你可能就可以找到樹皮沒那麼粗糙的雲杉了。

某些樹擁有很細的樹皮，是因為這使其可以獲取極少數抵達身邊的陽光[82]。如果你在薄樹皮的樹木上，尤其是年輕的樹木上，瞥見一抹綠色痕跡，那你看見的樹皮，就是很樂意貢獻一己之力，幫忙樹葉一把。這在年輕的白臘樹上頗為常見[83]。我喜歡把這個狀況，想成是演化對團隊合作的考驗。你知道那種兩個團隊彼此競爭要贏得某種獎勵的情況：內鬥的那隊會失敗；攜手合作的那隊最終則會獲勝。

我會想像幾百萬年前，兩種樹種彼此競爭，卻都在一片陰暗的環境競爭生存，於是兩種年輕樹木的樹葉，都找上樹皮表示：「兄弟啊，你可以幫我們一把，稍微進行一下光合作用嗎？只要撐個幾季就好了。一旦我們長高之後，你就可以回到你主要負責的工作，也就是保護樹幹和樹枝。」其中一種樹的樹皮基因回答：「這超過我的工作範圍。」然後這個樹種便滅絕了。另一種樹上的樹皮則表示：「沒問題，我們就先把盔甲脫掉個幾年來吸收一些陽光，並在惡劣的天氣和其他生物上賭一把。要是我們先餓死，那保護樹幹也沒意義。」這就是我們今天在陰暗地點仍然可以看見的樹種。

在光譜的另一端，某些樹種則是會長出非常厚的樹皮，以求在森林大火中自衛。這些樹木，比如西班牙栓皮櫟，已經演化成能夠了解，要在大自然最為猛烈的攻擊之一中存活下來，會需要更適合的保護。但這些例子傳達出的訊息都是相同的：更厚的樹皮代表樹木正在尋求更好的保護，無論對象是惡劣的天氣，陽光、風還是火災。

為職責衣裝

世界上共有數百種樹皮色澤及顏色，不過大部分通常都會偏向棕色，搭上幾抹灰色、綠色或黑色的微妙色彩。我們不需要把精力放在所有色澤上：只需要關注異常的顏色即可。假如樹皮擁有與眾不同的顏色或是打破了慣常的模式，那就很值得停下來詢問一個歷史學家可能會問的問題：「這種異常現象嘗試解決什麼問題呢？」

垂枝樺的樹皮是明亮的白色，反光性很好，且可以保護樹木受到太陽輻射的荼毒。這對於先驅樹所面臨的這個問題來說，是個良好的解決方案。

梵谷在他的第二版繪畫中也描繪了懸鈴木樹皮斑駁的馬賽克效果。懸鈴木樹皮有著大片大片脫落的習慣，這使其耐受汙染的能力比大部分樹種還強，這也解釋了為什麼我們在世界各地的城市中，都可以找到這種樹。從演化的角度看來，汙染是個相當晚近才出現的問題，或許懸鈴木其實是第一個在我們遠祖升起的火堆旁蓬勃生長的樹種。

紅色或紫色的樹皮，尤其是如果還閃閃發亮的，是新生的標誌[84]，而這也帶我們來到了時間問題上。

樹皮上的時間

去找一棵高大的老樹和一棵年輕的小樹，現在比較兩棵樹的樹皮，我們可以預期會有很大的差異。接著換成比較一下一棵樹上不同高度的樹皮，觀察你腳邊和頭部高度的樹皮，這些地方的差異其實比許多人可能猜想的還更大。

隨著樹木變老樹皮也會跟著改變。我們知道樹木最低的部分是最老的，且基部附近的樹皮看起來也更老。某些樹木的樹皮會優雅地變老：一棵百歲水青岡樹皮，和年紀是四分之一的同伴看起來差不多。不過大多數樹木的樹皮，都會誇大自己的特徵，如果年輕樹木的樹皮上有粗糙的斑點，那這些部分也會隨著時間愈來愈粗糙；而要是有裂縫，那也會裂得更深。

脫皮和換皮是許多動植物都會面臨的挑戰。你需要更換皮膚，但沒皮膚又不能活：身為生物，究竟該怎麼辦才好呢？你可以像蛇和人類一樣，定期脫去一層薄薄的外皮，反正知道你下面還有更多層皮，或是你可以一片一片部分脫落，許多樹木就是這麼做的。

樹木運用的其中一項技巧，便是即便內部已經成長擴張了，仍繼續保留一部分的外皮。於是這導致了我們看見的混合紋路。你在樹皮上看見交叉圖案時，會注意到這要不是由一連串凸起的菱形形狀，周遭圍繞著凹陷的谷地組成；就是較凹的菱形形狀之間夾著凸起的區域。

在這兩種情況中，較低的區域都是內層在較老的外層下方生長時，迫使兩層分離所形成的空隙。而，每種樹種也都會有自己獨特的標誌，伴隨新一層的樹皮出現。挪威雲杉的樹皮，看起來就像乾掉的泥巴；松樹看似又大又厚的板塊；千金榆則彷彿是從一件太小的夾克爆了出來。

所有樹木隨著年紀增長，都會脫去和替換樹皮，且在高度愈高處也會比低處脫去更多樹皮，這是個頗為普遍的情況。這又是為什麼許多樹的基部，特徵都會更加明顯的另一個原因。樹木全都擁有自己的小癖好，成熟的歐洲松，在頂部附近脫落的樹皮，便比底部還要多上許多，使得樹木的上半部，會露出一種橘色調。這在夏末可說最為戲劇化，樹木在一年的這個時節，會脫落更多樹皮，且太陽和盛夏時相比，在天空的位置也較低，這也會導致此現象加劇。

二球懸鈴木在南側也會落下更多板狀樹皮，使得這些樹木的南北兩側看來截然不同。我看過這景象數百次了，這可說是最為有趣的都市自然領航方法之一，不過我依然不確定背後的科學原理為何。

太陽是最有可能的原因，又或者樹木是想試圖運用內層樹皮進行光合作用，也可能是因為，日曬或由於結霜又解凍的循環在樹木南側更為劇烈，也搞不好是因為在樹木南側蓬勃生長的藻類和地衣，堵住了樹皮[85]，或者是以上所有因素加總。無論原因為何，這個現象都很值得觀察，因為現在你知道該怎麼運用城市樹木的樹皮當成羅盤，你會發現實在是很難抗拒這個方法。

大改變

每年夏天，林地地面都會星羅棋布點綴著綠色的小樹苗。我家附近的林子裡，最常見的是白臘樹，我可以同時用手腳碰觸到不同的樹苗，但我不會這麼做，因為這會證實我有點古怪。

從地面上冒出來的樹苗會是綠色且柔軟的，樹皮看起來和附近高大粗壯的老樹一點都不像。我們預期隨著時間經過，也會在樹皮上看見顯著改變，但大多數人都認為，這會是個漸進的過程。不過即便在樹木的一生中確實會逐漸改變，但在樹皮中也會出現一次重大改變。

樹木非常年輕時，會擁有一層柔軟的皮，稱為「表皮」（epidermis）。在某個特定時間點（因樹種而異），表皮會由更強韌也更厚的「周皮」（periderm）取代。周皮內層擁有活細胞，外層則是死細胞，有點像人類自己的皮膚。此外，許多樹種也都會以單寧酸、樹脂和樹膠填補周皮之間的空隙，提升周皮的防禦及保護能力。

我們很容易察覺樹皮上的這個重大改變。若用指甲刮去巨大老橡樹的樹皮外緣並不會傷害到樹，但對與我們身高相同的樹木，做出同樣的事，感覺會對它造成了傷害，而且也確實如此。樹木在這個初期階段特別脆弱，因為樹皮如此之薄，但也因為樹木是使用接近樹皮外緣的某一層構造來運輸重要養分。

如果動物或人類直接剝去了一整圈年輕的樹皮，那就會切斷這個重要的養分供給管道，進而殺死樹木在該高度以上的部分，這個過程便稱為「環狀剝皮」（ringbarking）或「環割」（girdling）。松鼠、鹿、河狸或金屬刀刃，都能輕易損害樹木表皮。

第二層樹皮，即周皮，生長在年輕樹皮的下方。周皮接著會取代表皮，而其取代的方式，便能解釋我們看見的諸多變異性，樹皮主要分為四種：薄狀、線條狀、塊狀、片狀。而大改變發生的方式，即可解釋每一種樹皮種類的特色，我們就先從最簡單的開始。

薄狀樹皮：包括許多種柑橘、冬青、桉樹在內，某些樹種都擁有能夠一路存活至成熟期的年輕樹皮，也就是表皮。這些樹木的樹皮又薄又脆弱。桉樹便以其容易剝落的樹皮聞名，不過檸檬和萊姆樹的樹皮就更緊緊地包裹著樹木，且這類樹木絕大多數看來都頗為光滑。在所有例子中，樹皮都顯而易見地薄，同時顏色也比其他大多數樹皮更淺。

線條狀樹皮：你可能曾注意到過，許多樹木在樹皮上都會擁有長長的縱向條紋，包括刺柏和「側柏」，例如美國側柏及北美側柏。這類樹木的周皮會形成完整的一圈，完整包覆住整棵樹。

塊狀樹皮：這個廣泛的分類涵蓋了許多質地粗糙，紋路有一定規律的樹皮。不過紋路永遠都不會是整齊一致的，包括松樹和橡樹。一般來說，樹皮會擁有稍微隆起的部分，不過在所有例子中，都比你的手掌還小。而在這類樹木上，周皮會形成彎曲的塊狀。

片狀樹皮：懸鈴木形成周皮的方式，和上述的塊狀樹皮相同，但上面的塊狀或板狀的樹皮非常大，因而創造出了一種獨特的效果，即所謂的「迷彩」外觀。

遲來的改變

說實在的，一旦你開始仔細探討個別的樹種如何進行上述這種變化的確切機制後，事情很快就會變得極度複雜又深具技術性，而我從來不覺得這對判讀樹皮能帶來多少幫助。其實只要了解我們看見的模式背後，存在一個簡單的理由，且如果我們願意，隨時都能去深入鑽研個別樹木的周皮故事，這樣就頗為令人安慰了。

大改變還有一個部分相當值得注意，那就是時機。大部分樹木等到十歲時，都已經完成這個變化了，不過那些例外狀況也十分有趣值得尋找[86]。

野生櫻桃木讓我和其他許多也注重野外知識的人都相當著迷。其樹皮已用於傳統療法好幾個世紀，據說能夠治療從咳嗽到痛風和關節炎等各種疾病。所有櫻桃木和梅樹的樹皮受傷時，都會滲出一種濃稠的樹膠，非常有嚼勁且富含營養。十八世紀的瑞典旅行家暨博物學家費德列克・哈賽基斯特（Fredrik Hasselqvist），便曾講述過一個有點可疑的故事，說有一百個人[87]僅靠吃櫻桃木的樹膠熬過了一場兩個月的圍城。

我們從樹皮就能一眼辨識出大多數的野生櫻桃木：它們擁有一種暗紅色、細長的水平條紋，稱為「皮孔」（lenticels），可以進行氣體交換。很多樹都有皮孔：在樹皮和果實上相當常見——你在蘋果上面看見的棕色小斑點就是皮孔——不過野生櫻桃木上的皮孔清楚又特別。

（這裡有一個自然領航技巧的小訣竅：將櫻桃木樹皮上的水平皮孔線條，想像成柵欄上的欄杆，把樹木好好圍在森林中，因為野生櫻桃木是生長在林地的邊緣。）

然而，即便這麼多年來都如此喜愛且熟悉這種樹，我每天都會看見的一棵野生櫻桃木，仍是擁有令我一頭霧水的樹皮，直到我終於發現了其祕密。這棵樹的樹皮上，某些部分擁有熟悉的皮孔條紋，但有很大一部分都沒有，且看起來也更為粗糙。

我本來以為它生病了，但我現在了解，會出現兩種質地混合，其實是周皮正在取代表皮的結果，但在這棵樹的一生中，這一過程所發生的時機，比起其他大多數樹種還要晚上許多，要不是發現了櫻桃木的這種習性，那我是永遠都不可能猜到。

有一群稍微奇特的樹種，都共享了表皮變成周皮的改變會較晚發生的這項特徵。其中包括櫻桃木、樺樹、冷杉、雲杉、梅樹、杏樹、油桃樹和扁桃樹，這些樹可能要在超過五十年或更長時間才會發生這一變化，而我們也得預期年輕的樹木和老樹上的樹皮，看來將會截然不同。

我那棵櫻桃木，有大片樹皮已經完成了重大改變，但也有一部分仍然保留著原先更薄的條紋狀表皮。在十年之內，周皮就會主導整棵樹，而樹木看起來也更加粗糙。

壓力地圖

你有沒有曾經把兩樣東西用膠水黏在一起，不久之後卻感覺到乾掉的膠水，在你移動手指時變得皺縮、撕裂和剝落呢？我覺得這種感覺讓人奇妙地滿足。不管什麼時候，只要有一層薄膜固定在另一個物體的上面，都能告訴你一個關於下方任何動靜的故事。

如果樹木在結構上有什麼不尋常的動靜或壓力，我們會在樹皮上找到它的痕跡，我們在〈消失的樹枝〉章節中提到過的克勞斯．馬泰克教授，便將樹皮形容為「樹木的壓力偵測漆」（stress-locating lacquer of the tree）[88]，它的裂縫和圖案，便揭露了樹木試圖因應更深層的壓力。

每當你看到一棵樹被推斜了垂直方向時，都很值得停下腳步好好研究一下樹皮。如果我們把頭部和肩膀向右傾斜，那麼我們軀幹右側的皮膚就會皺縮成一團，左側的皮膚則是會伸展拉長，樹木的情況也是一樣：如果樹幹是被強風吹彎，那麼逆風側的樹皮就會皺縮成一團；迎風側的則是會伸展拉長或直接撕裂。這將導致樹木上半部的樹皮出現更大的縫隙；下半部則是會出現隆起皺縮的外觀。這種效果在厚樹皮的樹木上最為明顯；而在薄樹皮的樹木，你則是更有可能會看見皺縮而非伸展拉長[89]。

樹木隨時都在調整以因應新的壓力，就算沒有發生什麼戲劇化的事件。只要稍加練習一下，我們就能開始看見樹皮的圖案是如何揭露每棵樹所承受的壓力。一個很適合觀察的地方，便是低處粗壯的樹枝和樹幹在「枝領」的交會連接之處。

回想一下，樹木對於樹枝的大小，其實毫無計畫可言。樹枝全都從又小又輕開始長起，且許多樹枝也在這個大小就脫落了。所以說，樹木其實並沒有預期需要支撐一個太粗壯的樹枝。假如有根樹枝存活到成熟期且長得又長又粗，那樹木可能難以應付這樣的重量，樹枝因而會往下垂，樹枝的角度也將會改變。

但在這之前，枝領處的樹皮就會透露出線索了。在較低側，樹皮上會出現皺縮；在較高側，則是會出現裂縫或空隙。同樣道理，樹皮愈厚效果就愈明顯。

如果你注意到樹木的連結處已經膨脹了起來，且在樹枝和樹幹交會處，還包圍著一圈異常巨大的「枝領」，可能就代表樹木正準備斷枝求生了[90]。一旦樹枝掉落，樹木也準備好要關上大門，以阻止任何病原體趁機偷溜進來。被風暴吹斷的粗大樹枝，和樹木刻意捨棄的粗大樹枝之間存在巨大的差異。枝領的腫脹便代表這是樹木的刻意之舉。

枝皮脊

你一開始尋找這類現象，就會注意到一條耐人尋味的線條，這條線將越過樹枝連結處的頂部。對於許多樹木來說這條線有點像是一道深色的傷疤，稱為「枝皮脊」（branch bark ridge）。在我看來，這看起來也像是個焊接縫，這是一個很好的比喻，因為此處便是擁有劇烈張力的地方，樹木正試圖將樹枝牢牢固定在樹幹上。

這條線只會出現在健康的樹木上，因為樹木必須形成一種特別的木材以連接樹枝和樹幹，並同時支撐它。但要是樹木已經撐不太住樹枝了，那枝皮脊就會變寬或出現裂縫。（如果我們花點時間回想一下〈消失的樹枝〉這一節，那你可能會記得所謂的「南側之眼」，即老樹枝脫落之處，在樹皮上留下的小小橢圓形圖案，眼睛通常還會擁有「眉毛」，也就是圖案上方的弧形深色線條，這些線條，其實便是枝皮脊的殘跡。）

假如你沒看到枝皮脊的線條，樹枝和樹幹看起來反倒像是根本就沒有好好結合，那你可能就是看見了「皮對皮」的連結處，正式名稱叫作「樹包皮」（bark inclusion），這是樹木結構上的嚴重弱點。看起來彷彿樹枝的樹皮和樹幹的樹皮正在彼此接觸卻沒有融為一體。而這種情況在接近垂直的樹枝上比起那些近乎水平分枝中更為常見。

如果你把拇指伸直，遠離食指，並觀察一下指頭之間的皮膚，你會清楚看到你的拇指是如何連接在手上的，一片皮膚便形成了連結處。不過現在，換成把你的兩手手掌疊在一起，擺出祈禱的姿勢，然後把兩根拇指的基部朝彼此壓，好讓最上方的指節緊靠在一起。

在這個情況下，其中一根拇指就是樹幹，另一根則是粗大的樹枝，我們的皮膚則是樹皮，你會看見兩者乍看之下暫時連在一起，但要是你仔細看連結處，你會發現那只是一個黑暗的窄縫，從兩根手指最上方的指節之間往下延伸，這就是所謂的「皮對皮」連結，而我們也能看出這有多脆弱：我們只要一鬆開壓力，兩根拇指就會各走各的陽關道了。

當樹木沒有察覺到樹枝正在生長，且變得愈來愈重，因而也沒有提供支撐的連接所需的接合木材，那就會形成皮對皮連結，但這個情況為什麼會發生呢？一個常見的原因便是「支撐作用」。

假如有根樹枝碰到了更高處的另一根樹枝——不管是同一棵樹或另一棵樹上的——那第二根樹枝就可以當成支撐，樹木之所以沒有察覺到自身的樹枝正在變大或變重，正是因為有另一棵樹在幫忙負重。樹木因此就不會長出支撐自身樹枝所需的木材，進而導致皮對皮連結。

不管出於什麼原因，如果第二根支撐的樹枝斷了，那連結處就不夠堅固，無法承受壓力，因此第一根樹枝也很有可能會斷裂，不過這不一定會馬上發生。就像所有建築結構上的弱點，本來都可以好好的一直存在，直到巨大壓力襲來的時刻，例如風暴，樹枝才會斷裂了。

這全都是和高度、大小和時間有關。如果只是一根手指粗細的樹枝靠在另一根樹枝上幾天，那並不會怎麼樣。這在我家附近的榛樹上就經常在發生。但要是小樹枝長成了大樹枝，而且在更高處還有另一根樹枝幫忙支撐，就有可能會出現問題，就算許多年來都沒引發什麼戲劇性事件，仍可說是顆未爆彈。

分叉問題

樹木最大的問題，通常是從小問題開始的。如果某根小樹枝的連結處出現了「皮對皮」的弱點，之後還長成了一根粗大的分枝，那我們就會面臨嚴重的問題了。樹木現在出現了嚴重的結構性弱點，而且已經沒辦法讓時間重來了。很可能會出現危險的斷裂，只是時間早晚的問題而已，而這在樹幹的分叉處是個很常見的問題。

如果樹木只有單一根健康的樹幹，那承受的壓力就很單純。但只要出現分叉，我們就會面臨重

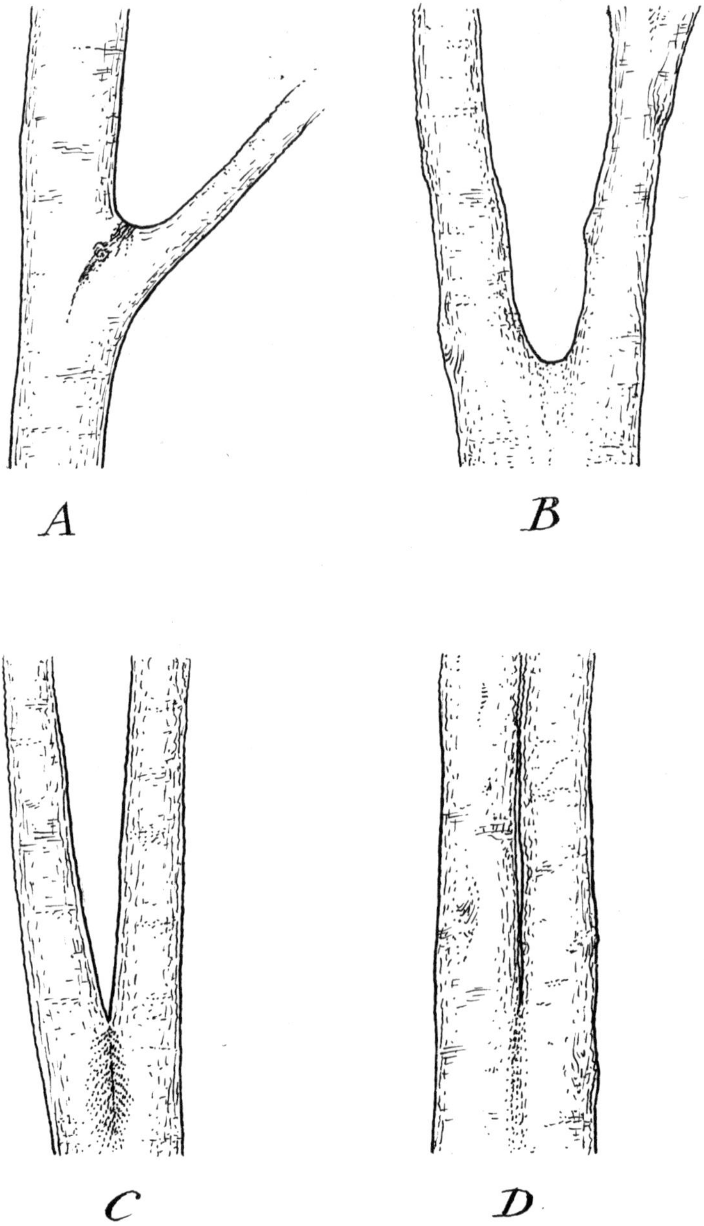

A：枝皮脊、B：穩固的 U 形、C：脆弱的 V 形及代表健康的小 V 字形、D：皮對皮連結

力問題：兩根樹根根本不可能都保持垂直。年輕的樹苗也許可以在幾年內一起筆直生長，但最終其中一根，或兩根一起，都會開始朝遠離彼此的方向生長。這樣的偏離會導致分叉的連結處承受巨大的壓力。

假如樹木能夠及早察覺壓力，就會形成連接木材，我們會看見分界線處出現一些隆起，也會形成一條枝皮脊。如果樹木要是沒有感知到壓力，那很有可能就會形成更為脆弱的皮對皮連結。

擁有皮對皮分叉的年輕樹木起初可能會沒事，但最終仍是會來到一個時刻，兩根樹幹都會長得非常巨大且開始遠離彼此。連結處的壓力就大到無法承受了，這是個潛在的致命情況，因為一半的大樹有可能會倒塌。這就是為什麼，在公園或其他公共區域中，專業人士永遠都不會坐視這樣的情況發展太久。

好消息是，讀樹人可以發現這些問題並預測潛在麻煩，且通常是在危險發生的數十年前。你可能會在接下來的日子中，就會經過一棵這樣的樹，也會有辦法預測出在未來的某個時間點，這棵樹身上將會發出可怕的聲音並遭遇重大災難。風暴來襲時，我總會想到某些我非常熟悉、最為不穩的分叉，而大約一年一次，在風暴過境後，我都會發現其中一棵轟隆倒塌了。

皮對皮連結是樹木分叉的大敵，但是判讀更穩固連結處的健康程度也是門藝術。若兩根樹幹之間的連結處，是呈現稍微有點弧度的U形，那就會比尖銳的V形還更穩固。我都這樣理解：如果你能夠對連結處使出空手道劈砍，且手掌可以剛好卡在裡面，那這個連結處會比你能將手掌朝下放在凹處之中的連結處更脆弱。

假如我們仔細觀察樹皮，我們會在更脆弱的V形連結處找到線索。分叉處的樹皮脊就像樹枝連結處同樣線條的誇張版。雖然原理是一樣的，但此處承受的壓力更大。而這在連結處的樹皮上，會行程特定的圖案，假如你沿著脊線看見許多小V字形標記，試著注意一下V形指向哪邊[91]。

小V字形就像是箭頭：如果箭頭是朝下，那連結就很脆弱；假如是朝上，那連結就稍微穩固一點。朝下的箭頭，代表樹木有一部分頗為脆弱：在某個時間點可能會折斷並掉落地面。要是箭頭是指向天空，那就可以稍微再撐久一點，我都這樣子記：「假如箭頭指向地面，那就是事物發展的方向。」

我們已經見識過，兩根樹枝在彼此接觸的地方，是如何能合而為一的。假如你在兩根粗樹枝之間，例如樹幹的分叉上方看見這個現象，那可以仔細觀察一下分叉處。你很可能會看見皮對皮連結或其他線索，顯示這棵樹並沒有長出穩固的連接，因而這是一棵未來也很有可能會倒塌的樹木。

我們其實可以從許多角度觀察一棵樹，但這點令人驚訝地很容易被忽略。你從可以讓你看穿空隙的制高點，觀察完分叉的連結處之後，可以移動到側面觀察，從一個你看不見兩根分叉的位置仔細觀察樹木的輪廓。樹幹在連結處是否出現隆起？很可能有，而隆起程度便能告訴你樹木正承受多少壓力。隆起的大小就是我們的判斷標準：隆起愈大壓力愈大。

如果我們彙整上述所有的樹皮線索，我們現在就擁有專家使用的許多工具，可以預測樹枝或樹幹連結處目前的健康狀況，及未來任何潛在的危險。

傷木

每當一棵樹木受到損傷，已經穿透樹皮的保護層時，就展開了一場競賽。樹木是否能盡快生長出一層保護層將在傷口封閉起來並隔離氧氣嗎？還是入侵者會跑進來，並對內部脆弱的組織大快朵頤一番呢？要是真菌或細菌占了上風，樹木便難以封好傷口，且我們也很常會看見傷口的顏色變化或滲出液體，這就是所謂的「潰瘍」（canker），泛指感染的情況。

每一樹種都有與其相關的真菌、病毒和細菌病原體，且許多都只針對特定樹種。和大多數病原體相比，囊孢菌（Cytospora）就沒那麼挑剔，也因此它特別活躍：它可以在柳樹、楊樹、松樹和雲杉上找到。我也常會在我家附近的林子裡看到，這是種白色的蠟質物質，會從雲杉的傷口流下來。潰瘍就像是人類受到感染的傷口會有個開口、感染、「流膿」，有時還會有濃厚的臭味，最終會形成傷疤，這個比喻雖然不太愉悅但很令人難忘。

如果樹木成功長出新一層組織蓋住傷口，新長出來的部分便稱為「傷木」（woundwood），會像又黏又稠的糖蜜，從傷口的邊緣慢慢蔓延長出。傷木和樹皮或下方的其他層組織不同，這就是為什麼受傷的樹木會擁有留下持續多年的疤痕。

我最近應邀飛往德州去，替一間航空消防公司提供訓練，公司很貼切地名叫「一航風順」（Dauntless Air），這支令人驚歎的飛行員和機組員團隊通過駕駛小飛機到湖上吸水，然後再飛回火場上方，將水灑在最熱的地方，以撲滅森林大火。

我和其中一名主要飛行員一起參加了一次訓練飛行，要在湖水中尋找跡象，並協助他解讀。這是一次我終生難忘的經驗。想像一下雲霄飛車結合急流泛舟遊樂設施吧，只不過沒有軌道，然後聲音是十倍大，而且還超級震動的，感覺眼球都快彈出來了。

我正是在這趟德州小旅行中，在高速公路中央發現了我們先前討論過的幽閉恐懼症樹根。此外，我也擠出時間去拜訪了沃斯堡植物園（Fort Worth Botanic Garden），並在那裡和專業園藝學家、僑居美國的英國同胞史蒂芬・海頓（Stephen Haydon）見面。

史蒂芬向我介紹了幾棵櫻桃木，樹木的一側擁有嚴重的垂直疤痕一路往下，但只出現在西南側，我可以清楚看見傷木從邊緣緩慢長出，這些樹很顯然受過嚴重傷害，而疤痕只出現在一側，也實在頗為吸引人，所有對特定方位有偏好的自然特徵，對於自然領航員來說，都像是貓薄荷一樣吸引人。我問史蒂芬傷疤是什麼原因造成的：

「這是日曬灼傷，我們只在櫻桃木的西南側看到這種情況。」

我聽到後開心地跳了起來。這是個我已經意識了數十年的現象。它的惡名昭彰之處，在於會出現在樹木的南側和西側之間，又稱「西南冬傷」（Southwest Winter Injury），我認為這可以當成一種罕見卻美妙的羅盤使用。不過經過多年尋找，我都找不太到明顯的案例，結果在這裡竟然找到了，就在德州的一座植物園裡。

寒冷早晨結霜反射的陽光，是幅美妙的景象，但是很難想像其中運作的力量。結冰解凍循環期間的熱漲冷縮，是真的可以把石頭弄碎，並可能對任何植物造成嚴重損傷。德州雖以其乾熱聞名，但也會經歷巨大的溫差。就連我三月短暫逗留的那一小段時間，一股溫暖的南風都曾一夕之間轉為北風，且日出和日落間，也下降了近乎二十度。

如果夜間氣溫低於冰點，而樹木又在太陽下迅速加熱，就可能會殺死外層樹皮正下方那層細緻脆弱的組織。下午的氣溫比早上溫暖很多，此時太陽則位於西南方，這就是為什麼傷口和疤痕都是出現在那一側。

樹木會在傷口處長出傷木，這就是我在植物園目睹的情況。而櫻桃木尤其容易受到日曬燒傷，因為它們擁有深色的樹皮會吸收陽光，而且正如之前所述，櫻桃木和其他大多數樹種相比，又會保留較薄的表皮更長時間。

（還有另一種樹皮傷痕很容易會跟日曬傷口混淆。樹木被砍伐時，有可能會和鄰近的樹相撞，並在過程中損傷到其他的樹，這就會在受到影響的那棵樹上，造成垂直的損傷痕跡，接著則會變成樹皮上的傷痕[92]。這個現象在林業活動持續進行的森林中相當常見，且也頗為值得尋找，訣竅在於，只要你注意到林業機具的蹤跡，已經在樹木間砍出了一片區域，那就趕快抬頭觀察樹皮。）

腫塊和隆起

一名半公眾人物的朋友，曾告訴我她使用一個的小技巧，來避免擔心自己的外貌。要是我們出門前盯著鏡子看，就會看見一些小瑕疵，並想像其他人也會注意到，但我的朋友學會去商店的櫥窗檢查自己的倒影而不是照家裡的鏡子：「那缺少細節的模糊一瞥，就是其他人所看見的樣子，會注意到我們的人少之又少！」

我們不需要擔心樹木的虛榮心，而當我們好好花時間仔細觀察樹皮時，我們也會看見不完美之處，世界上不存在完美的樹皮，如果真的十全十美，那看起來也會蠻怪的。我們時常在樹皮上看見腫塊和隆起，這看起來確實不太優雅。

如果你在樹幹上看見圓滑的隆起，看起來像是樹皮還覆蓋在上面，那你看到的就是所謂的「球狀隆起」（sphaeroblast）。這類隆起大小不一，從跟樹上結的梅子一樣小，到像車子那樣大的都有。我曾見過一個球狀隆起可能跟一台車一樣重。球狀隆起便是樹木這類向外生長的正式名稱，但也不要被專有名詞給騙了，還以為樹木科學家真的確切了解內部到底發生了什麼事。事實上，他們並不完全了解。

我們確實知道樹木在樹皮下方有芽，當荷爾蒙釋放出生長訊息後也能夠長出來。我們還知道，樹木也會長出木材來療傷，有時這個過程是按照計畫進行的，有時則不是。樹皮上的圓形腫塊，便代表計畫有點走偏了。好消息是這類隆起，就算是最巨大的，都不是代表樹木生了重病或是虛弱的跡象。它們跟樹瘤一樣，一般來說更像是一個外觀問題，而非嚴重的健康問題。

假如你看見一個粗糙的腫塊，表面看來頗為粗糙扭曲且和周遭的樹皮截然不同，那就是個樹瘤（burr），這是一種特別的球狀隆起。而如上所述，相關的科學研究還在發展中，但這些粗糙的腫塊，通常都只是受傷、病毒或真菌造成的結果，觸發了樹皮下的芽過度反應，進而導致樹木上長出了巨大粗糙的增生物。

辨識健康的樹皮比起診斷出樹皮確切的問題容易許多[93]，就連專家有時也會覺得診斷很棘手。這讓我想起了托爾斯泰在《安娜·卡列妮娜》（*Anna Karenina*）開頭的名句：「幸福的家庭家家相似；不幸的家庭各有不幸。」樹皮上可能寄生了數千種不同生物，包括苔蘚、地衣和其他各種附生植物，這些客人大多數對樹木都不會造成什麼危害，不過有些仍代表樹木遇上麻煩了。

在地面下，樹木可以和真菌形成夥伴關係，不過在土壤之上，所有樹木對於衝著自己來的病原體都頗為脆弱。通常，苔蘚和地衣對樹木沒什麼殺傷力，但是從樹皮迸出來或是會造成樹木流出液體的真菌就更為嚴重。

生長在樹根上方的真菌，有可能是屬於健康團隊合作的一部分，但從樹皮上長出來的真菌，就完全是另一回事了。沒有樹木會想要真菌以其樹幹維生，所以要是你在此處發現一些真菌，那就代表樹木正遭受攻擊或是已經死亡的跡象。我在樺樹上看見的多孔菌（Bracket fungi），無一例外都代表樹木身陷麻煩或已經死亡了。我們經常可以看見這些真菌從樹幹上生長出來，樹幹會長到離地六公尺左右就突然停止生長。還有另一個真菌大家族腐生菌（saprotrophs fungi），只會生長在腐爛的木材上，不會去打擾健康的樹。但不管是哪種，樹皮上如果生長出真菌，就絕對不是健康的跡象。

動物故事

你在兩個區域極有可能會看見樹皮呈條狀消失：樹幹基部附近以及樹枝和主樹幹交會的連結處附近。動物會以樹皮維生，尤其是年輕樹木的樹皮，而傷痕可能留存數十年。老鼠、田鼠、兔子和鹿全都會啃吃樹皮。松鼠則不只會啃樹皮當成食物，還會以此向競爭對手宣示這裡是自己的地盤。假如你在樹枝連結處附近看見剝落的樹皮，那兇手就很有可能會是松鼠：牠們會把樹枝當作支撐，緊緊抓住，一邊狂嗑連結處附近的樹皮。

鹿不會爬樹，所以牠們造成的破壞會是出現在樹基附近，不過通常會比我們預測的還要再高一點。我記得就曾在新森林國家公園（New Forest）的一棵橡樹上見過數百條短小的垂直線，一路往上延伸到頭部高度，這是飢餓的歐洲小鹿（fallow deer）的傑作，牠們會用後腳站立，然後把前腳靠在樹上，以獲得額外的高度。

如同我們在〈消失的樹枝〉章節中所討論的，假如你確實觀察到了外層樹皮脫落的現象，那就很值得仔細研究。你可以專心觀察下方露出來的內層樹皮，而你有時便會看見小小的「粉刺」，這些微小的凸起就是位於樹皮下方的萌蘖芽，就等樹木釋放出生長的化學訊息準備大顯身手。不幸的是，若上方的樹皮剝落，就代表萌蘖芽可能無法繼續存活下去了，話雖如此，有機會一睹還是很有趣。

彎曲和扭曲

你看見樹木彎曲或傾斜時，可以研究一下表面。苔蘚和地衣對於濕度非常敏感，而樹幹傾斜或彎曲時，濕度也會產生劇烈變化，樹幹上側在雨後可以長時間保持濕潤：濕氣對苔蘚來說提供了良好的生長環境，而在樹幹下側也會滋養出不同的地衣。

彎曲或傾斜和螺旋狀不同。某些樹幹像是被扭曲了，你也可能會在樹皮上看見螺旋狀的圖案，這背後有兩個主因：基因和環境。某些樹種，比如甜栗，就喜歡扭來扭去，我的一位好友的家門口就矗立著一棵高大的甜栗，光是看著它的螺旋狀樹皮，我就覺得頭暈目眩了。

假如樹木曝露在會造成扭曲的作用力之下，例如，要是林地邊緣的樹木有一側受到強風吹襲，或者是才剛失去了某棵鄰近的樹木，樹枝就有可能會使樹幹旋轉長，這個現象在光滑的樹皮上，最容易觀察到。

開路拓荒者

開路拓荒是個古老的活動，也是個擁有全新意義的詞彙。現今，如果形容說某個人是在開路拓荒者，那他們通常就會是在全新的領域中快速發展。這是個相當流行的比喻，不過稍微曲解了原意。要去「開拓一條路徑」，代表要去標記它，以便如果你需要追溯自己的足跡或協助其他人跟隨時，才能辨識得出來。

我和達雅人（Dayak）一起走過婆羅洲中部時，他們會沿途用長刀在樹上刻下記號。在許多國家，這會被視為破壞行為，但是對達雅人來說，這只是個明智的標記路線方式。在許多民間故事中，也可以看見類似的習慣出現，因為這畢竟很實用，它簡單、有用，大家都能遵照，當然也能跟隨。

假如你在樹上看見不自然的痕跡，像是樹皮上鮮明的線條和繽紛的斑點，顯然不是出自大自然的手筆，那你看見的就是刻意留下的線索，是現代的記號。

人類之所以會使用顏料或其他明亮的物質標記路徑，背後有兩個主因，其中一個便和我們剛討論過的古老習俗有相同根源，假如有賽跑、單車或其他競賽活動途經森林，主辦單位就時常會使用顏料在樹上標記路線。（現在已有種更為環保的技術愈來愈流行，還會讓人想起《糖果屋》的故事，在叉路處的泥土上，會用白麵粉畫出小箭頭，指引參賽者應該要轉彎的方向，這雖然是暫時的，但絕對比麵包屑還要好。）

在樹木上做記號還有另一個原因，不過這對樹木來說可不是什麼好消息。護林員便會用記號來和彼此溝通，每個記號都代表該怎麼處置該樹木，例如，資深護林員就會檢查自己負責管理的林地，尋找生病或情況危急的樹木，接著用螢光塗料在樹上做記號。這通常是死亡記號，接下來抵達的團隊便會把這些樹給砍掉，不過有時候，記號也沒那麼嚴重：一種顏色是代表要砍掉，另一種則是表示砍掉危險的樹枝即可。來享受破解密碼的樂趣吧！

最後，還有另一種值得尋找的樹皮圖案，是在掉落的樹枝或是倒塌的樹幹上。要是你看到樹枝或樹幹躺在地面上，就看看你能否發現動物經過的蹤跡吧。動物跨過樹枝或樹木時，腳都會把樹皮磨掉。而由於動物是習慣性生物，只要發生過一次，那就很有可能會發生上千次。

你也可以在林間的人類路徑上，練習尋找這個現象：可以注意還沒被清走的倒塌樹幹，是如何在人和狗踩過的地方，出現磨損的痕跡，這很快就會導致那部分的樹皮從樹幹上完全剝離。一旦你能在此處成功找到，那就也準備好可以在鹿徑和其他獸徑上尋找。森林中的動物就是樹皮上的開路拓荒者，而我們可以跟隨其後。

11 隱藏的季節

樹木冬天會光禿禿的；樹葉到春天才會迸出；夏天有種豐滿且果實纍纍的感覺；然後葉子在秋天又會落下。四季不斷循環，本章結束，沒這麼快啦！

我家人常會嚴厲指責我穿得像住在水溝裡一樣。因為在我所有的工作時間裡，我幾乎都會穿著如果我隨時想坐在或躺在泥濘的地面上，方便近距離觀察，永遠都不需要猶豫的衣物。即便我正在一間溫暖又乾燥的房間裡寫這段，我還是穿著骯髒的戶外服裝，因為我心中的那股渴望，遲早都會讓我出門走入林中。話雖如此，非常非常偶爾的時候，我還是得好好梳妝打扮一番。

大約五年前，我穿了件淡黃色的亞麻西裝，和我的版權經紀人及出版人，在出版社倫敦總部屋頂的超棒露台上坐下來一起享用午餐。我們在陽光中啜飲飲品，邊俯瞰下方遠處泰晤士河上來往的船隻。我們旁邊那桌攝取了大量咖啡因的年輕出版人，一邊討論著新書的出版計畫，一邊用沒拿杯子的手比劃著，有那麼危險的幾秒鐘，我感覺自己更像拜倫而不是個邋遢的流浪漢，但我抵抗住了俯身靠向欄杆並對著下方的路人高喊的誘惑：

無路的林中有愉悅，
孤獨的岸邊有狂喜，
無人侵擾處有陪伴，
深海邊，樂音嘯：
我對人類的愛並沒有減少，而對大自然的愛卻更多……

我們三個人見面是要交流近況，並討論我下一本書的一些想法。寒暄了十分鐘後，我把椅子往前挪，並拋出我的想法：「光禿禿、發芽、迸發、開花、結果、落下：樹木的六個季節。」我讓這句話懸在那。

我的出版人做了個鬼臉，彷彿我穿著戶外服裝現身一樣，「我不確定，一旦你開始打破傳統的四季，那不就可以一直無限切割一整年了嗎？何時才會停止啊？」當時我因為他的反應頗為驚訝，還有點小失望，但他說得也對，日本就有個傳統，認為一年還可以再分成「七十二候」。

我們開完會時心情都還不錯，卻沒有什麼確實的計畫，我還是蠻喜歡那個書名的，但我甚至更喜愛背後的概念。

那本書的想法，源於我對樹木中那些隱藏在四季觀念下的重大變化的興奮。但要是只用四季的角度去思考就容易被忽略。一旦我們用心觀察，那麼許多季節變化都會躍然而出，雖然不到七十二種那麼多，卻也夠多到可以讓四季這個概念顯得過於簡單了。觀察到這些改變的關鍵，便是將注意力放在傳統季節的邊緣，而我們會比別人一步發現春天的蹤跡。

春天的粉色和淡色

每年春天，我都在尋找某個特定的季節轉換時刻，今年是我記憶中最棒的一年，陽光普照，風也恰到好處，我沿著林間一條寬闊的路徑行走，這時粉紅色的小東西開始從上方如雨般落下，並由一陣穩定的微風托著。陽光從樹木間的縫隙灑落，照亮了隨風飄落的繽紛乾枯碎屑。

樹木會非常提早開始計畫。想在春天開始時就能精力充沛地開始生長，那就別無選擇，因為年初並沒有太多能量可供使用，那時溫度還很低，太陽的威力也遠遠不如夏天。解決方法便是儲存一部分去年的能量，並將其分裝成一小堆，為來年做好準備，而這些小堆的能量就是樹芽。

接近生長季末期時，落葉樹的芽就會在細枝上形成，以準備好在即將來臨的春天開始新的生長。這些芽中含有生長出新嫩枝、樹葉或花朵所需的一切，儲存的能量也使它能旺盛生長。可以把這想成是綜合了種子、電池和計畫的結合體。它們受到前一個夏天狀況的劇烈影響，這就是為什麼，開花或結果假如異常茂盛，既能告訴我們當前季節的情況，也能反映出前一季節的狀況。

落葉樹的芽會受到鱗片保護，且許多芽都是粉紅色或紅褐色。在有人注意到樹葉出現之前，芽就已經膨脹，並為樹木點綴上這兩種色彩了。從一月開始的每一週，你可以觀察一下你在光禿禿的樹上看見的顏色，這將使你看見樹上閃現的粉色、紅色，而樹葉現在都還沒登場呢。

近看細枝，你就會看到個別的芽，每個樹種的樹芽形式及顏色都是獨樹一格的，因而也能以此來協助辨識樹木。有些樹種芽的顏色也會比其他物種還紅。我家附近的水青岡就會展現出鮮明的粉色，附近也有許多樹會如此。每年初春，在對話主題轉到樹木長出樹葉之前，樹上都會降下一場乾雨。當樹葉從芽上迸出時，混合著粉色、紅色和棕色的鱗片，將隨著陽光散落地上。

不久之後，樹上就會有葉子了，但還有幾種春天的色彩，雖然容易被忽略，但也值得尋找。一些最早長出來的葉子，也會擁有粉色或紅色色澤。這種顏色是由一種叫作花青素的色素造成，它可以協助保護嫩葉不受過量陽光直射的危害[94]。粉紅到紅色的色調最常見於樹木和其他植物（如懸鉤子）的南側葉子上，這些地方會暴露在陽光之下。我喜歡把這想成是植物在幫孩子擦防曬油。

大多數樹葉都不是粉紅色的，而是綠色的，這是當然，但就算是在此處，也還是有些小小的驚喜。最早長出來的樹葉顏色，比起我們稍後會在仲夏到夏末時遇見的樹葉顏色來得淺。落葉樹的樹葉通常會從淡色開始，並隨著季節遞嬗變深，特別是在樹葉正面。大多數人都會忽略這一點，因為他們只關注秋天接近時樹葉如何變成棕色。這就是為什麼我很喜歡試著在腦中為八月底的深綠色樹葉拍下照片。（這在相片上也很容易辨識，不過就沒這麼令人心滿意足了。）

有關樹葉為什麼在初春時顏色會特別淡，我聽說過好幾個理由，但其中最有說服力的是這段時間的樹葉特別脆弱，而樹木不願失去太多葉綠素，拱手讓給貪婪的動物[95]。樹葉之所以缺乏色彩，是因為樹木不會完全將資源投注在上面，要一直到葉子更為成熟，且受到更好的保護時才會這麼做。

隨著冬天的影響力減弱時，可以多留心一下「粉和淡」；接著，等到夏天巔峰期過去，則是可以注意葉色變深，這樣很快你就能看見隱藏在四季之間的季節了。

落葉或常綠？

從一個良好的觀察點來看，很容易便能看見針葉樹是如何在某些區域稱霸；闊葉樹又是在其他地區稱霸。不過還有另一個分類值得注意：常綠樹和落葉樹。從上方看來，威斯康辛州的克蘭登（Crandon）[96]是好幾種稱霸樹種的家園，包括黑雲杉及落葉松。雲杉和落葉松都是針葉樹，不過落葉松比較特別，因為這是種落葉針葉樹：每年秋天針葉都會掉光，並在來年春天重新長回來。

每年秋天都會落葉，代表樹木拋棄大量水分及礦物質，就算落下的是棕色樹葉也是如此，樹葉落下前，樹木只能回收大約一半的礦物質而已。在克蘭登附近，土壤乾燥的地方是由常綠的雲杉打敗了更需要水分的落葉松，而落葉松則是在水分充足的區域獲勝。潮濕土壤通常也會更加豐饒，擁有更多樹木需要的養分。這便是一個棲位上的例子，背後代表的是一條更廣泛而簡單的通則：如果我們能看見落葉樹，無論是闊葉樹或針葉樹，那都代表土壤足夠豐饒。

有一種頗為流行的簡化說法，認為常綠樹一整年都會留著葉子；落葉樹則是會在秋天落葉，並在春天長出新葉替代。但常綠樹和落葉樹雖是好用的標籤，但最好還是將其視為兩個容納了五花八門習性的大箱子。其實兩者都是過度簡化的概念，因為遮蓋了許多有趣的個別行為。

我們就先從常綠樹開始討論起。就算是常綠樹也沒有太多樹葉可以撐超過五年左右，因為樹葉中的細胞在這個時間點附近就會開始喪失機能。不過常綠樹並不會等上五年才一次拋棄所有的針葉，每種常綠樹都擁有自己獨特的落葉與換葉方式，且這也反映出了你能找到這些樹木的地點。

脫衣式

如果我們走出涼爽的房間來到熾熱的大太陽下，那我們就很可能會改變穿著以因應這種溫度變化。我們會脫掉一層衣物並捲起袖子。而某些常綠樹也會做出類似的事：在壓力大的時期，比如乾旱時，會落下大量樹葉。

假如你住在乾燥地區，就會經常看見整根光禿禿的樹枝。你會認為這些樹枝已經死了，這是個很吸引人的想法，不過等潮濕的季節過後再回來一看，你就會發現樹枝上又長出了健康的新葉，袖子再次捲下來了。而樹木之所以能夠這麼做，是因為有些樹葉屬於落葉性，有些則是屬於常綠性的。

脫衣服的比喻還不錯，但並非十全十美：樹木其實是在因應缺水，而非高溫。這個習性的正式名稱，叫作「混合式落葉」（heteroptosis）[97]。如果我們接下來十年內，每用這個字一次，就在撲滿裡丟一塊錢，那我們還真的會連一截袖子都買不起。

冬季瘦身式

某些常綠樹會在冬天拋棄一部分葉子：它們在加厚葉子之前，會先讓樹葉變稀疏。冬青和美國千金榆就是這麼做。通常來說，冬季愈嚴苛，一些落葉樹就會拋棄更多葉子。如果這些樹種其中一種的生長範圍，跨越了多個氣候區，那我們就會發現，它們在嚴酷的冬季環境中幾乎沒有幾片葉子；但在氣候更溫和的區域，卻會較多的葉子。

這個現象在較大的距離範圍內會有不同的變化，不過多虧了微型氣候，讓我們在更小的規模上也能觀察到這個現象。位於嚴寒霜袋（frost pocket）地形的冬青叢葉片，可能會比視線範圍內更溫暖位置的另一叢冬青更稀疏。某些植物學家將這個習性稱為「暫時式落葉」（brevideciduous），我則是叫作冬季瘦身式。

⊙半常綠樹

一七六二年，在英國德文郡工作的園藝學家威廉・盧康（William Lucombe）[98]，發現一棵他從橡實開始種起的櫟樹行為非常奇怪：冬天時竟然沒有落葉。

有些樹木，主要生長在熱帶地區，稱為半常綠樹或半落葉樹。會在短時間內落葉，但幾乎在同時迅速長出樹葉，彷彿將秋天及冬天壓縮到了幾天之內。

盧康櫟是一種雜交種，和土耳其櫟關係非常近，且也存活到了今日，只不過數量非常少。除了這種奇怪的雜交種外，還有其他好幾種樹種，像是香豆樹[99]也擁有這種習性，但這並不是什麼我們隨便就可以看見的現象，所以我只是因為有趣才在此提起。

一七八五年，威廉・盧康在從原始的那棵母樹種出了子代之後就把樹砍掉了，因為他想要躺在用這種樹木製作的棺材裡。他把木板存放在床底下，準備用來做他最後安息的箱子。不過他活到一百〇二歲才過世，實在非常驚人，那些木材早已因為德文郡家中的潮濕空氣爛光了。

⊙冬季常綠樹

我們預期夏天時看見的落葉樹會擁有茂盛的樹冠，冬天時則是光禿禿的。如果冬天很嚴苛，而夏天對樹木較為友善，那這個情況就會成立。而這也是溫帶氣候區的狀況。但在世界上的某些地方，冬天反而比較友善，夏天則是較為嚴苛，而樹木也學會了讓樹頂上的情況將這種規律反轉過來。

在地中海型氣候區（這種氣候區遍及全世界，涵蓋部分的智利、南非和加州）夏天極乾又超熱，冬天則是較為溫和多雨。在這些區域，加州七葉樹（又稱加州馬栗）這類樹木，冬末到春天期間便會長滿葉子，接著在盛夏時落葉。這是微型氣候強大影響的另一個例子，在加州你愈接近海岸，夏天就愈溫和也愈潮濕，樹木也有愈有可能保留葉子度過整個夏天[100]。

小就是早

如果小樹演化成能夠在巨大樹冠的陰影下生長，那就完全可以說這棵樹肯定發展出了一種能在惡劣環境中生存的最佳方法。慢慢地穩定地生長可能會有所幫助。無論是夏季或冬季，森林的地面附近都不會有太多陽光，但一整年下來，光線絕對遠超一棵小樹所需。而一個簡單的解決方式，便是演化成常綠樹。

要是你在冬天行經落葉林，你很快就會發現有些較小的樹種依然沒有落葉。我就經常會看見冬青、紅豆杉、黃楊以及其他樹種，夏天時全都位於深邃的陰影中，但其他時間卻開開心心汲取較少的光線，且在初春和秋末會長得特別好。而如果你是走在常綠針葉樹下，也許是雲杉或冷杉，那你就不會看見半棵這類小型常綠樹，這表明了這些樹於冬天、春天和秋天時，在落葉樹下方所獲得的光線有多麼重要。

當你在冬末尋找粉色嫩芽時，請務必將視線放在低處。很多野花都深知時間不等人，不久後林地的地面層就不會剩下太多光線了。因此這些早開的花也得確保自己能比樹木先得到陽光。我家附近的林子裡，藍鈴花便打敗了水青岡的樹冠，開得極為茂盛，魔術般地淡紫色地毯，吸引各地遊客專程到此欣賞。

最小的那些樹木也會使用和野花相同的技巧，先於更高的樹冠樹長出樹葉。在我居住的地區，榛樹、接骨木和山楂，總是比水青岡、白臘樹和橡樹更早長出樹葉。

這個大小的規則甚至在同一樹種間也適用：年輕的樹木會先於親代幾週長出樹葉，而這也是我初春時最愛的景象之一。每一年都會有段為期兩週的時間，通常是在四月中，我可以走進我家附近的林子裡，並看見一大片美妙的色彩。

此時，頭上高處的主樹冠還沒有長出樹葉：如果我垂直往上看，就能輕易看見天空，還能觀察雲朵飄過樹枝的輪廓之間。而要是我低下頭水平望過林間，則會看見覆蓋著一大片健康的樹葉，最年輕的樹木已經搶先老樹一步展開樹葉，趁著還來得及之前捕捉一些早春的陽光線，因為這有可能會是這些樹木全年唯一一次所能獲取的豐盛陽光了。

你一旦親自觀察到這個現象之後，也會注意到有兩個威力強大的效果在此一同作用。較年輕樹木上最先長出來的樹葉顏色確實非常淡，當陽光從光禿禿的樹冠照射在這些樹葉上，會創造出一幅令人屏息的景象。頭部高度會出現一片閃閃發光的淡色樹葉組成的搖曳之海，上方的樹冠卻沒有半片葉子。所有人看見這幅景象，全都會深受觸動。但知道如何主動去尋找它，將能夠提高你遇見它的機會，而理解這個現象背後的原因，也會為這次體驗增添一層深度，真的是非常不可思議。

何時才是正確的時機？

在一個又冷又濕的一月下午，我待在家中點燃壁爐，泡了壺茶，窩在一張舒服的椅子上，閱讀一篇美國哲學學會（American Philosophical Society）一九六三年時發表的文章：《時間的香味——東方諸國使用火及線香量測時間之研究》（*THE SCENT OF TIME: A Study of the Use of Fire and Incense for Time Measurement in Oriental Countries*）[101]。

多虧詩人庾肩吾留下的作品，我們知道在六世紀的中國會使用線香來協助計時，而到了唐朝（西元六一八年至九〇七年），線香計時也變得更為精細，可以用來監測僧侶打坐了多久。

時間是領航中非常重要的部分，而在這些年間，我也樂於了解許多有趣的古代計時裝置，早在原子鐘或 iPhone 出現之前，就已經存在太陽鐘、水鐘和蠟燭鐘了。在我們家，每年十二會仍會點燃一支待降節（Advent）蠟燭，雖然我們常常會忘記幾天，然後必須趕緊補點上，但這時我們又會再次忘記，讓蠟燭燒到未來的日子裡。這總會引來一陣大笑，也讓我愈發尊敬那些在過去一千年間因為紀律不嚴而遭到處罰的人。此外，你家裡櫥櫃某處藏著一款使用沙漏來計時的棋盤遊戲，但這類遊戲可不是最令人放鬆的那種啊！

人類已學會運用許多方式來測量時間，包括計日及計年，且各有優缺點，比如說，水鐘在天氣寒冷時，就會走得比較慢。大自然中也有許多時鐘和日曆，全都運作得不錯，但也都擁有各自的小瑕疵。基本原則非常簡單：天文線索會比天氣還更可靠，不過植物必須對兩者都非常敏感。

我們可以相當篤定地指出冬至點的精確時間，但無法確定那天究竟看不看得到太陽。我們也無法預測樹木在哪一週會長出樹葉，甚至無法精確預測那棵樹能不能快過附近的樹。就算在過去五年內情況都是如此。這一切全都引出了一個問題：樹木是怎麼「確切」知道春天來臨的？

我們對於樹木量測時間的方式或許稱不上完美，但仍頗為了解。樹木主要使用兩種方式來判斷季節：衡量夜晚的長度以及溫度。隨著冬天變成春天，夜晚也會變短，而這是樹木的日曆中最為可靠的部分。但要是樹木只根據夜晚的長度來判斷，那春天的來臨就會更像時鐘一樣準時到來：我們也能預期樹葉每年都在同一天長出新葉。這樣的話可能會有點無聊，所以我很感激我們所看見的情況絕對不是這樣子。

溫度的因素更難掌控。夏天的確比冬天更溫暖，但每年春天都會有驚喜：四月的某一週，有可能會比二月某一週還冷，而且也經常會是這樣。

我們知道，提早長出樹葉會擁有優勢，尤其是對矮小的植物和樹木而言，但是其實這也存在風險：落葉樹在零下的溫度很難存活，只要有一晚霜凍就可能會致命[102]。目標因此很簡單：盡早長出樹葉，但盡量避開最後一波霜凍。每隔十年異常霜凍會反常地晚到：這將殺死許多植物和某些樹木，所以目標永遠不可能會是避開所有霜凍，因為唯一能達成的方式就是直接錯過整個春天。植物必須精打細算好好賭一把。可以說落葉樹其實是在進行風險管理。

夜晚的長度就像是巨大的鐘擺，讓樹木無論天氣條件如何，都能大致掌握一年中正確的時機，這就是為什麼，我們不會看見樹木在反常的一月熱浪中長出樹葉。相較之下，運用溫度來判斷時間，則更為棘手，樹木並沒有水晶球無法預測天氣。它們能夠做的就只有監測正在發生的情況，以及先前發生過的情況。

樹木擁有一個相當聰明的技巧：它們會算數，且每個樹種都會記錄過去的溫暖時數多寡。比如加拿大的糖楓，就需要一百四十個小時的溫暖時數才會宣布春天到來。而且這個溫度時鐘，也是四季無休：開花時機、落葉時機和冬眠時機，全都各自擁有觸發的條件。這些糖楓就必須計算到兩千小時的寒冷天氣，才會察覺到冬天可能已經過去了[103]。

許多樹種計算溫暖時間的方式都非常趣的。樹木對溫度及持續時間相當敏感，所以一段時間的高溫，會與溫和天氣持續稍長的時間，效果其實是一樣的，這種計算方式稱為「熱量總和」（thermal sum）或「溫度時數」（degree hours）。這可能很難想像，不過我們可以把樹木所需的總熱量，想成類似沙漏裡的沙，在所有沙都漏到底部之前，樹木是不會長出葉子的。這個現象可能會穩定發生在兩週的溫和天氣中，或是發生得更快，只要七天的溫暖天氣。（而在這個比喻中，熱浪來襲時沙漏中間的孔會開得更大。）

許多果樹在冬天也需要一段寒冷期，要是沒有這段時間，它們就無法開花結果，我總是覺得這樣很怪，彷彿這些樹木並不太信任長夜，必須要百分之百確定確實度過了冬天，才願意相信春天真的來了。如同溫暖的溫度，植物也會計算寒冷的日子，而一些樹木，例如糖楓，就比其他樹種還需要更多的時數。英國的冬天有時就只會剛好冷到足以說服需要大量寒冷期的水青岡[104]。而這會導致它們很晚才長出樹葉：溫和的冬天會使樹木在春天時猶豫不決，使其在氣候變遷面前極度脆弱。

在蘋果、杏桃、桃樹以及胡桃樹等樹種中，寒冷時鐘的影響力非常大：異常溫暖的冬天會使農民在隔年夏天面臨嚴重的損失。一九三一到一九三二年間，一個異常溫和的冬天後，美國東南部的所有桃子收成便毀於一旦[105]*[106]。

這乍看之下可能是個奇特的機制，但天氣也有可能非常古怪。樹木試圖辨識春天突破冬天的所有不同方式。我們可能會擁有三週很冷的天氣，然後遭到一陣熱浪突襲，或者可能是連續好幾週的溫和天氣。結合天文和天氣時鐘便是樹木試圖在不等待過久，以致於錯過所有美好光線的情況下，打敗霜凍的方式。假如你曾在四月時規畫過大型的戶外集會，你就能稍微同情一下樹木所面臨的挑戰了。

到了這個時候，我們可能會打開書桌的抽屜，並掏出上面寫著「演化助手」的勳章，然後表示：「先等一下，如果一直按照總是很可靠的天文時鐘，肯定更加容易。我們不如等到夜晚來到正確的長度，再稱為春天的開始。」

但你可以試試看。替一棵你很熟悉的落葉樹挑選生長樹葉的日子並且寫下來，這樣你就無法作弊。接著在來年好好觀察。你之後多半會發現，你在頭幾個春天，看起來也許很聰明，但後來出現了一段比較長時間的溫暖天氣，然後鄰近的樹木會比你預期的日期還早了兩週長出樹葉，然後搶走

＊各個樹種及亞種之間的溫度時鐘都不盡相同。對屬於高商業價值作物的植物來說，相關研究及科學發展可說極為詳盡。人為栽培的桃樹，例如五月花桃，除非芽苗在攝氏七點二度之下待了超過一千小時，否則就不會開花，而其他桃樹，像是沖繩桃，則只需一百小時就會開花了。

所有的優質光線。之後又過了幾年，結果突然之間，你挑選的日期，可能迫使你的樹木在遲來的嚴寒霜凍中突然發芽，遊戲結束。大自然能容忍許多事物，但很少受得了完全失去所有能量以及死亡，大自然真的很不喜歡死亡。

如果我們繼續這個小實驗，就可以開始為周遭的每個樹種挑出不同的春天降臨日期。但隨後我們也發覺，我們也必須為每棵個別的樹木，依其生長位置挑選不同的日期：霜袋地形裡的橡樹，春天降臨的日期就比靠近溫暖建築物的還晚。山丘上容易遭受乾旱影響的樹木，也會比溪邊的樹木需要更早的秋季落葉時間。等到我們幫周遭所有的樹木都挑選完之後，就可以往外走，幫整個郡的樹挑選日期，接著，何必停步於此呢？我們也可以幫全國的樹這麼做！

差不多到了這個時候，我們會覺得有點精疲力盡了。因為剛花了一分鐘思考一棵花旗杉的陰影，對另一棵年輕的樺樹會造成什麼影響，以及是否應該因此改變那棵樹迎接春天的日期。就是在此時，我們可能會覺得心懷感激，還好每棵樹都會自己處理好這件事，它們會根據自身確切生長位置的光線和溫度來評估。

這就是為什麼，我們會發現季節是隨著地區不同滾動式變化，例如，低緯度地區的春天會比高緯度地區還早來臨。以及為什麼在靠近溫暖建築物旁的橡樹，春天已經先降臨了。我們很幸運，可以把紀錄板放到一旁並讓樹木的時鐘自行運作，這些時鐘也許並不完美，但它們知道自己在做什麼。

每種樹種對太陽模式和溫度的重視程度都不一樣。小樹就更為依靠夜晚長度，因為地面附近的溫度會大幅波動，所以就算是身處陰影中，光線依然比溫度更加可靠[107]。和矮小的植物相比，樹木對夜晚長度也比較不敏感，不過比起大多數其他樹種，歐洲松和樺樹對夜晚長度更加敏感[108]。

每棵樹的獨特時機點，可以追溯到它們的特徵及弱點，桑葚便以突然結出一大堆深色多汁果實的習性聞名，彷彿披上了一件厚重的斗篷。我還記得母親跟桑葚之間又愛又恨的關係：它很好吃，但弄髒要清洗卻很麻煩。而如同大多數結有柔軟垂落果實的植物一樣，桑葚也無法抵抗霜凍，因而它也屬於要等到春天才會慢慢長出樹葉的眾多果樹之一。

而有關於橡樹和白臘樹間競爭的民間傳說，據說也能預測天氣：

假如橡樹早於白臘樹發芽，那就只會下點小雨；
要是白臘樹先於橡樹發芽，那就肯定有場大雨。[109]

這完全是胡說八道：世界上沒有植物能夠預測未來的天氣事件，它們只能反映出過往和當下的天氣。不過這之所以有趣還有其他原因：橡樹和白臘樹相較之下，都會比較晚迎接春天，因為兩者擁有相同的弱點[110]。在長出樹葉之前，兩種樹都會先長出新的維管束，而維管束尤其無法抵抗霜凍。

此外，橡樹和白臘樹有時會互相競爭的這個事實，也可說反映出溫度時鐘的存在。溫度每升高一度，橡樹就會提早八天長出樹葉；白臘樹則沒這麼熱情，只會提前四天而已。這就是為什麼在溫暖的春天，橡樹通常會贏得這場比賽，而較涼爽的春天贏家則是白臘樹。

在每個樹種內也會存在遺傳變異，即使同一個樹種的樹木，也並非完全相同，而這也會影響其對溫度及光照的反應[111]。如果我們俯瞰一片由同一樹種組成的森林，理論上所有樹木都會經歷一模一樣的環境，但我們在春天或秋天時，依然還是會看見森林間的顏色波動，而這也讓景色變得更美了。

秋天的怪癖

我們會看見人們逐漸變老，直到他們來到「生命的秋天」。到了這個時候，他們就會開始看起來不太一樣，比較「飽經風霜」一點，接著漸漸失去活力，最終死亡。而這很容易讓人認為落葉樹的葉子在秋天時會也變得更老、外表改變、失去活力及死去，也是個相當吸引人的想法。

然而，樹葉之所以變化及死亡，都是一個刻意且積極的過程所產生的結果，這個過程更接近安樂死而非自然老化的漫長過程。彼得・湯瑪斯（Peter Thomas）博士是基爾大學（Keele University）的植物生態學榮譽教授，這是個很棒的職銜，但沒有完全彰顯出他的樹木專家地位：在促進我們對樹木的認識上，地球上沒幾個人比他的貢獻更多。

我曾有幸和彼得在牛津郡（Oxfordshire）的某座森林裡一同觀察樹木。他提出了一個簡單又實用的實驗，顯示了許多人以為秋天時會發生的事和實際上發生的事之間的差異。而且這也是個我們全都能試試看的實驗。

夏天時，我們可以在地上找根從樹上折斷的樹枝，且依然還有綠葉。接下來幾週裡，我們可以觀察那些樹葉轉褐然後死去，這看起來就類似那棵樹上其他葉子在秋天時會發生的情況。不過不完全一樣，而我們也能感覺到其中的差異，如果我們抓住其中一片褐葉，並且試著從細枝上將其拔下，葉子會抗拒我們，且依然堅定待在原地不動。

樹木會先把珍貴的化學物質回收到樹枝上，並在「脫落」（abscission）的過程中隔離樹葉後才讓樹葉落下。這並不只是停止葉片的水分及養分供給，然後等葉子自然凋落，這個過程會切斷樹葉對樹木的依賴。而這就是為什麼樹葉會在秋天落下。

你在地面上嘗試過這個實驗之後，也會開始在那些已經提早死亡，卻還是連接在樹上的個別樹枝上，注意到相同的現象，這些樹枝可能是因風暴斷裂，而上頭的褐葉卻可以繼續撐上一段長到可疑的時間，它們常常冬天來臨仍然留在樹上，這時距離健康的樹葉在秋天落下已經過了很久。

假如我們花時間用心尋找某件事物，常常也會一併注意到其他東西。要是你在尋找褐葉會一直保留到冬天降臨的受傷樹枝，那麼不久之後，你也會發現某些小型落葉樹，以及更高樹木的低處樹枝，也都頗為叛逆，不僅會保留許多褐葉，還會留到冬天來臨後許久。

這和受傷一點關係也沒有：而是一個健康的過程帶來的結果，稱為「凋留」（marcescence）。這在橡樹、水青岡、千金榆和一些柳樹上頗為常見[112]，不過在較小也較年輕的樹上，或是更為成熟樹木最低處的樹枝上最為明顯。在我家附近的水青岡林子裡，我甚至在一月都會在頭部高度附近看見數百根樹枝還留有棕色葉子，但是上方的樹冠卻連一片葉子也沒有。

水青岡的凋留現象，使其成為受歡迎的籬笆樹種，因為它在一年大多數時間內都留著樹葉：春天到秋天是綠葉，接著維持到大約二月的褐葉，然後光禿禿一兩個月，之後重新展開整個循環。

這個習性很明顯擁有某些演化優勢，不過可能沒那麼一目了然就能看出來。其中一種觀點認為這些死去的棕葉對草食性動物來說很難吃而且令人厭惡，所以可以替年輕的樹木帶來一些保護，免受草食動物的侵擾。另一種觀點則是認為保留樹葉另一種觀念則是認為保留樹葉也是一種可以在正確的時機，也就是在春天生長季之前[113]，將其礦物質灑到樹根上的方式。而比起試圖一勞永逸解決這個小小的謎團之外，我還可以想到更糟糕的博士論文題目。

我們可能會預期秋天降臨的時機跟春天類似。但樹木在秋天的目標和風險也稍微不太一樣，因此它們判讀時鐘的方式也會改變。樹木在秋天時會更嚴格依賴太陽鐘，即夜晚的長度，這表示我們預測樹葉轉褐的日期會比預測樹葉開始長出來的日期還更加準確。

樹木此時較不強調溫度的轉變，部分是因為假如它在春天因霜凍失去樹葉，那還可能有第二次生長機會，但是秋天的時候就不會再有第二次機會了。如果樹木在秋天遭到霜凍出奇不意襲擊，就無法再從綠葉上回收所有珍貴的礦物質[114]而因此蒙受損失。

地面在秋天也會改變，土地有可能會變乾。而太早宣布秋天來臨的風險比太晚宣布還低，且壓力也可能稍微加速事態發展。我撰寫本段時，是二〇二二年七月的最後一天，而今年是歷史上最為乾燥也最為溫暖的七月之一，報紙便刊出了範圍更廣泛的全國性觀察：「因為破紀錄的高溫和缺水，樹木落葉和結果的速度比以往還快上幾週。」[115]

陽光直射會加速及促進許多自然過程，包括葉子顏色變化。這就是為什麼，秋天時樹木的南側看起來可能會和北側截然不同。在我們一起走過牛津郡那座小小的混合闊葉林時，彼得解釋了為何樹頂變色的速度常常會比下方還快。因為從根部將水分運往葉片的維管束內會產生摩擦力，而路途愈長摩擦力就愈大，所以要是地面特別乾，樹頂的樹葉就會開始掙扎，並比下方的樹葉更早變色及掉落。這些效應聯手一同造成了驚人的差異，樹冠南側頂部的樹葉會變成金色、紅色或棕色，且時間遠遠早於位於北側較低處的樹葉。

演化雖是個天才卻難以跟上都市化的步伐。在城市中，路燈旁邊的樹木可能會誤把人造燈光當成陽光[116]，使得位在燈光明亮街道上的樹木因而無法察覺秋天來臨，並把樹葉保留太久。樹木的每個部分，都在各自計算時間，這表示影響是因地制宜的。樹木一側的樹葉變色及掉落了，但在最靠近路燈的那一側仍然是維持綠色，而冬天的第一波結凍將會殺光這些綠葉。看來彷彿是路燈直接傷害了樹葉導致樹葉和樹枝受苦，但其實是霜凍殺死這些樹葉的。不過當然，始作俑者仍然是人造燈光，它搞亂了樹木的時鐘。

覆蓋在時鐘中

路燈對樹木造成的效果是因地制宜的，這個概念引發了我們去更深入探索另一個有趣又重要的概念，而我們將透過狗來進一步探討這個概念。

每天在家大約下午五點左右，我們都會餵寵物：兩隻狗及兩隻貓。我們會呼喊牠們的名字，宣布下午茶時間到囉，接著搖搖裝滿乾糧的塑膠容器。貓會無視這個舉動好幾分鐘，這就是貓會表現出來的樣子，這是種權力位階的展現。但狗狗會一臉迫切跑過來，常常繞過轉角時還因為貼得太近而差點撞上去。

牠們聽見了呼喊，並將其和自身的飢餓與當下的時間連結起來，大腦也會透過神經系統傳遞訊息到四肢，促使牠們瘋狂朝晚餐衝去。每種動物所做的決定都會釋放訊號，並協調身體的其他部分，將其整合成單一目標，也就是盡快趕到食物旁。我們是如此習慣看見及體驗到這種動物本能的中樞神經反應方式，因而使我們很難不去假設，其他所有生物也都是按照相同的方式對世界做出反應，但其實並非如此。

樹木上的每片葉子、每根樹枝、每朵花朵和每根樹根，都會感知到並對自身的小小世界做出反應，不存在所謂的中樞神經系統。實驗室裡的科學家，就很喜歡把同一株植物的兩個部分引導到截然不同的兩個世界中：一個擁有大量光線及友善的溫度，另一個則是又黑又寒冷。這可能會對智慧動物造成心理問題，因為大腦會試圖把兩個世界調和成一個。但對植物來說，只會造成兩側看來非常不同。

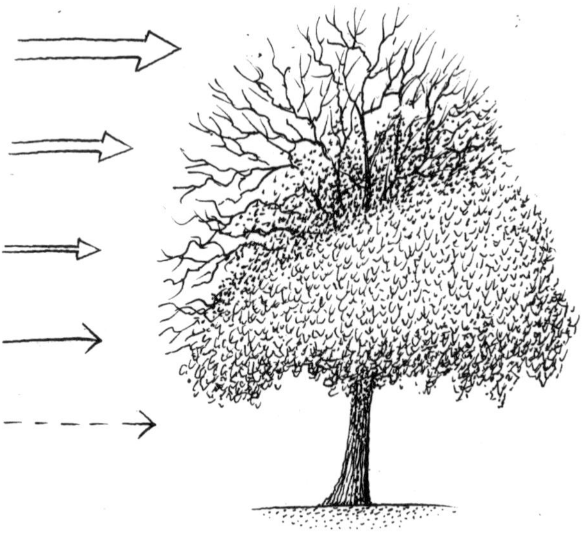

秋天的落葉模式

這樣因地制宜的反應，能夠協助樹木的每個部分在正確的時機迎接季節到來。頂部的芽便會和更靠近地面的芽體驗到不同的微型氣候；而位於樹枝末端的芽和更靠近樹幹的芽，也會感受到不同的溫度。但是樹木「知道」這點，而且芽也不是全都一模一樣的，它們會根據自身所處的位置做出不同的反應[117]。

例如，在桃樹上，頂部的芽就不需要像旁枝上的芽冷卻那麼久。這點非常重要，也能協助平衡狀況。要是所有的芽對溫度的反應全都一樣，那樹木就會活得很掙扎，因為溫度在極微小的範圍內就有非常大的變化。清朗的冬夜過後，地面附近就會出現一層更冷的空氣：假如樹木沒有把這點納入考量，冷卻效應將代表最低的樹枝可能會認為自身和頂部是處在不同的季節。

樹木會盡力而為，但還是不可能完美因應所有微型氣候造成的局部氣溫細微變化，這代表我們會在每棵樹上看見季節差異：樹芽、樹葉、花朵和果實，並不會完美同步同時出現，而是會一波一波在每棵樹上出現。比如，春天時，你會看見樹葉在某一側及特定高度先出現。

一旦你投注時間去觀察這些季節變化中的局部細微差異，你就有可能會發現最有趣的秋季趨勢之一：一些樹木是從內部開始變色，其他樹木則是從外部開始。那些會穩定長出樹葉並偏好空曠土地的樹，包括樺樹這類的先驅樹，樹木內部的樹葉便會率先變色[118]，再逐步往外擴展。而森林中的樹木，尤其是那些春天時樹葉會爆發式生長的樹，像是楓樹，一般來說則會由外部往內部變色。

秋風

去年秋天某個寒冷寧靜的早晨，我在散步時正好見證了我先前從未注意過的事件組合出現。地上有許多落葉，但樹上還有不少葉子，而三不五時一兩片棕葉就會在我面前飄落下來。接著我注意到，好幾片葉子同時掉落時其實代表某種意義：這一波落葉正好和我頭上的活動同步發生。

樹上的鴿子飛離跟松鼠跳躍都會給樹葉一個推力，並在牠們抵達地面的途中，連帶弄下一堆樹葉。不久之後，以及從此以後，我就學會了只要秋天時看到一堆樹葉掉下來，就抬頭觀察樹冠尋找鳥類和松鼠的蹤跡，這真是很讓人心滿意足。

每當有一次是動物使葉子掉落，則風讓葉子掉落的情況必定有千次之多。我們知道樹木會停止對樹葉的補給，並且將其隔離，進而切斷樹葉依附在樹木上的連結。但樹木並沒有直接捨棄樹葉，沒有強迫樹葉落下，而是任其自然掉落。這個過程的最後一個步驟，常常會是風把葉子從樹上吹落，初秋的強風可能會吹掉一片，之後的微風又會吹下另一片，而此處就是我們可以尋找模式的地方。

樹木遭到強風吹襲的那一側會先落葉。如果你看見一棵樹擁有很多褐葉，卻有一側是光禿禿的，那一側就很可能就是盛行風吹來的方向。樹木光禿的一側就像是羅盤的指針，指向大多數強風吹來的方向。

你一旦多注意到這個明顯的現象之後，就可以試著觀察看看情況是它是如何隨著高度愈高也愈顯而易見。風在最接近地面處最弱，並會隨著高度增強，而這在秋天時也會在樹上留下痕跡，你可以在樹木受到遮蔽保護的那一側尋找一下完全光禿禿的高處樹枝，以及幾乎沒掉幾片葉子的底部樹枝。

現在我們就準備好尋找局部的風所造成的影響。盛行風向會覆蓋整個區域，但碰到地面後，行為模式就會改變，並孕育出許多局部的風*，假如我們注意到樹葉是以特定模式從樹上落下，那背後就會存在很好的理由，只要一併思考盛行風向、任何近期出現的強風以及周遭的地形，就可以解開這個謎團。

去年秋天，我走在富勒姆（Fulham）的人行道上時，看見了三棵櫻桃木排成一排，兩棵還有葉子，但中間那棵已經落葉了，看來孤獨又光禿禿。我停下腳步研究了一下周遭之後，我發覺盛行風被引導穿過下一條街道，接著擠過兩棟房子之間的空隙，將中間那棵樹的葉子都吹落了。

害羞的花朵和炫耀的花朵

雖然少數幾種樹種會在長出葉子之前先開花，黑刺李便是以白色花朵綻放在光裸黑細枝上聞名。不過大多數落葉樹，都會遵循我先前提到的過程：光禿禿、發芽、樹葉迸發、開花、結果、落葉。樹葉長出來後，我們就能擦亮眼睛，好好觀察花朵，而為了要成功發現花朵，我們將更依賴遠古歷史而非樹木本身。

樹木上的花朵分為兩大類，而為了要理解我們看見的事物及背後的原因，回溯到遠古時代會有

* 我在《解讀身邊的天氣密碼》一書中，便曾提及這類地方風。

很大的幫助。針葉樹先於闊葉樹演化出來，它們的繁殖依賴風將花粉從一朵花傳播到另一朵花。隨著演化史發展，一些較勇於冒險的植物發現會飛的動物，主要是昆蟲，比風還更精準地將花粉傳播到其他花朵，這於是導致了我們看見的花朵之間所出現的巨大歧異。

想像一下你是棵仰賴風力授粉的樹，那你的花朵外觀並不重要，風不是生物，它不會做出選擇也不會表現出偏好。然而，要是你的計畫是借助昆蟲，比如蜜蜂，來幫助授粉，那麼你突然就得開始吸引那些會做出選擇的生物。於是你現在要和外頭其他所有借助動物授粉的花朵競爭，要是你的花不具吸引力，能讓蜜蜂聚集過來選擇帶走你的花粉，而不是其他競爭對手的，那你就會繁殖失敗，遊戲結束。

動物授粉比風力授粉更有效率，但你得確保自己的花朵能脫穎而出。這就像是你想像得到最為殘酷無情的園藝大賽：要是你沒拿金牌，你的家族就會滅亡。

多數針葉樹都是風力授粉；闊葉樹則是動物授粉，這就是為什麼，兩種樹木的花朵看來如此不同。但我們不需要辨識出樹種或是觀察葉子就能得知這點：我們只要注意花朵就好。

假如你在樹上看見充滿吸引力的花朵，擁有美麗的花瓣或吸睛的顏色，那你眼前就是依靠動物授粉的樹。而且你也不孤單，朝四周看看，你就會發現有些昆蟲也對它們感興趣。

相同的邏輯也可以應用在氣味上：風對味道沒興趣，但昆蟲有。所有會散發氣味的花朵，肯定是由昆蟲授粉，因為鳥類也不依賴嗅覺。擁有又寬又平的傘狀花序小花的植物，就像服務生用一手的指尖托著一個托盤那樣，雖然不是很漂亮，通常卻會吸引一大堆小蒼蠅。這些花用濃郁的氣味取代美觀，這些氣味模仿天然的氣味，像是糞便或是腐肉，對蒼蠅充滿吸引力，不過我們聞起來可能很臭就是了。山楂和接骨木便擁有傘狀花序，且氣味也比較好，而四周也時常會圍繞著黑壓壓的一片昆蟲。

依靠風力授粉的樹木雖然不會刻意隱藏自己的花朵，也不會刻意讓它們顯眼，因為根本不需要。風輕輕鬆鬆帶走針葉樹的花粉。數百萬粒花粉粒在我們身邊到處飛舞，也都不會有人注意到。偶爾你可能會發現針葉樹釋放出黃色厚雲狀的花粉，稱為「硫磺雨」（sulfur shower）[119]，但這實屬例外。大多數時候，根本很少人會注意到這些微小的針葉樹花朵，且只有可憐的花粉症患者會在微風中感受到針葉樹的花粉而已。

奇形怪狀

楓樹則是有趣的過渡例子，它們花朵長得很奇特，形狀非常有趣又華麗，但顏色卻並不顯眼。它們同時依賴風力和昆蟲授粉。而其不尋常的花朵，便標誌了由古老的風力授粉方式，過渡到全新的動物授粉時代。停下腳步看看楓樹的花，那你就是在看著一座跨越了數百萬年演化史的橋梁。

我們在花朵上看到的所有有趣形狀背後都存在理由，而我會用一句話來提醒自己這點：「**有鐘必有蜂**。」任何形狀是明顯鐘形的花朵，都是試圖提高下特定動物的造訪機率。這在較低矮的植物上非常常見：毛地黃便擁有長長的鐘形花，這些花朵演化成能夠吸引熊蜂。甚至在鐘形花朵的下緣，還擁有美妙的紋路，除了吸引蜜蜂外，還能當成降落區域。所有的花形跟動物行為之間，存在著複雜精細的關係，科學家在研究一種特別的野生糖芥（Erysimum mediohispanicum）的花朵時，就發現花朵的花瓣愈寬大，吸引到的蜜蜂體型愈小，反之亦然。

某些植物仰賴鳥類作為自己偏好的授粉者，這也會導致花朵出現獨特的形狀。像是吊鐘花在原生的南美地區，就會吸引一種特定的蜂鳥，牠們會使用長長的鳥喙取得位於管狀花朵末端的花蜜。吸引鳥類的花朵一般來說會是紅色的，其中一個流行的理論認為鳥類比蜜蜂還更能辨識紅色，不過背後的科學原理其實比這更精細也更複雜[120]。比起樹木，鳥類授粉在小型植物上更為普遍，話雖如此，刺桐仍會使用鮮豔的紅色及分量慷慨的花蜜引誘鳥類。

所有顏色都有意義，而其釋放出的訊號也可能在整個春天內改變，許多植物的花朵，便都不會固定只有一種顏色。歐洲七葉樹就擁有獨特的金字塔式花朵，在短暫的花期中釋放出不同訊號。花朵的蜜腺部分，一開始會是白色的，但在開花後會變成黃色，宣傳著自己已經準備好接受授粉了。授粉之後，顏色則是會變成鮮紅色，這樣蜜蜂就很難看見了，這是花朵在跟蜜蜂說：「麻煩請繼續向前飛，這裡的工作已經完成了，已經沒有花蜜可以供應給你了。」

去年五月，我花了半個小時在英格蘭亞芬河畔史特拉福公共花園的歐洲七葉樹附近散步，花朵的顏色存在明顯的趨勢，樹木某一側擁有更多已經授粉完畢的鮮紅色花朵，但我卻無法破解其中的原因。我至今仍繼續研究，即便無法解開這個謎團，我依然認為那是段善用的時間，但願人生中的每個半小時，都能這麼充實就好了。

醜陋才是流行

如果我們在樹上看見擁有美麗花瓣的花朵，那麼授粉的動物肯定就在附近。不過這些花朵，其實也指出了另一條地景線索。要吸引昆蟲取決於光線及一定的空曠程度，如果是在黑暗的密林中央，就算植物長出絕美的大花也沒有任何意義。風力授粉則不需要這麼大費周章：只要微風吹得到樹，它就會有用，不管環境多暗都行。擁有花瓣的花朵，在隔絕或是小群小群聚集的樹木身上更為普遍，例如果樹；而仰賴風力授粉的花朵則在森林中較為常見。

這代表我們可以運用一項粗略的經驗法則：花朵愈大愈美，代表土地愈開闊；而花朵愈小愈不顯眼，我們就愈有可能身在或是接近密林。美麗的花朵更受動物及人類的受歡迎，但稱霸大片區域的其實是仰賴風力授粉的花朵，尤其是在各個地區的特定海拔之上。

花之羅盤

植物身上任何跟光線有關的部分都能拿來當成羅盤使用。擁有花瓣的花朵便會反光讓昆蟲看見，這就是為什麼他們在樹木獲得較多光線的南側會更為普遍，這也是為什麼花朵會朝向陽光。如同我們先前觀察過的葉片，許多花朵也不是靜止不動的而是會旋轉，並一整天追蹤太陽的運行軌跡*。

*這年頭，很多智慧型手機的相機都擁有縮時功能，假如你設定好你的手機，並在草皮上拍幾朵雛菊一小時或更久，你就能清楚看見這個過程，在白天開始或即將結束之際，效果會最為明顯，此時花朵會張開或關起，同時追蹤著太陽的移動，或者你也可以點這個網址看我之前拍的：https://www.naturalnavigator.com/news/2020/04/daisies-opening-a-time-lapse/。

而當好幾棵樹密集生長在一起，這種效應會被加強，這在一些樹種上也相當常見，比如櫻桃木。位於最南端樹木的南側，會獲得大量光線；但同一棵樹的北側，則幾乎沒有任何光線：因為它位於南側陽光的另一側而且也遭到鄰居遮蔽。因而這棵樹的某一側會開滿花，相反的那一側則半朵花都沒有。

花朵建築師

是時候重回某個我們在〈消失的樹枝〉一節中，第一次遇見的線索了，只不過這一次，舞台中央站的會是花朵。我每天都會經過一棵小樹，雖然將其稱為樹也算是種讚美，因為它根本就和我差不多高，而且我每天都會經過也沒什麼好意外的，因為在我居住的白堊岩山丘上的步道邊，這種樹非常常見。線索就藏在樹名中——綿毛莢蒾（wayfaring tree，直譯為徒步旅人莢蒾）。

春天時，綿毛莢蒾會開出寬大好聞的傘狀白花；夏天時，則會結出扁平的紅色莓果，並隨著季節開展成熟變黑。而當它沒有開花也沒有結果，樹上全開滿樹葉時實在是很美。它的葉子是圓形的，形狀中存在某種秩序及一點規則。不過到了冬天，綿毛莢蒾看起來就像是地表上最為雜亂的灌木之一，細瘦的樹枝到處亂伸混亂宰制一切。這團大混亂背後有個原因，謎底就藏在年初白花的所在位置。

花朵對樹的外觀擁有極大影響。樹枝的兩項主要任務，便是長出樹葉獲取能量，接著開花結果繁衍後代，我們已經見識過葉芽是怎麼為我們提供樹形線索的了，對生的芽代表對生的樹枝，互生的芽則表示互生的樹枝。而另一個看似類似卻有些微差異的線索，也可以在花朵上找到，這很值得我們去注意一下，也就是花朵在樹枝上的位置。

每棵樹都必須在兩種策略中選一種：要不是在每根樹枝生長的末端開花，就是使用沿著整根樹枝生長的花芽開花。對樹木來說，將花朵放在樹枝末端是非常有吸引力的想法，因為此處將會是樹枝獲得最多陽光的地方，且對於會飛的昆蟲來說，此處也是最為曝露的。那麼，為什麼不是所有樹都選擇這麼做呢？因為在樹枝的極末端開花會帶來一個問題：對那根樹枝來說，開花就是終點了。開在末端的花，雖然不會殺死樹枝，卻代表無法再繼續從末端生長了：樹枝得改變方向，分叉往新方向生長。而每一次改變方向，都會為樹枝帶來一個新的結構弱點，而且也會限制樹木整體的大小，直到樹枝開始折斷了。

沿著樹枝側邊開花的樹木，會長得比較筆直；而在樹枝末端開花的樹，則是會呈現鋸齒狀。我們可以在開花過程開始與結束時，尋找這個現象：假如是在春天開花時，那我們就能看見在樹枝末端開花的樹木，包括木蘭、山茱萸及楓樹，到了冬天時，它們是怎樣呈現出凌亂又不整齊的外觀。或者，也可以像我都這樣子記：

末端開花的樹枝，
全都分叉、之字形、彎彎曲曲。

花朵屬於生殖器官，而生殖是種成熟的活動，最年輕的樹木不會繁殖所以也不會開花，這又是另一個原因，解釋了為什麼較年輕的樹木和較老的樹木相比，看起來會比較整齊。

果實和種子

所有授粉花朵的目的，都是要結出果實及種子。但這件事發生的方式各有不同。你可以預期最大的差異便在於闊葉樹及針葉樹之間。你可能相當熟悉許多闊葉樹的飽滿果實，像是在超市就能找到的蘋果、桃子、梨子、杏桃以及許多其他水果。還有一些你也許很熟悉，卻不會當成水果的果實，像是胡桃。說真的，樹木的果實和種子是如此種類繁多，所以想尋找廣泛的模式也稍微困難了一點，不過我就還蠻享受觀察以下這幾種模式。

毬果是針葉樹的果實，簡單到我們只要看一眼就知道眼前的是毬果，不過需要再多花點時間，才能欣賞它們各有不同的形狀及特徵。針葉樹會結出負責產生花粉的雄毬果，以及負責產生種子的雌毬果。話雖如此，我們提到毬果時，其實幾乎是指雌毬果，因為雄毬果通常會更小、更軟，顏色和形狀上也更不像毬果。在最後一章中，我會再更深入一點討論各種不同的毬果。

我們也很容易就能理解花朵是藉由反射光線吸引昆蟲，因此在樹木更少遮蔽，陽光也更充足的區域，尤其是南側，會開得更旺盛。但其實果實和種子也來自花朵，這點雖然也很明顯卻很容易忽略，而因為這個原因，我們在樹木更少遮蔽也更為明亮的區域，也會看見更多果實及種子。

我喜歡觀察紅山楂樹的紅色山楂果實如何覆蓋樹木的南側，在林地的南緣形成一條長而明亮的線。這些果實不僅用它們的顏色在南邊畫了一道寬廣的筆觸，每個果實也都指向接近南方。

一如往常，一門藝術之中蘊含著另一門藝術。一些果實和種子在南側會結得更多，但接著風就蓋上了它的印記。每年二月，榛樹的雄花都會以葇荑花序綻放垂掛，這時我便最愛去尋找所謂的「榛樹旗」。晚冬和早春時期風力強勁，柔荑花序被風往順風處吹動，然後懸掛在樹枝的另一側，與上次暴風的吹來方向相反。

豐年

一年四季遞嬗循環是我們最為熟悉的，但同時也有其他更長或更短的循環正在發生。許多會產生大型種子的樹種，包括水青岡、橡樹及榛樹，每年產生的種子數量也都不一樣。每隔幾年都會有個「豐年」，樹木會產生比前後的年分都還多上許多的大量種子。豐年的時機是受到天氣所影響，但之所以會發生其實是因為動物。

樹木就算沒有每年繁衍出後代依然能夠存活，但動物必須固定進食才行，而樹木也藉由演化學會了到該怎麼好好利用這點。要是橡樹每年都掉下相同數量的橡實，那麼以此維生的動物，比如野豬，就會吃光橡實變得肥胖並成功繁殖，直到豬隻的數量足夠吃光林地上的每一顆橡實，理論上是如此。

然而，要是橡樹採取更狡猾的策略，連續好幾年都沒掉下太多橡實，野豬就會挨餓，族群數量因此下降。這背後還分為兩種方式：有些動物會餓死，而在荒年，動物也不會生下太多後代。接著，隔年，砰，橡樹掉下超大量的橡實，而野豬根本不夠多無法吃完這麼大量的橡實，因而會有更多橡實存活，並成功長成幼苗展開一生。樹木的智慧真是簡單而巧妙。

六月落果

初夏到仲夏間，繞著一棵蘋果樹走走，你可能覺得這棵樹有麻煩了。因為樹冠下的地上會掉滿不少小果實，假如動物沒有先你一步搶走它們。

蘋果樹在果實完全長好或成熟前會落下不少剛結出的果實，這個自然的過程，稱為「六月落果」（June drop），而且會持續好幾週，並在開花後的幾個月達到巔峰，通常是在七月。許多其他樹種，像是柑橘和梅樹，也會出現類似的行為，而這並不需要擔心，我都把這當成「散彈槍」式的繁殖方式的一部分。

植物會長出遠超所需的花朵、果實和種子，因為並非每顆種子都能成功繁衍成為後代。未成長的果實不可能產生種子，而果實的數量永遠不會超過開花的數量。樹木在所有階段，都能自我修剪掉任何部分，只要它們已經生長出來。但樹木從來都無法倒轉時間，因此在每個階段，都長出遠超所需的數量，可說相當合理，反正之後再修剪掉就好了。

假如五月時樹上的每顆迷你蘋果都長成完整的水果，那樹木也無法餵養或支持這麼多果實，而且也不需要這麼多果實。所以，對樹來說，比起擁有一些健康且營養充足的果實，比起一堆營養不良的果實其實會更好，因此才會出現落果現象。

收穫節生長

拳王阿里（Muhammad Ali）曾在史上最著名的拳賽之中，對上喬治．福爾曼（George Foreman），渴望這場比賽的宣傳人員稱之為「叢林之戰」，有些人則宣稱這是「二十世紀最偉大的運動大事件」[121]。比賽在巨大雄偉的首都城市金夏沙（Kinshasa）開打，此地現今是民主剛果（Democratic Republic of Congo）的首都，當時這個國家則稱為薩伊（Zaïre）。金夏沙是一座城市，絕對不是叢林，不過和拉斯維加斯相比確實是更接近叢林，而對負責宣傳的人來說這樣就夠了。

阿里很顯然是不被看好的那方，後來卻贏得了這場拳賽，他採取了一種風險極高的創新策略，叫作「繩邊戰術」，他先退到擂台的繩索旁，讓福爾曼誤以為他在比賽中占盡上風，發起了一陣猛烈的重擊，阿里則盡全力防禦。這導致福爾曼精疲力盡，只能一臉驚訝地看著阿里在比賽後期重新反擊並擊敗了他。

每年春天，隨著柔嫩的新葉從芽中冒出時，毛毛蟲根其他動物也會像喬治．福爾曼一樣攻擊它們。樹木有可能在這波猛攻中失去所有葉片[122]。但它們依然會在繩邊等待，承受住這場迎頭痛擊，接著在春天稍晚時，長出另一波新芽和新葉重新回歸，稱為「收穫節生長」。（收穫節是個基督宗教的節日，慶祝第一批收成的果實，北半球傳統上，會落在八月一日。）

橡樹、水青岡、松樹、榆樹、赤楊、冷杉以及許多其他樹種，都會在春天過後，接近仲夏時，再長出第二波嫩芽和新葉，這時就是離開繩邊戰鬥奮力回擊的時候了。有趣的是，這些遲來的收穫節樹葉，和一開始在春天時長出來的那些樹葉擁有不同的外觀，橡樹的收穫節葉片更為細瘦，裂片也比較淺。

樹木生命十階段

每次我們觀察一棵樹，都會大略感覺出其年紀，我們知道樹木的大小會馬上提供線索，測量周長則是另一種比較慢且有系統的方法，不過除此之外還有許多其他線索。我們雖會看見卻不一定能辨識出來。

一九九五年，法國樹藝學家皮耶·藍博（Pierre Raimbault），便提出樹木擁有生命十階段[123]，而我們可以藉由注意特定的形態特徵，來判讀出樹木究竟是位於哪個階段。在最初的第一階段中，樹木很明顯非常小，不過關鍵在於不會有任何側枝。到了第二階段，樹木就有了樹枝。而等到第三階段，從這些樹枝上又會再長出次級的樹枝。

在第四階段，樹木會修剪掉遭到遮蔽，且缺乏效率的低處樹枝，第五和第六階段之間，則是會更加積極地修剪，而側枝也會更堅決地繼續生長，這將造成外觀的改變，樹冠會變得更寬闊，下方的空隙則更明顯，即遭到遮蔽的低處樹枝原先所在的地方。到了第七階段，樹幹在樹冠以下的部分，就會全都光禿禿的了。

在前七階段中，樹木會長得更高，但隨後樹冠就會開始萎縮，樹木的高度因而也會降低，即便樹幹仍持續加粗，也是如此。等到第八階段，樹木會停止在樹枝末端繼續生長，開始在接近樹幹的

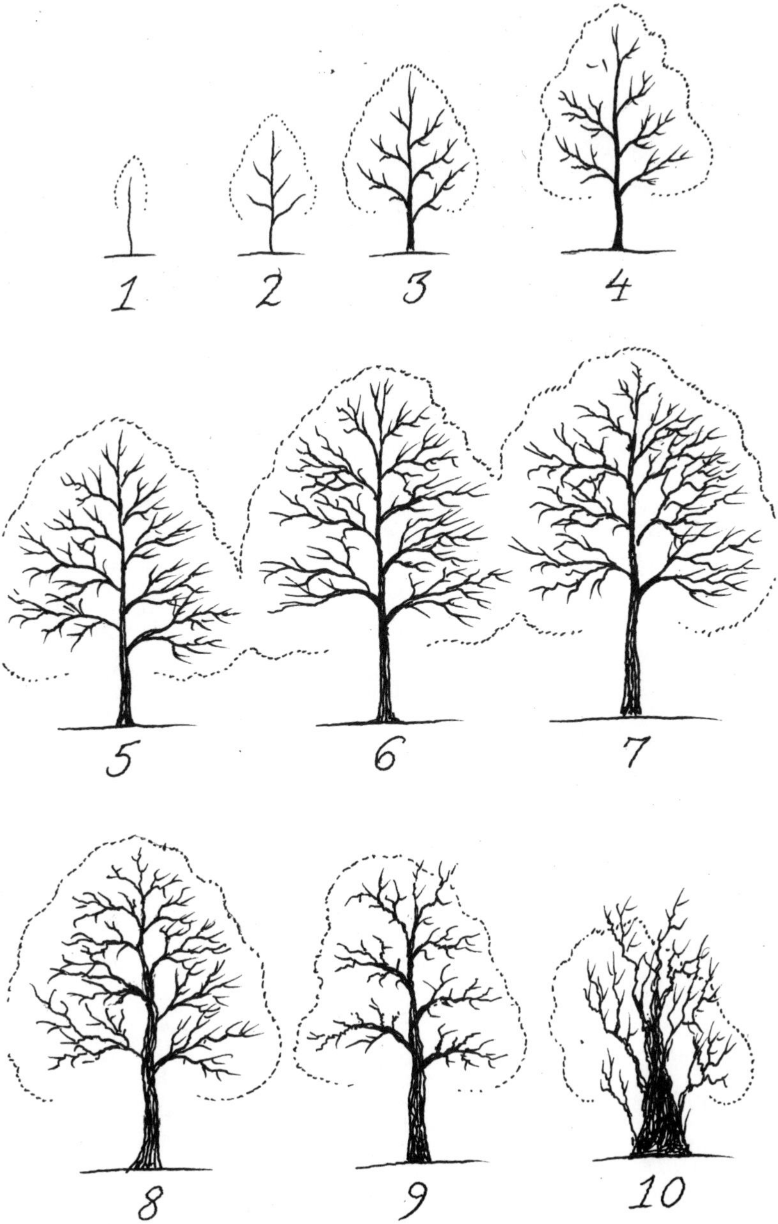

藍博的樹木生命十階段

部位重新生長，這會導致樹冠停止生長，然後在第九階段，就會開始慢慢退縮。

你可能還記得，樹木在樹幹的樹皮下方擁有萌櫱芽，在陰影中耐心等待著屬於自己的時機來臨。隨著老化的壓力，樹木末端不會再長出樹葉，現在光線因而會照射到樹幹，進而觸發了萌櫱芽的生長。這可能會花上好幾個世紀，但萌櫱芽終有重見天日的一天，還真的有陽光。而老化的壓力，也會改變樹木的荷爾蒙導致新的生長出現。

達到第十階段的樹木（不過很多樹都達不到這個階段）會開始往內塌縮。這時候樹還活著，但會開始萎縮，並依賴起那些位於樹幹較低處的新芽以求生存。

當然，上述只是藍博的區分，我們可以加入一些我們自己的階段或是忽視某些階段，而且樹木就像人類，要是一生過得很艱苦，老化的速度也會不一樣，生長在達特摩爾（Dartmoor）怪人森林（Wistman's Wood）貧瘠曝露的土地上的扭曲矮人樹就很難看出它們的真實年齡。

不過這依然是個很有趣的練習，可以觀察一棵樹，並試圖判讀出樹木現在究竟處在哪個階段，如同藍博會做的那樣。這就像在迷霧中試圖看見遠處的鐘樓時鐘：有時上面的數字會很明顯，有時候則是更難判讀。

而在樹木死亡時時鐘也不會停下來。我家附近一棵巨大水青岡的樹幹，大概在離地十公尺處折斷，然後樹就轟隆倒下了。這棵樹肯定藏著這個弱點好些年了。最有可能是樹皮上的某個空洞讓真菌進入，並緩慢吞噬掉莖部的能量。這棵樹大約在五年前倒塌，而驚人的是，位於地面上較巨大的部分，在倒塌隔年的整個春天及夏天仍是想辦法努力生長，樹木雖然沒有和樹根連接，樹幹、樹枝及樹芽中，卻還存有足夠的能量，可以讓葉子再長一季。

樹木日曆和林地時鐘

針葉樹每年都會多長一層樹枝，這代表我們可以藉由觀察樹枝的層數或說「螺紋」，來判斷其年齡，而這在較年輕的樹上最為容易（直到大約十歲左右），因為每年長出樹枝層間的間距更為明

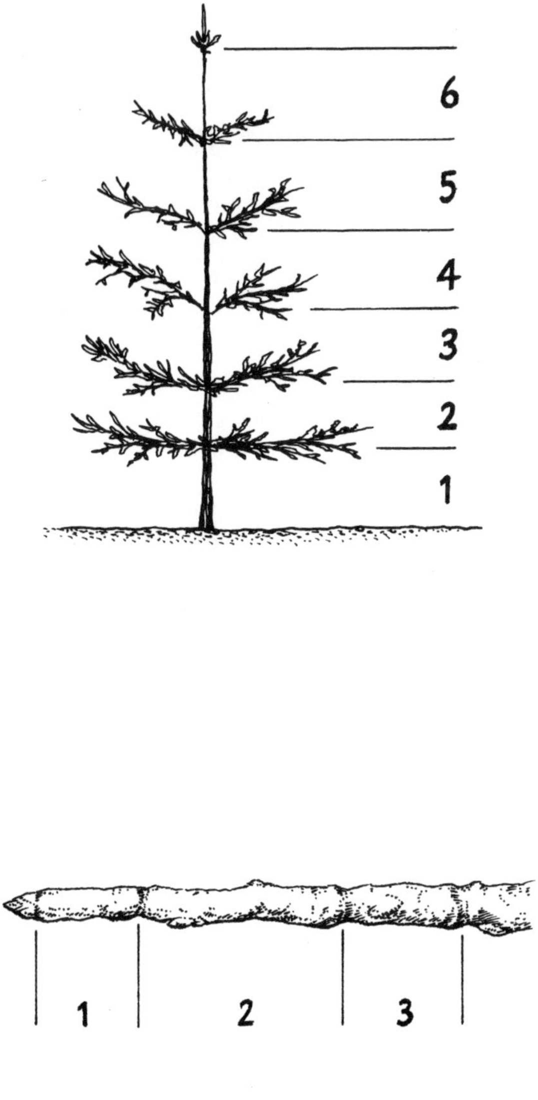

針葉樹的螺紋及頂芽的疤痕，會顯示樹木每年的生長情況

顯，在年輕的冷杉上，這個現象尤其明顯。不過隨著樹木成熟，樹枝也會變得更加擁擠也更難觀察，話雖如此，同樣的原則依然適用。

年輕的樹枝是是由「頂芽」引導從頂端生長，這個過程類似樹頂生長的方式，只不過是朝外生長。這種成長是季節性的，而其停停長長的特性會在細枝周圍形成疤痕。每個疤痕間的間距長度，便標誌了那年的生長，這會因樹木的年齡、當季跟先前季節的狀況而有所不同：年輕樹木在理想狀況下，也就是理想的溫度、光線及雨量皆達到良好平衡的年輕樹枝，會導致疤痕間的間距更長。

林地的年齡則是可以從小型的植物中讀出。某些植物殖民一個地區的速度極為緩慢，它們的存在便代表了該地點好幾個世紀以來一直都是林地，且通常也久到可以當成該地區存在時間的紀錄。這些特定棲位的植物，即稱為「古林地指標」（ancient woodland indicators，簡稱 AWI）。我剛好有幸住在許多古老森林附近，且也固定能看到扁桃葉大戟、假葉樹，以及其他許多古代時鐘的指針。

時間會改變林地。最早的幾十年是由最初的光照爭奪階段為標誌。這時每棵樹都自力更生，並盡可能試著獲取最多能夠使用的陽光，但這將導致樹木的數量超過負荷，而且問題隨著樹木成熟，也只會愈來愈嚴重，因為樹冠長高也向外擴展了，之後許多樹木就會掙扎失敗並死去。和年輕的林地相比，成熟森林的樹木數量及樹種都會更少，這便為什麼有人管理的林地，都會定期疏伐的其中一個原因。

我在撰寫本段時，就能聽見遠方重型機具隱隱約約的轟隆聲，正將木材運出森林。大家直覺上總會認為這個行為很可惡，是在破壞我們珍貴的林地，但實際上這對森林有益，會讓剩下的樹更加健康，也會提高生物多樣性。

生活在樹木周遭的生物身上，也存在非常有趣的循環現象。許多最為耐人尋味的動物生活，都是在樹木出生及死亡時最為活躍精采[124]。在森林早期，充足的光線帶來了更多小型植物、昆蟲及鳥類；而隨著林地變老，則會有許多腐爛的死樹倒塌在地，這會使昆蟲的數量來到最巔峰，同時也協助了非常多其他物種。

假如你冬天時行經闊葉樹林，就會注意到視野變得更開闊，但這有點諷刺：我們認為夏天才是光線最充足的季節，但在闊葉樹林的完整樹冠下，有可能會黑暗到令人覺得壓迫。而在冬天，雖然天空可能是有點陰鬱的灰，光線卻能從樹木間傾瀉而下，苔蘚、蕨類、地衣和地錢都很愛冬天的濕氣，且也會盡量運用這時的光線，假如溫度允許的話，它們會持續生長。在一段溫和的時期過後，你可能會發現一片蒼翠的森林地面，而樹幹或樹枝低處也會綠意盎然，彷彿在寒冬之中迷你春天降臨了一般。

12

失落的地圖與樹木的祕密

我在樹邊等你

我有個老習慣，這在人類身上很古老，在動物身上更古老。就是我喜歡藉由辨識地標來認識新的地景。地標指的是任何看得見的物體，無論是天然或人造的，能夠協助我們了解自己的位置。將樹木當成附近的地標已擁有悠久的歷史，所有昂然挺立的隔絕樹木，全都在地方傳說中占有一席之地，因為符合了所有良好的地標都應擁有的條件：獨特、可供辨識、長壽且明顯。

「亞伯蘭穿過那地，到了示劍的地方，摩利的橡樹那裡。當時，迦南人住在那地。」

——《創世紀》十二章六節[125]

大家不都曾約在某棵特定的樹旁過嗎？

地標樹不需要遺世獨立，但要是非常顯眼的話會更有幫助，我家附近的林子裡，就有一對令人印象深刻的水青岡樹：大約比鄰近的樹還老上一百歲，並且昂然挺立，無疑更為雄偉。在我們家中，這對樹獲得到了「精靈樹」的稱號，因為我們家兒子們年紀更小的時候，常常能在樹幹基部扭曲的樹根間找到藏著的硬幣，我老婆和我一直一臉嚴肅解釋說，這一定是精靈留下來的，甚至還撐得比聖誕老人的故事還久。而且精靈還有嚴格的規定：永遠都只會留下硬幣，從來不會留紙鈔。這個把戲持續了大概五年左右，直到孩子開始盯著我們的手瞧比盯著樹根久才停止。

大多數人都會注意到地景中明顯或戲劇化的事物，卻時常會忽略更細微的細節，在智慧型手機的時代，一些人甚至還會錯過一切呢，但這又是另一回事。你可以花個幾秒鐘想想以下的城市，並試著在腦海中描繪出它們的樣子：巴黎、倫敦、舊金山、阿格拉（Agra）、紐約。

相信有很高的機率，以下至少一個印象會進入你的腦海中：艾菲爾鐵塔、大笨鐘、金門大橋、泰姬瑪哈陵、時代廣場……我們愈不熟悉某座城市，就需要愈醒目的地標，反之亦然。而終其一生都住在同一座城市的人，則是會使用更可愛的地標：「跟我在粉紅塗鴉那邊碰頭。」

人們初來乍到某座城市時，通常都會參考一些非常醒目的地標，我這裡所謂的非常醒目，指的就是老套。在極端情況下，地標甚至會變得比城市本身還更知名。

同樣的道理也可以應用在大自然上。大家都會看見那棵雄偉的孤獨橡樹，但很少人會注意到早先經過那棵的多刺小樹，假如你走在我家附近的林子裡，那你也會注意到那對精靈樹，這兩棵樹很顯眼。但我在這片林子裡混了非常久，久到都可以輕鬆列出數十個樹木地標了。

我替許多樹木地標都取了名字，包括那些已經死去很久的樹，某根兩側都依然還有萌櫱芽迸出的樹樁我稱為「維京頭盔」；那根頭下腳上的水青岡樹樁，飽經風霜的樹根基部指向天空，叫作「王冠」；那些彎向南方天空的腐爛樹枝：「鬼爪」。我相信，大多數過路客依然對這些地標視而不見，因為我還曾親眼見證*。

你在自身最熟悉的地方。也會擁有自己的地標，但問題在於：當我們只是經過造訪時，究竟該怎麼開始注意到這些特徵呢？有個簡單的技巧頗為有用：想像你幾個小時後，就要在你現在所站的位置附近和某個人見面，你必須只能靠樹木當參照，來描述這個地點。更棒的另一招，真的約個人在那裡見面：這會替這個練習帶來更多挑戰，並讓這些樹木深深紮根在你們兩人的記憶中。

這在城市的公園中，是個相當有趣的練習，但當你在大森林裡遠離小徑進行同樣的任務時，就會感覺更具挑戰性，先前某些視而不見的特徵也開始凸顯出來。

欲望地圖

請預期會看見樹木。假如有人綁架了你，蒙上你的眼睛，然後把你丟到隨便哪個荒郊野外，當你重見天日時，預期會看見的第一樣東西就是樹。如果讓大自然無拘無束地自由發展，在大多數情況下都會長出樹木來，因為在所有情況下，樹木都能贏得殘酷的生存競爭遊戲，除了最為極端的環境之外[126]，大自然的座右銘：「除非另有指示……不然就是樹木。」

如果我們把這個邏輯顛倒過來，就能為我們帶來一條線索。要是我們看著一片地景，卻看不見半棵樹，就可以很有信心地認為，從人類欲望的角度看來，這塊土地上存在什麼不尋常之處。在大

* 這些地標的照片，可參見 https://www.naturalnavigator.com/news/2021/03/what-is-a-landmark/。

山山頂、海中或炎熱或寒冷的沙漠中都沒有樹木，人類沒有欲望住在這些地方，樹木也無法在此生存，但是在幾乎所有其他地景中，我們都應該要預期會看見樹木生長。

人類最為渴望的土地上也沒住著幾棵樹：樹木已遭到城市水泥叢林取代。但是就連在鄉村地區，從過去一萬年或更早之前起，我們也在剝奪樹木生存的土地，挪出空間建造家園，並進行農業活動。不過存活在農田的樹木，卻躲過了犁下亡魂的命運。因為農人會把生產力不佳，也就是太陡峭、太崎嶇或因其他理由無法耕作的土地留給樹木。我家附近就有一連串陡峭的山谷，可能是由上一次冰河時期的冰川融水鑿刻出來的，這些兩側陡峭的山谷，對馬拉的犁甚或是敏捷至極的現代拖拉機來說都是太大的負荷，因而兩側也林立著古老樹木。

只要一離開我家往南走上山，就會一頭栽進了水青岡林中，雖然有一些白臘樹和楓樹點綴在水青岡之間，尤其是在外緣附近，但我無疑正穿越一片由闊葉樹主宰的地景。幾小時後，從南唐丘（South Downs）的白堊岩山脊下山之後，我預期會看見改變，因為我知道山丘北側的岩石和土壤不同。

當我一看見闊葉樹消失並由針葉樹取代，就知道我已經抵達葛拉夫罕公有林（Graffham Common）了。腳下的土壤很顯然是沙質的，太乾也太嚴苛，不適合農業發展，因而這裡留給了灌木、針葉樹和共同牧民*，或者，如同作家約翰·路易斯－斯坦伯爾（John Lewis-Stempel）所述：「針葉樹

*葛拉夫罕公有林，名字本身就是個線索：英國所謂的公有土地，指的是整個社群，即共同牧民擁有歷史權利可以在這塊土地上放牧，且此地從過去至今都不是由私人或公司所擁有，而是所有人共享。這裡之所以是公有地，並不是多虧先前世代的善心，而是因為土壤是沙質的，養分太過貧瘠不利農耕，而每個世代對於自己不需要的資源總是慷慨分享。

標誌了貧瘠。」[127]

要是我們沒看見樹，那就是因為有很多人想要這塊土地，或根本沒人想要。

山谷是大禮

每次你走進一座山谷，都保證會有一些情況會發生。山谷會有高和低的部分，至少也會有兩道方向不同的斜坡，獲得的陽光、雨量和風勢也不同，養分會往下坡沖刷，使得愈下方的土壤愈豐饒。而樹木將會反映出這一切，沒有樹木能適應所有環境，它們必須特化才能做到。所以每個樹種都已經演化成會在特定棲地蓬勃發展，擁有各自的棲位，意思就是對於特定的事物會相當龜毛挑剔，尤其是光線、水分、風、溫度、養分、酸度以及人為擾動。許多樹種在上述某些變因適中的環境下，都過得頗為舒適，但每種樹都會對一種或更多種變因特別敏感，這便是其為何會在偏好的環境中，擁有優勢的原因。只要你發現自己眼前是片山谷，就敞開心胸接受，把這當成是閱讀樹木的大禮，並尋其中的變化吧！

樹木配對之祕

金利谷（Kingley Vale）是我家附近的一個自然保留區，以古老的紅豆杉林聞名。這些樹頗為雄偉、怪異甚至還有點嚇人。某個涼爽晴朗的十月早晨，我造訪了金利谷，並把手放在保留區最頂端附近的紀念石碑上，這是對一名有趣男子的小小致敬，金屬牌上的文字寫著：

在他一手創建的自然保留區中心，本石碑紀念的是亞瑟・喬治・譚斯利（Arthur George Tansley）爵士暨皇家學會院士，他在漫長的一生中，致力於推動拓展世人的知識、加深世人對自然的喜愛以及守護英倫三島的自然遺產。

譚斯利以超前他時代的環境保育工作為人稱頌，不過在另一個重要層面上他也是個英雄，且這也跟我們對樹木的認識密切相關。

二十世紀初，譚斯利從丹麥植物學家尤根・瓦爾明（Eugen Warming）的著作中獲得啟發，將生態學的某個分支推向國際舞台，一九一一年，他協助籌辦了第一屆國際植物地理學考察團（International Phytogeographic Excursion），其中「國際」和「考察」的部分足夠直截了當：就是一群來自歐洲和美國的科學家聚在一起，前往英倫三島的野外冒險，進行研究。但中間這個字，「植物地理學」，對我們來說才是關鍵，「Phyto-」這個前綴，意思是任何有關植物的研究，地理學就是個更為耳熟能詳的字啦，不過要定義起來，卻也沒那麼容易。

約莫十年前，我有幸能和時任的皇家地理學會（Royal Geographical Society）會長麗塔・加德納（Rita Gardner）博士談話，我在對話中坦承：「這說來有點尷尬，我是皇家地理學會的會員，但即使我試圖定義地理學，我也無法做到。請問到底什麼是地理學呢？」

我的問題相當真誠，希望也算禮貌，不過驅動問題的原因，是我有些不安，因為光是在我這一輩子就看見地理學變成一個如此浩瀚又龐雜的學科，就我個人不甚完美又老派的觀點而言，這個根植於研究自然過程，諸如冰河及火山的學科，已經開始涵蓋進都市計畫和收入分配表了。但麗塔·加德納的名字後面有四個頭銜的縮寫：CBE（大英帝國司令勳章）、FRGS（皇家地理學會會員）、FRSGS（皇家蘇格蘭地理學會會員）、FAcSS（皇家社會科學學院學人），並不是沒有原因，她怎麼可能不知道該怎麼應付我這樣的問題。

「地理學其核心是一門研究地區性變化的學問。」

所以，植物地理學，就是在研究植物如何隨著地區變化的學科，或說植物如何繪製出一張地圖。在我們尋找樹木意義的追尋過程中，譚斯利扮演要角，推動了植物科學一個引人入勝的分支大幅發展。而這個分支就藏在我們眼前，並揭露了我們所有人是如何能夠運用樹木繪製出地圖。

我覺得每個人都會察覺到，就算是在無意間，我們是怎麼會在某些植物附近看見特定植物。許多成人都記得也會傳承童年時學到的教訓：用大羊蹄揉蕁麻刺到的地方。而且，彷彿樂於助人般，蕁麻附近似乎永遠都會有大羊蹄，將這樣的安排視為大自然的善意，可說是個十分誘人的想法，但真相其實更為簡單：這兩種植物都偏好相同的棲地及棲位，也就是富含養分的擾動土壤。

所有植物都在試圖告訴我們關於周遭土地的一些訊息，只要看見一種植物，就為我們帶來了可能性，預示著我們可能會看見其他植物。但要是我們看見兩種植物在同一個區域都活得很好，那就會大幅改變這幅可能性的景象。要是我在我家附近看見蕁麻，那就有很高的機率也會找到粗莖早熟禾，因為這兩種植物喜歡類似的土壤，但假如我同時看見蕁麻和大羊蹄，那我乎肯定有大幅機率也會在附近找到粗莖早熟禾。而這和讀樹到底又有什麼關係呢？關係的非常大，請再稍等我一下。

本書剛開頭時，我們討論過可以如何運用單一樹種繪製出地圖。這是張非常有趣的地圖，但是頗為簡略。而等到我們能夠熟練運用柳樹找出河流，或使用針葉樹尋找貧瘠的土壤後，那我們就是準備好學習閱讀另一張更為精細的地圖了，使用的方法就是透過觀察樹木配對。

在世界上所有樹木生長的地方，我們都有可能藉由辨識樹木和另一種植物的配對關係，來得到一張極度精細的周遭地圖。但卻幾乎沒有人了解這個小技巧，這就是為什麼我將其稱為「樹木配對之祕」。不過世界上有這麼多種組合，所以試著在這裡列舉出來，根本就一點意義也沒有，況且，目標也不是要學會口訣，而是要去觀察你所在區域常見的配對及模式。讓我來教教你這是怎麼運作的，就用我在薩塞克斯健行時最喜歡的一些例子。

你可能已經注意到，我很常提到我家附近那片水青岡，我在穿越這片森林時，都試著仔細觀察哪些植物在這些樹木之間長得最茂盛：水青岡是和哪種植物配對的呢？通常是多年生山靛或是懸鉤子，而這兩種植物，講述的是截然不同的故事。

要是我看見地面上覆蓋著多年生山靛，就代表我正經過水青岡宰制的區域，它們樹蔭會遮住地面，殺光其他大多數樹木以及低矮的植物。我可能會看見零星的紅豆杉或一兩棵其他耐陰植物，不過植物多樣性會受到深邃的陰影大幅限制。在這片林地的邊緣，我則是會發現常春藤，而在人類干擾的地方，也可能會點綴著樺樹或白臘樹，但此處植物生態的多樣性依舊很低，這類森林的中心，在夏天時可能會有點壓迫，即使對鳥類和昆蟲來說也是，因此這裡非常安靜。

相較之下，我一看見水青岡間長著懸鉤子的那一刻，就知道眼前是新的配對。我走過的小世界已經改變，地面變得更明亮了，因為懸鉤子無法在深邃的陰影中存活。所以我所在的這個地方，要不是水青岡還太年輕，無法遮住太陽，就是靠近能讓陽光進入的道路或空地。而我在附近也會找到冬青、常春藤、蕨類以及更多苔蘚，多半也會有棵橡樹、楓樹或白臘樹，植物生態的多樣性激增，動物也會跟著進駐，在這個配對的情況下，在春分和秋分的黎明及黃昏，明亮側的鳥類和昆蟲都會更加忙碌及吵雜，可以說是喧鬧了。

不管你走經的土地是由哪種樹木宰制，都記得去尋找他們常見的配對：這會替你的地圖，添上許多色彩、景色及聲音。

樹木和時鐘

某個九月下午，我計畫到山丘間散步，接著到一個叫作哈那克（Halnaker）的村莊跟朋友碰面，而要在正確的時間徒步抵達一個距離好幾個小時外的地方可說是門藝術。這些年來，我學會了理性的方式並不適合我，大多數明智的人，都可以因為遵循一個簡單的公式而獲得原諒：先看看要走的距離，估計你的步行速度，再用距離除掉速度，並把見面的時間往回扣掉推算，然後就……啟程。但這個計畫之中有個小小的瑕疵，而這對我來說非常不能接受。

這個公式背後擁有特定的假設，而最為令人不安的，便是認為不會有任何繞路，不管是實質上或是心理上的。有個字就可以用來形容計畫周詳，卻沒有留出空閒時間以享受愉快的分心事物的步行：糟糕。身為這本書的讀者，我知道你很享受在森林間消磨時間的機會。但就讓我們花點時間，來替那些聽不懂我們在講什麼的可憐靈魂著想一下，這就是樹林裡的時間法則：「一小時可能就藏在樹木之間，卻永遠都找不到。」

幫計畫多估一點時間總是很合理，最糟糕的狀況就是我們發現自己已經到了目的地附近，卻還有一個小時要打發，但這是種多麼愉快的奢侈享受。

在我前往哈那克的路上，便發現自己處在這種奢侈的情境中。當時我正走下長滿針葉樹的山坡，陽光告訴我的手錶我提早到了。由於這個令人愉快的偶然情境出現，我離開了小徑，晃過了一塊私人地產標示，上面告訴我不該繼續前進。我忘記具體字眼了，但上面的語氣暗示我，要是我能走到一百碼外都不被射擊的話，那就算是我走運了。

我在山坡上來回徘徊，雙腳沉入柔軟的枯死針葉床中，接著越過堅硬的隆起和樹樁。在針葉林間，接近一天結束時，陽光有時會從樹葉間照射在地上，我決定來和日落玩玩。

我們往下坡看時，夕陽看似會較晚才落下；往上坡看時，則是會較早落下。因為我們往下看時，就像是將地平線降低：夕陽還要走得更遠才會碰到地平線，日落因而延遲。藉由在一連串起伏的小丘間上上下下，我不斷前後播放著這捲日落錄影帶，而選擇在松樹間而不是在雲杉間消磨時光，也讓這個遊戲容易許多：在修剪掉低處樹枝的松樹底下，可以看見日落的空隙也比較寬廣。

如果你在闊葉樹身上嘗試這個時間遊戲，你也會發現一個有趣的模式。在任何有鹿或其他大型哺乳類以活樹樹葉維生的地區，可以尋找所謂的「吃草線」。吃草的鹿就像挑剔的園丁，會創造出一條整齊的界線，標誌出樹冠的底部，沒鹿吃過的樹冠下線，則會是不均勻的起伏。而吃草線也會反映出地形的輪廓，因為動物在不同坡度上站著的高度都是相同的，所以斜坡上的樹木，葉子也會出現相同的起伏：一個地區的動物族群愈大，食物就會愈稀缺，吃草線也會愈整齊。

在孤立的樹木上，吃草線會相當明顯，在天空的背景襯托下，看來就像是修剪過，但我們在林地中，就有可能會忽略掉這一點。不過鹿和其他草食性動物，也會清除林地較低的植物，這可以提高能見度。在我家附近的林子裡，大塊的區域已經用圍籬圈起來，避免小樹成為動物的佳餚。當我經過這些圍著圍籬的區域時，會看見葉片長到更下方，矮小的植物也會冒出頭來，看來就像樹木和下方的灌木叢在奮力擠壓空間。換句話說，假如你能在闊葉林中自由行走，且視線也沒有阻礙能看得相當遠，那你就並不孤單。這一切都表示林中吃草動物的數

反映出地形輪廓的吃草線

量，會改變日出和日落的時間。

在我察覺之前我就回到行程上了，但已經失去任何抵達村莊的渴望了。可惜的是，讓我們能夠把太陽在空中移上移下的魔法，無法將我們的朋友變入森林中。我從下坡處啟程，滿腦子想著回家路上要怎麼在樹下與月亮玩耍。

時間之皇

樹木的年齡，對於我們看見的其他所有一切也擁有戲劇性的影響。

我曾經有幸與伊莎貝拉·崔里（Isabella Tree）一起度過了一個下午，探索位於西薩塞克斯的內普莊園（Knepp Estate）。伊莎貝拉是屢獲殊榮的作者，她與丈夫查爾斯·布瑞爾爵士（Sir Charles Burrell）共同創辦了英格蘭低地區第一個大規模再野化（Rewilding）計畫。他們的土地坐落在黏性極強的土地上，已經證明對農業來說是極度糟糕的地形，而由於缺乏選擇，兩人於是決定放手讓自然開始做些決定。我覺得事情並非如此發展，但我很喜歡想像他們對著風大喊：「植物啊，你們實在很不講道理。如果你們不出一點力量合作的話，我們就拒絕再幫忙復育了，你們只能靠自己了！」

這是個勇敢的抉擇，也許有點像是教導青少年說，就算拒絕承認房間很亂，房間也是不會自動整理乾淨（雖然在我們家的例子中，這個策略只持續到半空的麥片碗開始自己的再野化計畫為止）。

而曾經耕作過的田地無法帶來太多愉悅，現在變成生機勃勃，正自我再生的生態系統。這是片會考驗所有訪客感官的地景。如果你是那種喜歡草皮條紋完美整齊，且當秋天的落葉造成一團混亂，會覺得有點受不了的人，那最好別過頭去：你還沒準備好面對這它。不過，相較之下，要是你喜歡大自然的原始狀態，那就好好享受，你會愛上它的。

這片土地大部分都是開放的，並由茂密的有刺灌木叢、柳樹以及幾棵古老橡樹劃分成不同區域，每種植物都標誌了樹木時間中的一個時刻。俗話說：「棘刺為橡樹之母。」在懸鉤子和其他有刺植物之間，便有棵年輕的橡樹，樹皮最近才剛變硬。有刺灌木可以在年輕橡樹脆弱的成長初期帶來保護，使其免受動物的侵擾。而橡樹一度對國家利益來說是如此重要，甚至還要回過頭保護灌木。如同伊莎貝拉在她二〇一八年的重要著作《野化》（*Wilding*）中所解釋，一七六八年的某道法令，便規定摘除有刺灌木者，將面臨三個月的有期徒刑，還要吃一頓鞭子。

棘刺完成了自身的任務：我們在懸鉤子叢的邊緣可以看見被啃掉的嫩芽，但位在中央的年輕橡樹，已經存活得夠久，長到遠離危險的高度。不過懸鉤子並不會因此受到感謝：幾十年內，同一棵橡樹就會搶走陽光，使其能量耗竭，大自然可不是慈悲為懷的。

從那棵年輕的樹木走不到一分鐘，就有棵雄偉的老橡樹正接近其生命旅程的結局。我們站在這棵老樹的陰影中，我欣賞著其宏大卻古怪的外觀，有根主樹枝已完全倒塌，樹幹上的萌櫱芽也已長成頗大的枝幹了，這些是成功的B計畫樹枝。

在樹木上生活的生物，除了相當在乎宿主是什麼樹種之外，有許多也頗為挑剔樹木大小和年齡：「有些真菌會特化成適應特定寬度的樹枝，也只會在這種大小的枝幹上生長。」伊莎貝拉解釋，一邊指向古橡上的多孔菌。她繼續提到這是非常罕見的堅實木層孔菌（Phellinus robustus）*，只能依靠從一棵老橡樹換到下一棵老橡樹存活，在年輕橡樹組成的地景中它便無法生存，這個簡單的例子，便顯示了地產開發商竟以為砍了多少樹就種回多少樹就不會造成任何傷害，這種想法的謬誤之處。

黃花柳會吸引一種很難尋找卻備受喜愛的生物「紫閃蛺蝶」，其幼蟲會以這種樹木維生，也在此成長茁壯。而成蟲在柳樹旁也相當忙碌：「牠們會花很多時間在樹木間追逐雌蝶，因為雌蝶正在尋找完美的葉子產卵。而為了鞏固領土蝴蝶超級兇猛，甚至還會去追鳥兒，這真的是種非常特別的昆蟲。」

「什麼？」我回答，我的表情一定很精采，因為我的腦海正試圖理解蝴蝶猛攻鳥類的景象。這是種口味很怪異的蝴蝶，有時以樹液維生，但又會補充一些糞便和腐肉，有些故事就傳說對紫閃蛺蝶情有獨鍾的人，為了想近距離觀察蝴蝶，還會使用各種奇怪的方法來吸引蝴蝶從樹冠上飛下地面，我們開開心心分享了之前聽說過的例子：花生醬、蝦醬、嬰兒的尿布、腐魚、布利起司、狗屎……我們在覺得噁心想吐之前，就停止了這個話題。

紫閃蛺蝶會在空中飛舞以標誌領土，而牠們最喜歡這麼做的地方，便是在古老橡樹的樹冠頂端和順風處附近：「牠們會在樹冠附近追逐彼此，就像是歐洲小鹿的求偶地點。」

伊莎貝拉告訴我，這些蝴蝶需要柳樹，但柳樹則需要一片裸露的土地才能讓種子發芽。當種子

＊伊莎貝拉是從一位叫作泰德．格林（Ted Green）的人那裡認識到這種真菌知識，他是古樹界的傳奇。幾年前，我也有幸擔任泰德的幫手，我們在林地信託基金會的慈善活動中，帶人到溫莎大公園（Windsor Great Park）的古橡樹附近繞一繞。而就像真菌和樹木，大自然的狂熱信徒也生活在一個互相依存的生態系統中：我們經常也會發現彼此在相同的棲位成長及學習。

四月底從樹上落下時，要是掉在草地或灌木上就不太好：種子需要曝露的潮濕土壤才能展開新生命。而這就解釋了為什麼內普莊園裡會有豬的其中一個原因。豬隻會在地上翻來翻去搜尋，替柳樹種子翻開土地，就像古代的野豬在好幾個世紀以前所做的一樣。

樹木是時間之皇，在一個愉快的下午中，我便見證了年輕的有刺植物、年輕的橡樹、成長中的柳樹以及古老橡樹是如何形塑地景，並在最為稍縱即逝的蝴蝶拍翅之間，扮演好自己的角色。

鳥兒和樹之歌

我們的大腦總是處在稍為混亂的狀態，但是當我們慢下來深呼吸並好好觀察四周，我們就能找到如此非凡的多樣性和豐富的事物。我們竟然有辦法忽略這麼多事情，老實說也還蠻厲害的。

某個春末下午，花了幾個小時行經薩塞克斯的南唐丘後，我坐在白堊岩河岸邊，好好地喝了一陣子水。接著我仔細環顧了周遭的土地，我總是驚訝於坐下來觀察時，我們如何能看到不同甚至更好的景象。這似乎很不合邏輯，因為我們的視線範圍其實變得更小。在平坦的地景中，我們站立時能看到的視線範圍，可以比坐在地上遠上大約百分之五十，而要是我們能看見遠上百分之五十的範圍，那就代表我們實際上從四面八方看到土地面積超過兩倍大。

當我們舒服地坐著時，會開始看見先前從未注意過的東西。這跟物理學比較無關，跟心理學比較有關。我的理論是，我們腦中的多工負荷在坐下時降低了，我們不再向肌肉傳遞這麼多訊號，也從肌肉上接收較少的訊號，那些訊號都在說些煩人的事，比如「我累了，快把重量放到另一隻腳上。」

這也許就釋放了一些大腦空間，因此可以多多注意地景中的事物，在你經過的下棵樹時試看看吧！

先在走路的時候觀察它，然後在你坐下來的時候再仔細觀察看看，我跟你保證，你一定會看見之前沒看到過的東西。（各位專家學者，拜託撥個空寫信給我，告訴我這個簡單現象的複雜名稱，也許叫作「移動中隧道視野症候群」？）

我還蠻享受從我休息的位置在棘刺和尖刺間尋找鳥類的蹤跡，我注意到一隻知更鳥往上蹦跳了幾個樹層，接著開始在一棵年輕楓樹的樹頂上歌唱。我本來可能對此不作他想，但這令我很好奇：為什麼鳥兒要在樹頂上唱歌呢？如果是為了看東西需要使用眼睛那還算合理，可是唱歌不用，為什麼不在舒適又有遮蔽的灌木叢裡唱就好？因為鳥類的歌唱，就像所有聲響從愈高處傳出就能傳得愈遠，這就是為什麼教堂的鐘是位於鐘樓頂端，而要抵達高處唱歌或將沉重的鐘放在塔頂[128]，肯定要花費一些力氣，所以這肯定是值得的。

我們聽見的鳥類聲音，是和樹木的高度以及樹木在地景中形成的模式有關，鳥類具有領土意識，而牠們偏好的領土通常是混合式的，多數鳥類都喜歡避開寬闊開放的空間及幽深的密林。鳥類環境的完美三角形，包含一些樹木、一些在開闊處的覓食機會以及一處水源。

結合這兩個簡單的概念後，我們會發覺鳥類的歌唱及樹木共同構成了一張地圖，假如你行經開闊的土地，並注意到一片樹木，那麼聽見及看見鳥類的可能性也大幅提升，而從相反的觀點看來，同樣的道理也成立：開闊鄉間的鳥類聲音也代表可能會找到樹木。

要是你經過的是密林，那長時間都不會聽見鳥類的聲音，接著卻突然間注意到聲音變得更加響亮，這也代表你可能離林地邊緣愈來愈近了。

每次只要行經不同的地形，樹木的高度及密度都會影響我們聽見的聲音，且也值得認可其貢獻。停下腳步、閉上雙眼，盡情享受樹木之歌吧。

微縮地圖

樹木會藉由反映它們棲息的環境繪製一張巨大的地圖，但這並不是消極被動的：樹木會在土地上留下自己的印記。而透過了解每棵樹的習性，我們也能預測其周遭的特定改變。其中某些屬於常識，但有很多不是，且也很少人會花時間去注意這些細節。

所有樹都擁有自己的「陰影輪廓」，每棵樹木投下的陰影，形狀、深度和時機都獨一無二。雲杉會在狹窄的區域投下幽深的陰影；橡樹會在寬闊的區域投下適中的陰影；顫楊則是會讓許多光線通過。而白臘樹很晚長葉；接骨木卻比較早。

這些差異背後，都有非常好的理由，我們先前已

每棵樹木投下的陰影，都會改變樹下的世界

經探討過了，現在，我們則是會聚焦在樹木的陰影習性是如何支配我們在附近發現的其他植物。夏天時，我常常會在樺樹下找到野花，但在紅豆杉下卻幾乎沒有，而且我也會在較晚長葉的樹木，像是水青岡下，發現較早開花的林地植物，比如藍鈴花，可是在較早長葉的接骨木下卻沒幾朵花。

樹木會透過陰影，也會藉由風和蒸發[129]冷卻下方的空氣及土地。微風在所有孤立的樹下都會加速，因為樹木在氣流中造成了壓力差異。而樹也會從葉片處失去水分，即蒸散作用，這也會冷卻下方的空氣。透過陰影、風及蒸散作用，每棵樹也都擁有自己的「冷卻特徵」，一項在加州進行的研究，便發現都市的樹木可以減少百分之三十的空調需求[130]。

每棵樹都會用獨特的方式修剪樹葉，而每片樹葉在落地後，也都會擁有自己的生命歷程，有些很快就會腐爛，有些則會繼續拖磨。有些樹葉特別富含養分，有些則沒那麼營養，水青岡葉便富含營養。但樹木會吸收絕大多數的能量，因為在深邃的陰影中，沒什麼其他植物可以運用這些能量。話雖如此，蜘蛛還是很愛這些葉子。此外，城市裡的樹木無法回收養分，所以我們會發現人行道上亂七八糟的落葉，以及需要施肥的樹木。

赤楊則是會以兩種非常特別的方式改變周遭的土地。它們是附近有水的徵兆，且如果你看見一排赤楊，那你可能正觀察一條河道的路徑。從這個角度看來，赤楊便是在描繪更廣闊的區域，不過它們也同時會改變相關地景。如前所述，赤楊的樹根能夠協助保護河岸免遭侵蝕，可以當成對抗水流吞噬土壤的緩衝。這可以協助你理解一些會在赤楊林立的河岸所看見的模式。所有天然的河流和溪流都是彎曲的，所以要是赤楊在河岸的任一處壯大，就會干擾天然的水流方向，形成更為複雜又蜿蜒的模式。

赤楊改變土地的第二個方式，則是要多虧其擁有的罕見能力，可以從大氣中「固」氮。所有植物都需要氮化合物，但大多是仰賴樹根在土壤中找到足夠的氮，赤楊則是和細菌形成了夥伴關係，這些細菌可以直接從空氣中獲取氮，而空氣中的氮總是十分充足。可以觀察一下赤楊的樹根，其潮濕的棲地會使這一過程變得比較容易。你應該會發現樹根上的節瘤，細菌就是在此大顯身手。

我數十年來都頗為享受尋找赤楊的節瘤，但總是只有注意它們的外觀，而對於我有可能錯過的事物，竟然是如此顯而易見及簡單，我總是覺得頗為震驚又開心。一直到最近我跟一名生態專家聊過之後，我才學會要再多加留意。基爾大學的教授莎拉．泰勒（Sarah Taylor）博士便透露：「赤楊和固氮放線菌間擁有一種共生關係，它們看起來就像是迷你的花椰菜附著在根系上，紅色表示細菌相當活躍，了無生氣的灰褐色則代表細菌已經滅絕。在受到侵蝕的河岸上，我總是很愛尋找這類結構，實在是很不可思議呢！」

在這樣的夥伴關係中，樹木會得到所需的氮，並回過頭來用糖分餵養細菌，這除了對單一樹木來說非常有利，對土地而言也是好處多多。赤楊可以生長在對其他樹木來說過度缺氮的地區。接著，當富含氮的樹葉掉落後就能讓土壤變得肥沃，並使得其他樹種可以跟上腳步在此生長。因而赤楊可說是探路樹，為其他樹鋪好道路，或者，正如詩人威廉．布朗（William Browne）一六一三年時所述：

赤楊，肥沃的陰影充滿營養，

而每棵長在附近的植物，也都繁茂長久生養。[131]

一台豐田海力士（Toyota Hilux）的車燈閃了閃，我也閃了回去。駕駛從極簡的描述中認出了我的車：一輛黑色的荒原路華。我轉進車道，做了個三點掉頭，再跟著豐田車子開出去，我跟隨那台車進入威特夏（Wiltshire）鄉間的某座森林深處，而一直等到鄉村小路在一座上鎖的林地大門前終止之處，我們才走下車向彼此自我介紹。

「柯林？我想是吧？」我伸出手，並因為獲得溫暖的招呼而鬆了口氣，要是我先前誤判了車燈的閃光，並跟著一個陌生人來到鄉間這麼偏僻的地方，那可能會有場尷尬的對話。

這是個涼爽的三月下午，我開車來到威特夏的薩克斯潘尼罕德利村（Sixpenny Handley），我和柯林．艾福德（Colin Elford）約好在此見面，他這輩子都是擔任護林員，同時也是作家。當初是另一名我們都熟的護林員介紹我們認識的，就在我們發現都喜歡彼此的作品之後*。

我們走進克萊柏恩獵場（Cranborne Chase），此地屬於所謂的「傑出自然美景保護區」（Area of Outstanding Natural Beauty），接著柯林便開始解釋他是怎麼為了所有物種的好處管理這塊土地，而不只是為了一兩個物種而已。但他用濃濃的多賽特腔以更優雅的方式表示：「我不喜歡只從單一物種的角度出發思考，因為這樣的話，你就會搞砸其他所有你不了解的事物。」

* 我非常喜歡柯林的著作《林中一年》（*A Year in the Woods*），他也跟我說他很喜歡我的《野外線索及星之路徑》（*Wild Signs and Star Paths*）。

柯林解釋他是怎麼砍伐及「堆放」榛樹的，他會將樹木砍伐及擺放，這樣能在下方的坡地上形成多樣的棲息地。這會為好幾種不同的物種，創造出理想的棲地，包括夏天睡鼠的築巢區。我們經過許多我在我家附近見過的植物，像是紫羅蘭及漢紅魚腥草等野花，還有一種我很少看見的寄生植物齒鱗草，擁有相當普通的粉黃色穗狀花，以榛樹的樹根維生。樹木下方的灌木很茂密，松鼠的聲音從我們身旁迅速遠離，在泥土上，我也看見歐洲小鹿、獐鹿和麂的蹤跡。

我們也觀察了最近的強風中倒下的樹枝，並追蹤其故事回到真菌造成的腐敗，是多年前松鼠弄出的破洞，才導致真菌入侵。

近來這些日子我享受著一種雙重的愉悅：我能與志同道合的夥伴，在一個美麗的地方共度一段時光，而且總是能學到很珍貴的知識。這是場尋寶遊戲，但我很少事先知道寶藏到底是什麼，我只知道擁有柯林這種經歷的人，在彷彿他家後院的林中可以教會我許多事，而的確也是如此。整個下午，我都沉浸在閱讀地景上，且還是通過全世界最了解這片土地的人的角度。此時正好入夜，我們已經探險好幾個小時了，而柯林這才要帶我找到寶藏。

我們經過新石器時代的墓地及「幽暗壕溝」（Grim's Ditch），這是約兩千三百年前挖掘的土木工程，曾標誌著鐵器時代部落之間的邊界，這個區域充滿各種考古學家珍視的豐富遺跡，但寶藏其實是藏在森林更深處，就在一條泥濘的道路旁。我們在樹木間尋路前進，而隨著我們深入愈多榛樹，柯林跟我說了一個故事，關於一名當地的獵場管理人，他身陷與盜獵者的激烈爭執中，雙方摩擦漸增，結果這名獵場管理人最後不僅輸掉爭吵也丟了性命。

盜獵者，就像海盜，擁有多采多姿的名聲，但黑色永遠都離調色盤不遠。我最近也剛在黃昏即將轉為夜晚的陰暗光線中，穿過某片林地，而我的脛骨在樹下的灌木叢中，碰到某個堅硬的東西，打開頭燈之後，我看見一根金屬弩箭深深插在一段古老的木頭上，這是個鮮明的線索，代表附近有人在盜獵鹿。假如我是在不同時間安排這次健行，那我腿上的疼痛就有可能更加嚴重。

林地地面是濃厚的綠色：多年生山靛、蕁麻、熊蔥以及十幾種其他植物，擴展到我們能見的每個角落。接著地形陡然改變，在一對胡桃樹下，矮小的植物放棄生存，土壤完全裸露，目力所及的範圍內，林地地面層覆蓋著小型植物的樹葉，但我們現在竟然站在一座深色的泥土孤島旁，沒有半抹綠意也沒有半片葉子。光禿的土地隨著胡桃樹光裸的樹枝範圍延伸，我在周圍踱步，邊拍照邊興奮地說話，我知道我們眼前看著的是什麼，但我卻從未見過如此完美、美麗、令人屏息的例子。

樹木可不是什麼討人喜歡的綠色聖徒。在基因的層面上，所有大自然中的生物全都是自私自利的，只是某些樹種會更殘酷無情地顯露出這一點。有種植物學上的現象便稱為「毒它作用」（allelopathy），即植物會產生化學物質，毒害或抑制附近的其他植物。許多不擇手段的灌木和樹木，都會展現這個習性，包括杜鵑、歐洲七葉樹及黑胡桃都素以有毒的鄰居著稱。

不過毒它的樹木並不是什麼蠻不在乎的神經病，想要殺光範圍內的所有生物。通常會更有針對性，分泌出對付其他特定物種最為有效的化學物質。黑胡桃便會讓周遭的土壤浸泡在「胡桃醌」（Juglone）[132]毒素中，這對於最有可能與之競爭的樹種尤其致命，比如樺樹。如果你看見某棵樹附近的土壤一片光禿，但投下的陰影卻又不夠濃密，無法解釋這個現象，那你眼前就有可能是一片中毒的土地。

樹木也會提供線索，提示我們可能會在附近看見的動物種類，而許多動物都會築巢居住，或是住在較粗大的樹根間。接骨木在村莊邊緣便頗為常見，且兔子這類動物也很喜歡居住在它們附近，我都這樣子記：「**村莊的接骨木知道動物都住在哪。**」

森林的地面和開闊的土地相較之下，看起來和感覺起來都會不一樣，因為樹木總會改變土壤的上層。每座森林之所以獨一無二，都多虧了在其中稱霸的樹種，以及其落葉分解的方式。和闊葉樹相比，針葉樹的枯枝落葉分解得更慢，而針葉樹是在較冷的區域稱霸的，這會導致效果更為複雜[133]，此外，在一些針葉樹林中厚厚堆積的針葉床彈性十足，在短距離健行中也超級有趣的，我強烈推薦大家去試試看。

土壤科學家會替林地土壤的上層分級，並將其分為「混合腐植質」、「中間型腐植質」、「黴腐植質」等類別，混合腐植質是在枯枝落葉由動物消化後形成，在闊葉樹下更為常見。黴腐植質則大多由真菌進行分解後形成，在針葉樹下比較普遍[134]。中間型腐植質則是介於兩者之間。不過對於我們的目標來說，可以單純觀察地面的外觀及觸感，是如何隨著我們從一棵樹的地盤，來到下一棵樹的勢力範圍改變就好。

等到我們學會把每一棵樹都當成揭示了附近發現些什麼的線索，就會發覺這打開了一張地圖，而上頭充滿了各種小小的驚奇。

兩趟旅程

我們已經接近閱讀樹木的藝術之旅的盡頭，但另一趟旅程才正要開始。

本書剛開頭時，我便承諾我們會遇上數百種樹木線索，且我們也會學會在很少人想到要去觀察的地方尋找意義，然後樹木看起來就永遠都不再相同了。我希望你能同意，上述這一切幾乎都實現了，但還缺了一塊拼圖，這本書只有在你真的出門，並親自尋找這些線索時才真正有用。而為了要在這樣的嘗試中支持你，我再來會分享一個我每天都會使用的簡單卻強大的技巧。

這項技巧圍繞著心態的轉換展開。千萬不要抱著會有一線希望或者是一廂情願的心態出門去和樹相遇，期待如果夠幸運，那你可能會發現一些事物，而是要帶著滿滿的信心，以及一種避無可避、注定會發生的心態去和樹相遇。你肯定會看見這些事物的。無懈可擊的邏輯站在你這一邊，因為沒有兩棵樹長得一模一樣，且其中的每一個差異背後都存在著原因。而現在既然你都知道原因了，你就擁有了閱讀樹木傳遞的訊息所需的一切，你已經喝下了魔藥，樹木因此脫下了隱形斗篷。

在接下來幾週多試幾次這樣的練習，最微小的細節，將會開始開啟你周遭的世界。一根樹枝的形狀，或是樹皮上的某個模式，都會揭露這棵特別的樹木以及你身處其中的地景背後的故事。

你正沿著某條街道散步，並經過幾棵樹，比起讓這些樹消融到背景中，成為長滿樹葉的壁紙，如同街上的其他行人所做的那樣，你反而選擇停留一分鐘。你告訴自己，這些樹中藏著線索，而你將會找到它。三十秒後，你還是什麼都沒發現，而誘惑也開始出現，你想要放棄這次探索，你和這股想要離開的煩躁渴望搏鬥，然後再次觀察。接著，你發現其中一棵樹看起來和其他同伴不太一樣。

有什麼東西使這棵樹凸顯了出來，它比其他樹還矮一點，是整排五棵樹裡面最矮的一棵，這可能代表什麼呢？這五棵樹全都長在同一條繁忙的大街上，但這棵是最接近轉角的，最靠近側邊的街道，這棵樹之所以比其他同伴矮小，是因為樹根被大街和側街圍堵住。接著你又注意到它的樹葉也沒那麼浮誇，且某些樹葉中也出現一抹黃色。這是因為樹根無法得到所需的水分或養分，所以樹葉正在受苦，而這棵樹也失去了一些葉子，但只有在側街上被呼嘯而過的風吹到的那一側。

深知我們會看見這些事物，就讓我們真的能看見它，而這帶來的滿足感也會滋養這個習慣。不久之後，急於離開的誘惑就會由另一種誘惑取代了：你渴望停駐在每棵樹旁，就讓全世界等你吧。而當你感到一股衝動，想要在街上攔下陌生人，並用一句「你沒看見嗎？」輕輕地將他們從自身的忙碌之中搖醒時，你就會知道，你的讀樹藝術已經臻至狂熱程度了。

【尾聲】樹木的訊息

撰寫本書期間，我到北義的波隆那去工作了一小段時間。某天休假時，我計畫走上山丘，就從拜丹特河（Bidente River）邊開始，並朝著亞平寧山脈（Apennine Mountains）山腳處的某道山脊前進。我沒有這個地區的地圖，但是同時，我也隨身攜帶著世界上最美麗的地圖。

基於情感上而非實用上的理由，我想在健行開始時，碰碰河水。因此我從高拱橋的下方，循著潺潺的流水聲，尋找一條安全的路徑下到水邊。我走過一台車，一邊後照鏡掛著一個袋子，這是個線索，漁人有時候會把誘餌袋掛在車外，這樣惡臭才不會留在車內。最了解最佳下水路徑的人，莫過於當地的釣客了。不久之後，我便在樹葉間發現一個缺口，並循著一條泥濘的小路往下走。

我在河邊找到親水的黑楊樹，我還蠻享受觀察河岸兩側的樹木有何不同。天然的水道總是會遵循蜿蜒的路徑，它們筆直流經的距離，永遠不會超過自身寬度的十倍，而這代表每段河流都一定會有一個內彎處和一個外彎處。

水流在外彎處會流得更快，也會侵蝕此處的河岸，淘下的東西則是會沉積在內彎處，因而改變河岸兩側的特徵。我站在內彎處，這裡有個淺灘，並越過河面望向遠處更陡峭的對岸。我腳邊有數十株楊樹苗，許多都在膝蓋高度，在圓圓的鵝卵石間奮力求生，且全都在河流為其布置好的全新沃土中蓬勃生長。在遠處的對岸，楊樹則是相當雄偉，高聳指向天際。我們會在外彎處看見年長的植物，內彎處的則是會更年輕的植物，因為水流會侵蝕外彎處的植被，並替內彎處的植物提供生長的苗圃。

我在水邊待了一陣子，欣賞著勇於冒險犯難，也在此處展開生活的野花。我的目光停駐在歐白英鮮黃色的花藥和深紫色的花瓣上，接著我抬頭看向河岸對面楊樹的樹枝和樹冠，其中最雄偉那棵的形狀，告訴我前面等待著的，是充滿挑戰性的一天。

我繞過耕地的邊緣，並在守護建築物和葡萄園免受強風侵擾的柏樹間找路。當時是九月，空氣中充滿葡萄磨碎後甜膩的氣味，同時伴隨著柏樹的香氣。隨著我愈爬愈高，地勢更為陡峭外，地面也更滑了，我好幾次都沒踩穩，而我的手腕撞到尖石處，也滴下一道細細的血流。我花了好幾分鐘，才找出最適合的路線：我想要土壤裡的樹根帶來的穩定性，卻不需要跟低處的樹枝搏鬥才能穿越。

大約一小時後，我找到一條獸徑，通往一個缺口。這讓我可以俯瞰兩座小丘頂間的陡峭的盆地。一條厚重的明亮綠色帶子，從兩座山峰之間的鞍部，往下延伸到下方的山谷中，我一臉驚訝望著這個帶狀區域，上面竟然半棵樹都沒有。

樹木矗立在兩側，甚至是更高處，但這條厚實的帶狀土地上卻一棵都沒有。這肯定不是因為耕作過的結果，因為地勢太高也太陡峭，且外觀也完全不對。土壤對樹木來說非常完美，更高處的樹木也證明了問題並不是海拔，但是這塊土地上，依然長不出半棵樹。背後肯定有個原因。

解答幾分鐘後出現，我在土地上看見一道驚悚的傷疤，大約位在我選擇的路徑左側一百公尺處。從邊緣窺去，我可以看見一大片裸露的區域，土壤是紅褐色的，並遍布著參差不齊的巨石，最近有過一場山崩。假如我們沒看見樹木，那要不是大家都想要這塊土地，不然就是沒人要。我先前看到的厚重帶狀區域，其樹木都是命喪在土壤滑坡所帶來的無從想像威力之下，這是場無可阻止的黑暗雪崩。草和其他矮小的植物已開始重新占領土地，添上了一抹生氣蓬勃的綠意，但樹木還沒再次站穩腳步。而接下來幾個小時間，我也更加小心翼翼注意我的腳步。

稍微往上了一點之後，我注意到身旁的橡樹，現在比我在較低的山谷處，看見的偉岸身影還矮了，那些樹上都覆蓋著常春藤。而橡樹在稍微高一點的地方，也全都放棄了，現在是由針葉樹稱霸，有幾棵頂部茂密的松樹，從一些冷杉間冒出頭來。我繼續往山上前進，直到松樹被一叢叢的刺柏取代。

在較高樹木溫暖潮濕的陰影中度過幾小時後，我現在身處低矮的刺柏之間，感受著更乾燥也更強烈的太陽熱氣。樹冠高度也往上升了，使我第一次有機會觀察周遭土地的全貌。

我在其中一棵更高大的刺柏下，盡可能尋找狹小的陰影遮蔽，並在那坐了幾分鐘，以便更仔細研究土地和天空的完整特徵，卻出現不少令人擔憂的線索。

我在那天剛開始時看見的少數幾朵友善的積雲，已經變形成高聳的塔狀雲，且爬得比遠處的山脊還高。天空現在披上一層愈來愈厚的乳白色捲層雲面紗，而且飛機雲，也就是高空的飛機後方帶出的細長白雲，也變得更長了。所有跡象都顯示要變天了，我聽見並感受到幾陣強風，而標誌著前方山脊的寬闊積雲下襬，也正快速變化，每分鐘都愈來愈高，這是個更為迫切的跡象，表示氣流不穩定，很可能會有暴風雨。這可不是繼續往上的好時機。

不把山頂或其他定點當作目標，也是可以很快樂的，這樣也讓我比較容易做出理智的決定。我喝光一水壺的水，拍了幾張照片，然後就掉頭往山下走。

河邊那棵高大的楊樹，好幾個小時前就預測到這一切了。其在南側擁有更粗大的樹枝，樹枝數量也更多，且整個樹冠也在好幾十年間，受到盛行的西南風形塑，但是我從歐白英的花朵抬頭望去時，便能看見樹木正在對抗一種不是每天都會見到的風。這是棵彎扭的樹，它的外觀因強大的東北風而扭曲，風向將樹冠吹歪，朝向長期趨勢的反方向。楊樹正在低聲說著壞天氣就要來了，而我那天是絕對不可能順利抵達山頂的。

樹木會向我們傳遞訊息，有關我們需要知道的事，而我們可以選擇去閱讀它。我先打雷前先一步回到山谷，坐在一根柏樹樹樁上，並帶著感激的笑容，從衣物上拍掉刺柏的針葉。

致謝

當我幾乎沒辦法好好走上一分鐘，卻不看見某件對沒幾年前的我來說，還是視而不見的事物時，我把這當成一個跡象，認為其他人也會一樣享受這樣的轉變。但這只是個一閃而過的覺悟而已，有時候，非常偶爾的時候，才會通向為此寫一本書的想法，而從那一刻起，這就是個團結力量大的過程了。

在這本書誕生前的非常初期，我和我的版權經紀人Sophie Hicks，以及我在英國和美國的出版人，Rupert Lancaster 及 Nicholas Cizek，聊過了很多次：「之前已經有些好書，關於我們『無法』在樹木上看見的事物，」我說，「所以我覺得我應該來寫一本，有關我們『看得見』的東西。」感謝 Sophie、Rupert、Nick 願意支持這個簡單的概念，以及你們所做，全然專業的工作，這使得我寫書的每個階段，都相當愉快。

我也想要感謝 Sceptre 出版社和 The Experiment 出版社的團隊，特別是 Matthew Lore、Ciara Mongey、Rebecca Mundy、Jennifer Hergenroeder、Helen Flood、Dominic Gribben、Maya Conway。

感謝尼爾・高爾美麗的插圖，以及 Hazel Orme 在最後階段的專業協助，也感謝 Sarah Williams 跟 Morag O' Brien 重要的幕後工作。

不管寫什麼書，都需要付出許多努力，不過過程中也存在許多快樂和驚喜，對我來說，其中某些最愉悅的部分，來自又發現了新的線索，並認識了新朋友和熟人，而且也不一定是按照這個順序啦。當我遇見某個人，向我介紹了新的線索，或是檢視舊線索的新方式，那就是得到了我會永遠珍惜的雙重愉悅，因而我要感謝許多為這本書帶來這類快樂的人，在這裡提幾個：伊莎貝拉・崔里、柯林・艾福德、史蒂芬・海頓、莎拉・泰勒、阿拉斯特・霍奇基斯，感謝你們願意撥空和我見面，並分享你們的經驗。我也必須特別感謝彼得・湯瑪斯願意抽空見我，並協助本書撰寫，此外也感謝你卓越的研究和著作。

感謝我所有的家人，大大感謝我姐姐 Siobhan Machin 和我的表親 Hannah Scrase，感謝妳們睿智的回饋。

感謝每個曾來參加過演講、上過課、讀過我先前書籍的人，是你們讓這本書成真的。

我也要感謝我老婆 Sophie 跟兒子們，Ben 還有 Vinnie，感謝你們的愛與支持，並使我保持專心致志，你們讓我了解應該如此的最佳時機，就是每當我請你們停下腳步，好讓我能偏離路線，去瞧瞧某些東西時……

在我接近這幾個毫無戒心的生物時，總是會稍微等候一下，這時空氣彷彿也因懸疑而凝重了起來，就連狗兒們都耐心等待著。現在是時候了，我從灌木叢中現身，並召集家人們聚在一起，好分享我探尋的成果，描述完我美妙的新發現之後，我會停頓一下，讓這一切可以好好滲入。我等待著一點小小的認同，可以稍微鼓個掌吧，也不用太浮誇啊，或是其中一個孩子可以說幾句話，關於他們覺得這些時刻有多麼令人振奮又深具啟發，但是什麼也沒有。一陣不滿的碎念打破沉默，三張臉上，三種不同的表情都各有涵義，不滿累積成嘲笑，真是一群難相處的人！我只好繼續尋找其他可以偏離路徑去研究的東西。

附錄：常見樹種辨識

在本文中，我列出了一些小技巧，如果你是樹木識別新手，希望對你有所幫助。這些小技巧並不是樹木特徵的完整指南，它只是一份清單，列出了一些特徵，可以幫助你辨識它而已。不過，首先，我還是要提醒你：

樹木五花八門，即便是在同個樹種中也有所不同，所以根本不可能整理出一份簡短的指南，可以運用在你所遇見的每一棵樹或是所有樹種上，遑論要套用在全世界的樹木身上了。我的目的，只是要提供一些線索，在大多數情況下可能有所幫助。

如果你想要深入了解更為本土或特定樹種，雖然這對於要享受辨識本書中介紹的絕大多數線索和模式並非必要。我會推薦你，根據你所在的地區，挑選一本專門的辨識樹木書籍，搭配本書使用。在美國，我推薦《西布利樹木指南》（*The Sibley Guide to Trees*）和《奧杜邦學會北美樹木》（*National Audubon Society Trees of North America*）；如果是在英國，我則推薦《柯氏英國樹木完整大全》（*The Collins Complete Guide to British Trees*）。

⊙ 闊葉樹

赤楊（Alders）

· 小樹。（雖然赤楊通常不高）
· 類似毬果和葇荑花冬天時頗為顯眼。
· 樹葉呈橢圓形且有鋸齒，葉背為淡綠色。
· 樹根上擁有巨大的節瘤。
· 樹芽、樹葉、樹枝：互生。
· 常見於水邊。

白臘樹（Ashes）

· 樹木相當高大，但很少是該區域最高的樹。
· 樹幹通常擁有分叉。
· 樹枝在樹冠外緣處上彎。
· 花朵通常無花瓣（因是風力授粉，所以不需吸引昆蟲），在早春葉子出現之前開花。
· 樹葉為「羽狀複葉」：成對的小葉沿著綠色的葉軸彼此對生。
· 果實：有翼的翅果，就像半架直升機，會成堆垂掛而下，先是綠色，接著轉褐。
· 樹芽、樹葉、樹枝：對生。
· 常見於濕潤但不過於潮濕且豐饒的地區，尤其是山谷的矮坡及河邊，但一般會稍微遠離水邊。

水青岡（Beeches）

· 高樹。
· 滑順的灰色樹皮。
· 橢圓形單葉。
· 葉片擁有獨特的平行筆直葉脈，從中央的主脈延伸到葉緣。
· 會結堅果，殼斗邊緣尖銳且有刺。
· 會投下深邃的陰影，使得其他植物很難在下方生長。
· 枯死、褪色的棕色葉子可以待在樹上度過整個冬天，即凋留。
· 樹芽、樹葉、樹枝：互生。
· 喜歡乾燥或排水良好的土壤，在白堊岩上長得非常好。更常在樹林中發現，而非孤立生長。

樺樹（Birches）

- 小樹，不過特別之處在於它可以長到中等高度，因為經常生長在開闊地區，不需和其他樹種競爭陽光。
- 細長的枝條。
- 樹皮總是很吸睛，但顏色視樹種而異，通常會很明顯，包括白色、銀色、黑色或黃色。樹皮上有水平線條，即皮孔，通常靠近基部處更為粗糙。
- 葉片：擁有尖端的橢圓形單葉，邊緣呈鋸齒狀，看來參差不齊。
- 灰樺、垂枝樺的樹枝會往下彎；紙樺、毛樺的樹枝則是會維持更為筆直。
- 樹芽、樹葉、樹枝：互生。
- 經典的先驅樹，在林地邊緣、林中空地、較高緯度的地區皆相當常見。

櫻桃木

- 有些樹種十分高大，但很少會是該區域內最高的樹種。
- 年輕樹木的樹皮光滑、深灰色或紅棕色，幾乎呈現閃亮的金屬色澤，且擁有獨特的粗糙水平線條，即皮孔，在較老的樹上也會愈發粗糙。
- 搓揉枝條會散發出苦杏仁的氣味。
- 大型橢圓形葉子邊緣有鋸齒，並懸掛在長而常帶紅色的葉柄上。
- 接近葉片處的葉柄會隆起，即蜜腺。
- 春天時開出白色或粉紅色的花朵，每朵花有五片花瓣。
- 紅色的果實擁有大顆的果核，容易識別，直到被鳥類和其他動物吃掉之前。
- 樹芽、樹葉、樹枝：互生。
- 常見於花園、公園、林地邊緣。

栗樹（Chestnuts）

* 美國栗（American Chestnut）
  - 成熟的樹皮有垂直的脊狀紋理，灰色並帶有明顯的溝槽。
  - 大型狹長的葉子邊緣有鋒利的鋸齒和長尖。帶刺的殼斗包裹著大型可食用的堅果（通常為三個）。
* 歐洲七葉樹（Horse chestnuts）
  - 高大且樹冠寬廣。
  - 葉片呈鋸齒狀，具有獨特的「掌狀」形態，像展開的手掌。
  - 花朵長在垂直的穗狀花序上。
  - 帶刺的果實包裹著光滑的棕色種子。

山茱萸（Dogwoods）

- 小樹，通常更像是灌木。
- 葉片：橢圓形，邊緣滑順，略帶波浪狀，葉脈從基部往上彎，直到幾乎和主脈平行。
- 開出淡色的花朵後會結出聚集的漿果。
- 樹芽、樹葉、樹枝：對生。
- 常見於路徑旁、林地邊緣、栽培作為籬笆。

接骨木（Elders）

- 類似灌木，或最多為小樹。
- 葉子成簇生長，通常有五到九片，頂端一片，另兩對對生，壓碎後氣味不好聞。
- 折斷或砍斷的細枝，中間有白色的髓心。
- 粗糙的樹皮具有板狀的鱗片。
- 初夏時開白色花朵，秋天結深色的可食用漿果。
- 樹芽、樹葉、樹枝：對生。
- 喜歡潮濕、富含營養的土壤。

榆樹（Elms）

- 可小可高。
- 變異性甚大。
- 葉子：橢圓形，有鋸齒，帶短柄。不對稱的葉片基部是其特徵——在葉柄與葉片交接處，葉片的兩側形狀不同。
- 花以密集的花序呈現。
- 因為荷蘭榆樹病的緣故，高大的榆樹變得比較少見，
- 芽、樹葉、樹枝：互生，且細枝可能會呈現魚骨外觀。
- 果實是扁平的種子，帶有圓形的紙質翅膀。
- 在涼爽、潮濕、富含營養的地區長得很好，尤其是水邊、氾濫平原及海岸邊。

山楂（Hawthorns）

- 小樹。
- 樹如其名，有刺。
- 種類極其多樣。
- 樹葉是長在長長的枝條上：葉形多樣，通常有許多裂片，但永遠不會是完整的單葉。
- 紅色果實。
- 樹皮粗糙。
- 樹芽、樹葉、樹枝：互生。
- 這是一種適合作為樹籬、生長於高山地帶和樹線附近的耐寒樹木。

榛樹（Hazels）

- 小型樹木（在美國西部）或灌木狀，樹幹多且混亂。
- 大而圓的葉子為雙鋸齒狀，即大鋸齒混合小鋸齒。
- 初春會開黃色的「羊尾」葇荑花。
- 夏末會結出果實榛果，包覆在小片的葉子中，秋天會轉為褐色。
- 樹芽、樹葉、樹枝：互生。
- 常栽培作為籬笆，常見於林地邊緣、岩石坡地和灌叢中。

山核桃（Hickories）

- 複葉，通常五片，有時七片或更多（與有對生葉對的白臘樹不同）。
- 大而圓球形的綠色果實，成對或三個一組（包裹著可食用的、通常為四面體的堅果）。
- 春季時，新生枝條下垂的葉子呈黃綠色或紅色。
- 芽、葉子和枝條：互生。
- 成熟的脫皮山核桃樹樹皮有顯著的毛茸茸的捲曲條紋，廣泛分布於美國東部。

冬青（Hollies）

- 小型常綠樹，但在某些情況下可以長得更高。
- 光亮的深綠色有刺樹葉。
- 低處的樹葉更多刺，接近樹頂處則可能比較光滑。
- 紅色果實。
- 樹皮滑順，直到老年。
- 生長在森林樹冠下的陰影中，也常見於樹籬、花園、公園。美國的物種常見於沙質土壤中。

椴樹（Lindens、Basswoods）

- 高大樹木，樹冠圓形。
- 樹枝通常擁有停停長長的外觀特徵：主樹枝生長一段時間後便會停止，另一根樹枝此時又會再次開始生長，並稍微偏向不同方向。這個現象在細枝上也可以看見，細枝則擁有鋸齒狀外觀。
- 鋸齒狀的心形細緻樹葉，長在長長的葉柄上。
- 葉片基部和葉柄交接處，常常呈不對稱。
- 花朵有香味。
- 樹幹基部附近極有可能會迸出細枝。
- 樹芽、樹葉、樹枝：互生。
- 常見於富含養分的土壤中。

二球懸鈴木（London Planes）

- 高樹。
- 非常獨特的迷彩風格樹皮。
- 擁有尖銳的五裂葉。
- 春天時，會開出圓形的球狀葇荑花，秋天成熟後會變成棕色的球狀葇荑果實，且可以撐過整個冬天。
- 一種懸鈴木，與一球懸鈴木非常相似，但葉子較小，通常每個花梗上有兩個（有時更多）果實球，而不是一個。
- 樹芽、樹葉、樹枝：互生。
- 常見於城鎮與城市中。

楓樹（Maples）

- 高樹，但很少會是該區域內最高的。
- 樹葉有多個裂片，通常是五裂葉，但形狀歧異甚大。
- 以壯觀的紅色和黃色秋葉顏色而著名。
- 樹枝通常會指向天空。
- 花小而簇生，通常在葉子之前出現。
- 特殊的果實：末端是球根狀，還會連結著扁平的紙質翅膀，正式名稱為「翅果」，但更常被暱稱為直升機。
- 樹芽、樹葉、樹枝：對生。

橡樹（Oaks）

- 高大寬闊的樹。
- 分為許多樹種，外觀也不同，包括常綠樹在內，但所有橡樹都擁有很好辨識的果實，即橡實。
- 許多橡樹都擁有裂葉，但不是全部。
- 樹芽、樹葉、樹枝：互生。

白楊（包括顫楊）（Poplars, including Aspens）

· 算是相當高的樹木，外型五花八門。
· 顫楊的葉片有柔韌的葉柄，在微風中會明顯擺盪。
· 白楊的葉子覆蓋著白色絨毛，葉柄較短且為白色。
· 可以留意高瘦的「黑楊」，就像是細長的火箭，通常從遠處就能看見。
· 樹芽、樹葉、樹枝：互生。

胡桃樹（Walnuts）

· 長葉，邊緣滑順，擁有尖端。
· 複葉，葉柄上有五片到多達二十五片窄葉，數量因樹種而異。
· 葉片磨碎後有強烈辛辣或柑橘氣味。
· 一些品種有巨大的綠色球狀果實，其中包著可食用的核果。
· 折斷或砍斷的細枝，中間有髓心。
· 冬天時，細枝上會有落葉留下的馬蹄形疤痕。
· 野生胡桃樹下的土地有時會光禿禿的，因為其會使用毒素殺死競爭對手，即毒他作用。
· 樹芽、樹葉、樹枝：互生。

柳樹（Willows）

· 有些是灌木，有些是小型到中型的樹木。
· 大多數擁有狹長的樹葉，且主葉軸為淡色。值得注意的例外是黃花柳，葉片更寬闊也更接近橢圓形，且尖端呈蜷曲狀。
· 一顆顆樹芽平行排列在枝條上，且會緊靠細枝。
· 樹芽、樹葉、樹枝：互生。
· 常見於水邊經常沿著河流和溪流生長。

⊙ 針葉樹

我們常常從稍遠處就能認出一棵樹屬於針葉樹，但要確認你眼前的究竟是哪種針葉樹，可能就比較有挑戰性了（就連你人都站在樹旁了也是如此）。

以下列出的所有針葉樹，除非特別標示，否則以下都是常綠樹種。

雪松（Cedars）

- 高樹。
- 深綠色的針葉呈輪狀排列，似乎成簇地從枝條上爆發出來。
- 巨大筆直的桶狀木質毬果朝上生長。
- 如果心材曝露出來的話會散發香氣。
- 原生於溫暖乾燥的地區，但常被種植於公園和大花園中作為景觀特色。
- 雪松樹枝的差異之處，相當容易辨認：北非雪松擁有朝上的樹枝；黎巴嫩雪松擁有水平的樹枝；喜馬拉雅雪松則擁有朝下的樹枝。這種識別方法最好應用於外緣樹枝最年輕的部分。不過這些特色全都是相對的，在上述的雪松中，樹頂附近的樹枝都會更為朝上；接近樹底的樹枝則更為朝下。
- 喜馬拉雅雪松是少數幾種樹枝末端會明顯垂落的雪松。

我喜歡把黎巴嫩雪松想像成看起來彷彿擁有數十隻手臂，而每一隻都朝外平舉著鋪滿樹葉的托盤。

美國側柏及北美側柏則是來自另一個不同的屬，即「側柏屬」（thujas）。它們擁有扁平、多分叉、多層狀的蕨狀葉，而非針葉，比較像是美國紅檜而非其他雪松。美國側柏擁有淡紅色的樹皮，樹葉磨碎後聞起來像鳳梨的味道，北美側柏則是在樹葉背面會擁有一條條的白色條紋，跟美國側柏不同。

柏樹（Cypresses）

- 高樹，雖然在花園中經常被修剪得較小。
- 圓球狀小毬果，每片毬鱗中央都有一個尖刺狀突起。
- 扁平的蕨狀葉，由許多微微重疊的小葉組成。
- 枝條被扁平的葉片覆蓋，無法看見。
- 地中海柏木是昂然挺立的高大圓柱狀，生長在溫暖乾燥的地區。
- 美國紅檜頂端通常會擁有一根彎曲的頂芽。

冷杉（Firs）

- 葉片扁平，葉尖圓潤不銳利，柔軟易折。
- 大多數針葉樹的毬果通常都會向下生長，但還是有幾個例外，包括雪松的毬果和幾乎所有冷杉的毬果。冷杉擁有筆直、向上的毬果：「冷杉毬果指向蒼穹。」

花旗松（Douglas fir）

- 生來就是非常高的樹木，擁有筆直的樹幹，樹枝會向外長，接著再朝上長。
- 與大多數冷杉不同，花旗松的毬果是向下生長。
- 擁有粗糙的樹皮。

我要來分享一個我很喜歡使用的超怪技巧，幫助你記住花旗松，不過它真的很怪異，所以要是對你沒用，可以完全忽視它。

花旗松的毬果在每片毬鱗上，都有片「苞片」，是個三舌狀構造，就位在鱗片頂端。關於苞片的外觀，有許多不同的說法，有些人甚至認為這看起來就像是老鼠的後腿跟尾巴！所以說我只能分享我的看法。對我而言，這些苞片看起來就像一頂高聳的王冠。所以在我眼裡看來，這些雄偉的花旗松，簡直就是樹木之王，「**花旗松之王**」，而國王的每片毬鱗上都有一頂王冠。

鐵杉（Hemlocks）

- 高樹。
- 所有葉片都比針葉還寬闊，但有些明顯較小，且和其他葉片指向不同方向，顯得細枝處頗為雜亂。
- 葉片尖端圓潤，表面光亮且深色，背面則是有兩條白色條紋。
- 卵形的毬果向下生長，並擁有寬大的毬鱗。
- 常見於高雨量地區。

刺柏（Junipers）

- 小樹，看起來像是有刺灌木。
- 針葉擁有尖端，三根一組，呈藍綠色，揉碎後帶有杜松子酒的香氣。且每片針葉正面都有條淡白色的蠟質線。
- 樹枝從接近地面的地方開始生長，向上延伸。
- 薄片狀剝落的樹皮使得狹窄的樹幹看來頗為雜亂。
- 北半球各地都能找到，但主要是在陽光充足的地區，和大多數其他針葉樹相比，也可以在更高的海拔生存。

落葉松（Larches）

- 高大的落葉樹。
- 成簇的針葉會在細枝處聚集成一小團。
- 是唯一一種冬季落葉的常見毬果樹種，冬季時枝條上會留下特有的節瘤狀結構。
- 下方的林地上，常會發現枯死針葉鋪成的地毯。
- 葉子顏色和大多數其他針葉樹相比較淺，隨著夏天展開會稍微變深，並在秋天來臨時，也會添上一抹淡黃色或橘色。
- 極度需要光線，偏好面南的坡地，不常見於濃密的陰影處。

松樹（Pines）

- 針葉可能成對、成三或成五，細長又有彈性。
- 較高的樹木會修剪掉低處的樹枝，留下頂部枝葉繁茂、下部樹幹光禿的外觀。
- 針葉成對的松樹擁有矮胖的圓形毬果；成三的擁有非常巨大的球狀毬果；成五的則是擁有圓柱狀毬果。
- 毬果的毬鱗天氣好時會打開，潮濕時則會關閉。

* **歐洲松**（Scotch pine）

- 針葉成對生長，且有些微蜷曲。
- 葉子為藍灰色。
- 樹皮向上逐漸呈現橙色。

* **笠松（傘松）**（Italian stone pine、umbrella pine）

- 樹冠像一把陽傘，陽傘效應。

* **歐洲黑松**（Austrian pine）

- 深色樹皮。

* **放射松**（Monterey pine）

- 針葉成三片。

松樹的毬果很堅硬，不會輕易彎折，雖然有些針葉成五的會比較軟。

許多松樹毬果的毬鱗上有一個凸起的小疙瘩，通常位於中央附近，近看就像是小山：「**松樹的毬果就是高山。**」

雲杉（Spruces）

· 圓錐形的高樹。
· 雲杉葉比針葉還扁平，但在指頭間搓來搓去時，我們還可以感覺到它的側面，有點像是在搓傳統鉛筆那樣。冷杉葉就太扁平，沒辦法這麼做，且雲杉葉感覺起來也頗為堅硬。
· 毬果明顯較狹長，會垂掛在樹枝上，指向下方。毬鱗比松樹的毬鱗更薄，更像魚鱗。整顆毬果比起其他針葉樹，也更軟更有彈性。

◎如何分辨冷杉及雲杉

冷杉葉的末端比雲杉葉還稍軟一點，如果你碰得到，可以試試看磨碎一把樹葉，假如感覺有點刺痛，並留下了麻木感，那就更有可能是雲杉而非冷杉。

你也可以試試從細枝上摘一片葉子看看。葉子斷裂的方式也能提供線索：雲杉會在葉片基部留下一個小小的「痕跡」，冷杉則不會。

雲杉葉會往回朝枝幹蜷曲，冷杉葉則是從莖部往外開展：「**冷杉葉走得遠。**」

紅豆杉（Yews）

- 這種樹多年來都是保持矮小，但壽命長且生長緩慢，所以最後有可能會達到更驚人的高度。
- 葉片小、深綠色、扁平且柔軟，為整棵樹帶來一種深沉且幾乎是具有威脅性的外觀。
- 葉片背面顏色更淺，也沒有白色條紋。
- 薄片狀剝落的紅棕色樹皮及形狀複雜的樹幹。
- 鮮紅色類似漿果的果實。
- 樹冠下方環境昏暗到令人感到壓迫。
- 年輪在淺色的邊材上很難看見，在顏色較深的心材上才看得見。
- 這種樹因修剪後反應良好而廣泛作為樹籬使用。

除了以上的小技巧之外，也請務必記得，我們總是能使用先前學會的各種技巧，來協助我們了解樹木的外觀、棲地與樹種間的關聯。這可以排除許多嫌疑犯，例如，如果按照對充足光線的需求遞減來排列，「**松樹感覺到陽光的熱**」：松樹、冷杉、雲杉、鐵杉。

此外還有：「**樹葉低、陽光少。**」

假如有棵高大的針葉樹擁有很多非常低的樹枝，那就更有可能會是耐陰影的鐵杉，而非喜歡陽光的松樹。

這裡還有最後一個更怪的小技巧：與你時常見到的針葉樹交朋友，真的會帶來很大的幫助。無論何時，只要你在你常使用的路線上，認出某棵特定的針葉樹，那麼每次經過時，就跟這棵樹打打招呼吧，而且也要保持這種關係。請輪流對每棵樹說：「嗨，雲杉！」、「嗨，松樹！」、「嗨，冷杉！」這樣做雖然真的蠻奇怪的，但卻非常有幫助：你會對他們愈來愈熟悉，也會愈來愈能認出每一棵樹。

索引

（依中文筆畫順序排列）

附註

1 參見 P. Thomas，*Applied*，頁 15。

2 針葉樹的顏色看起來比闊葉樹更深，因為其葉片的細胞排列較緊密，細胞壁較厚，葉綠素濃度也較高：'How the Optical Properties of Leaves Modify the Absorption and Scattering of Energy and Enhance Leaf Functionality'，S. Ustin、S. Jacquemoud，2020：https://link. springer.com/chapter/10.1007/978-3-030-33157-3_14。

3 參見 R. Ennos，頁 34。

4 參見 T. Kozlowski 等，頁 426。

5 落葉松的習慣，參見：Otta Wenskus 教授，私人通信：2021.1.29。

6 參見 T. Kozlowski 等，頁 413。

7 參見 P. Thomas，*Trees*，頁 23。

8 參見：http://www.fullbooks.com/Poems-of-Coleridge3.html。

9 參見 F. Hallé 等。

10 參見 P. Thomas，*Applied*，頁 6。

11 參見 T. Kozlowski 等，頁 12。

12 參見 T. Kozlowski 等，頁 497。

13 參見 R. Ennos，頁 59。

14 參見 H. Irving，頁 76。

15 參見 Sarah Taylor，私人通信：2022.6.18。

16 參見 P. Thomas，*Applied*，頁 380。

17 參見 P. Thomas，*Trees*，頁 203。

18 參見 P. Wohlleben。

19 參見 P. Thomas，*Applied*，頁 90。

20 參見 T. Kozlowski，頁 489。

21 參見 Sarah Taylor，私人通信： 2022.6.18

22 參見 C. Mattheck，*Stupsi*，頁 96。

23 參見 R. Ennos，頁 45。

24 參見 P. Thomas，*Trees*，頁 290。

25 參見 C. Mattheck，*Stupsi*，頁 15。

26 參見 B. Watson，頁 177。

27 參見 A. Mitchell，頁 25。

28 參見 J.P. Richter 等，(1970) [1880]，The Notebooks of Leonardo da Vinci，取自 https://en.wikipedia.org/wiki/Patterns_in_nature#Trees,_fractals（2021.11.12 存取）。

29 參見 https://roys-roy.blogspot.com/2013/10/someunusual-churches.html。

30 參見 H. Irving，頁 10。
31 引自 W. T. Douglass（1883.11.27），'The New Eddystone Lighthouse'，*Minutes of Proceedings of the Institution of Civil Engineers*，LXXV（1960）：頁 20 至 36，取自 https://en.wikipedia.org/wiki/Eddystone_Lighthouse。
32 參見 Sarah Taylor，私人通信，2021。
33 這是我在金利谷（Kingley Vale）自然保留區發現的線索。
34 參見 Sarah Taylor，私人通信，2021。
35 參見 C. Mattheck， *Stupsi*，頁 42。
36 參見 C. Mattheck， *Stupsi*，頁 39。
37 參見 C. Mattheck，*Body Language*，頁 182。
38 參見 C. Mattheck，*Body Language*，頁 183。
39 參見 P. Thomas，Applied，頁 358。
40 參見 P. Thomas，Applied，頁 105。
41 參見 P. Wohlleben，頁 29。
42 參見 https://arstechnica.com/science/2017/09/moldy-mayhem-can-followfloods-hurricanes-heres-why-you-likely-wont-die/。
43 參見 https://courses.lumenlearning.com/microbiology/chapter/spontaneousgeneration/。
44 參見 B. Watson，頁 211。
45 參見 R. Ennos，頁 39。
46 參見 R. Hörnfeldt 等，'False Heartwood in Beech *Fagus Sylvatica, Birch Betula Pendula, B. Papyrifera and AshFraxinus Excelsior - an Overview'*，Ecological Bulletins，2010，（53），頁 61 至 76：http://www.jstor.org/stable/41442020。
47 參見 R. Ennos，頁 118。
48 參見 M. McCormick 等，'Climate Change during and after the Roman Empire: Reconstructing the Past from Scientific and Historical Evidence'，*The Journal of Interdisciplinary History*，43（2），The MIT Press，2012，頁 169 至 220。
49 參見 T. Kozlowski，頁 7。
50 參見 P.Thomas，*Applied*，頁 38。
51 參見 https://www.northernarchitecture.us/thermal-insulation/naturaldefects.html。
52 參見 P. Thomas，頁 239。
53 參見 T.Wessels，頁 136。
54 參見 P. Thomas，*Applied*，頁 151，轉引 Kostler 等，1968。
55 參見 C. Mattheck，*Stupsi*，頁 60 至 61。
56 參見 Pavey，頁 29。
57 參見 T. Kozlowski，頁 227。
58 參見 Sarah Taylor，私人通信，2021。

59 參見 C. Mattheck，*Stupsi*，頁 64。

60 參見 B. Watson，頁 152。

61 我和約翰 ‧ 塔克在布萊頓普雷斯頓公園的談話，2021.9.28。

62 參見 C. Mattheck，*Stupsi*，頁 67。

63 參見 P. Thomas，*Applied*，頁 378。

64 參見 P. Wohlleben，頁 12。

65 參見 'The Psychology and Neuroscience of Curiosity'，C. Kidd 及 B.Y. Hayden。

66 參見 https://www.wired.com/2010/08/the-itch-of-curiosity/。

67 參見 http://witcombe.sbc.edu/sacredplaces/trees.html、https://en.wikipedia.org/wiki/Dodona。

68 參見 P. Thomas，*Applied*，頁 90。

69 參見 P. Thomas，*Trees*，頁 209。

70 引自 V. Kuusk、Ü. Niinemets、F. Valladares（2017），'A major trade-off between structural and photosynthetic investments operative across plant and needle ages in three Mediterranean pines'，*Tree Physiology*：https://doi.org/10.1093/treephys/tpx139。

71 參見 'Juvenile Leaves or Adult Leaves: Determinants for Vegetative Phase Change in Flowering Plants'，D. Manuela、M. Xu，*International Journal of Molecular Sciences*，2020，21（24），9753：https://doi.org/10.3390/ijms21249753。

72 參見 P. Thomas，*Trees*，頁 27。

73 參見 P. Thomas，*Applied*，頁 364。

74 參見 https://www.newscientist.com/lastword/mg24933161-200-whyare-tree-leaves-so-many-different-shades-of-mainly-green/。

75 參見 http://nwconifers.blogspot.com/2015/07/stomatal-bloom.html。

76 P. Thomas，*Applied*，頁 255 至 256。

77 櫻桃木、梅樹、桃樹、杏仁也擁有「花蜜」，參見：*Oxford Tree Clues Book*，頁 12。

78 參見 P. Thomas，*Trees*，頁 20。

79 參見 Cohu，頁 165。

80 參見 H. Irving，頁 48。

81 參見 P. Thomas，*Trees*，頁 63。

82 參見 P. Thomas，*Trees*，頁 25。

83 參見 P. Thomas，*Applied*，頁 42。

84 參見 B. Watson，頁 70。

85 參見 Sarah Taylor，私人通信，2021。

86 參見 P. Thomas，*Applied*，頁 43。

87 參見 Johnson，頁 87。

88 參見 C. Mattheck，*Body Language*，頁 172。

89 參見 C.Mattheck，*Body Language*，頁 172。

90 參見 C. Mattheck，*Body Language*，頁 24。

91 參見 B. Watson，頁 201。

92 2022.3，我們在威特夏（Wiltshire）健行時，柯林 · 艾福德（Colin Elford）向我指出了這點。

93 參見 https://en.wikipedia.org/wiki/Anna_Karenina。

94 參見 T. J. Zhang 等，'A magic red coat on the surface of young leaves: anthocyanins distributed in trichome layer protect *Castanopsis fissa leaves from photoinhibition'*，*Tree Physiology*，36（10），2016.10，頁 1296 至 1306：https://doi.org/10.1093/treephys/tpw080。

95 參見 P. Thomas，*Trees*，頁 32。

96 參見 https://www.silvafennica.fi/pdf/article535.pdf。

97 「混合式落葉」、「暫時式落葉」、「冬季常綠式」等專有名詞，參見 K. Kikuzawa、M. J. Lechowicz ，2011，'Foliar Habit and Leaf Longevity'，收錄於 'Ecology of Leaf Longevity'，*Ecological Research Monographs*，Springer，Tokyo。

98 參見我和 Peter Thomas 之私人通信、https://en.wikipedia.org/wiki/William_Lucombe。

99 參見 https://en.wikipedia.org/wiki/Dipteryx_odorata。

100 參見 E. S. Bakker，頁 74。

101 參見 S.A. Bedini，'The Scent of Time. A Study of the Use of Fire and Incense for Time Measurement in Oriental Countries'，Transactions of the American Philosophical Society，53（5），1963，頁 1 至 51：https://doi.org/10.2307/1005923。

102 參見 T. Kozlowski，頁 183。

103 參見 T. Kozlowski，頁 174。

104 參見 Peter Thomas，私人通信， 2022。

105 參見 T. Kozlowski，頁 182。

106 參見 T. Kozlowski，頁 183，引用自圖表處。

107 參見 P. Thomas，*Applied*，頁 99。

108 參見 T. Kozlowski，頁 160。

109 參見 https://www.bbc.co.uk/blogs/natureuk/2011/05/oak-before-ash-in-for-a-splash.shtml。

110 參見 R. Ennos，頁 34。

111 參見 O. Rackham，*Helford*，頁 81。
112 參見 https://en.wikipedia.org/wiki/Marcescence。
113 參見 P. Thomas，*Trees*，頁 31。
114 參見 P. Thomas，*Applied*，頁 100。
115 參見 https://www.telegraph.co.uk/environment/2022/07/27/uk-weather-england-records-driest-july-century/。
116 參見 Kramer，轉引自 T. Kozlowski，頁 160。
117 參見 T. Kozlowski，頁 173。
118 參見 P. Thomas，*Trees*，頁 33，轉引自 Kioke，1990。
119 參見 H. Irving，頁 157。
120 參見 M. A. Rodríguez-Gironés、L. Santamaría，'Why are so many bird flowers red?'，*PLOS Biology*，2（10），2004：https://doi:10.1371/journal.pbio.0020350。
121 參見 J. C.Kang，'The End and Don King', Grantland; C. McDougall (ed.) (2014)，*The Best American Sports Writing*，2014，頁 149，取自 https://en.wikipedia.org/wiki/The_Rumble_in_the_Jungle。
122 參見 https://www.keele.ac.uk/arboretum/ourtrees/speciesaccounts/pedunculateoak/#:~:text=In%20response%20to%20this%20oaks,because%20of%20its%20hard%20wood。
123 參見 Raimbault, P.，1995，Physiological Diagnosis，Proceedings，2nd European Congress in Arboriculture，Versailles，Société Française d 'Arboriculture。
124 參見 Wytham Woods，頁 72。
125 取自 https://www.biblegateway.com/passage/?search=Genesis%2012%3A6&version=NIV。
126 參見 P. Thomas，*Applied*，頁 285。
127 參見 J. Lewis-Stempel，頁 74。
128 參見 Naylor，頁 171。
129 參見 P. Thomas，*Applied*，頁 9。
130 參見 Akbari 等，1997，取自 P. Thomas，*Applied*，頁 9、https://www.sciencedirect.com/science/article/abs/pii/S0378778896010031。
131 參見 https://books.google.co.uk/books?id=i5HH3fegS5cC&printsec=frontcover&source=gbs_ge_summary_r&cad=0#v=onepage&q&f=false。
132 參見 https://www.gardeningknowhow.com/gardenhow-to/info/allelopathic-plants.htm9781529339598。
133 參見 T. Kozlowski 等，頁 226。
134 參見 https://forestfloor.soilweb.ca/definitions/humus-forms/。

參考書目

- Babcock, Barry, *Teachers in the Forest*, Riverfeet Press, Proof Copy 2021
- Bakker, Elna, *An Island called California: An Ecological Introduction to its Natural Communities*, University of California Press, 1984
- Clapham, A.R., *The Oxford Book of Trees*, Peerage Books, 1985
- Cohu, Will, *Out of the Woods*, Short Books, 2015
- Edlin, Herbert, *Wayside and Woodland Trees*, Frederick Warne & Co., 1971
- Elford, Colin, *A Year in the Wood*, Penguin, 2011
- Ennos, Roland, *Trees*, Natural History Museum, 2016
- Forestry Commission, *Forests and Landscape*, Forestry Commission, 2011
- Gofton, John, *Talks About Trees*, The Religious Tract Society, 1914
- Grindon, Leo, *The Trees of Old England*, Pitman, 1868
- Hallé F., Oldeman R.A.A, and Tomlinson P.B., *Tropical Trees and Forests: An Architectural Analysis*, Springer-Verlag, 1978
- Hickin, Norman, *The Natural History of an English Forest*, Arrow Books, 1972
- Hirons, Andrew and Thomas, Peter, *Applied Tree Biology*, John Wiley & Sons, 2018
- Horn, Henry, *The Adaptive Geometry of Trees*, Princeton University Press, 1971
- Irving, Henry, *How to Know the Trees*, Cassell and Company, 2010
- Kozlowski, Theodore and Kramer, Paul and Pallardy, Stephen, *The Physiological Ecology of Woody Plants*, Academic Press, 1991
- Lewis-Stempel, John, *The Wood*, Doubleday, 2018
- Mabey, Richard, *Flora Britannica*, Sinclair-Stevenson, 1996
- Mathews, Daniel, Cascade-*Olympic Natural History*, Raven Editions, 1994
- Mattheck, Claus, *Stupsi Explains the Tree*, Forschungszentrum Karlsruhe GMBH, 1999
- Mattheck, Claus and Breloer, Helge, *The Body Language of Trees*, The Stationery Office, 2010
- Mitchell, Alan, *A Field Guide to the Trees of Britain and Northern Europe*, Collins, 1976
- Naylor John, *Now Hear This*, Springer, 2021.
- Pakenham, *Thomas, The Company of Trees*, Weidenfeld & Nicholson, 2017
- Pavey, Ruth, *Deeper Into the Woods*, Duckworth, 2021
- Pierpoint Johnson, C., Sowerby, John. E., The *Useful Plants of Great Britain*,
- Robert Hardwicke Rackham, Oliver, *The Ancient Woods of the Helford River*, Little Toller Books, 2019

· Rackham, Oliver, *Woodlands*, Collins, 2010
· Savill P.S., Perrins C.M., Kirby K.J., N. Fisher, *Wytham Woods*, Oxford University Press, 2010
· Steel, David, *The Natural History of a Royal Forest*, Pisces Publications, 1984
· Sterry, Paul, *Collins Complete Guide to British Trees*, Collins, 2007
· Thomas, Peter, *Trees: Their Natural History*, Cambridge University Press, 2000
· Thomas, Peter, *Trees*, Collins New Naturalist Library Vol 145, William Collins, 2022
· Tree, Isabella, *Wilding*, Picador, 2018
· Watson, Bob, *Trees*, Crowood Press, 2016
· Wessels, Tom, *Forest Forensics*, Countryman Press, 2010
· Williamson, Richard, *The Great Yew Forest*, Macmillan, 1978
· Wohlleben, Peter and Billinghurst, Jane, *Forest Walking*, Greystone, 2022

樹的微宇宙：樹木隱藏的微小線索如何揭開大自然的祕密

How to read a tree : clues and patterns from bark to leaves

作　　者	崔斯坦．古力 (Tristan Gooley)		
插　　圖	尼爾．高爾（Neil Gower）	譯　　者	楊詠翔
審　　定	趙建隸	責任編輯	張沛然

版　　權　吳亭儀、江欣瑜
行銷業務　周佑潔、林詩富、吳淑華、吳藝佳
總 編 輯　徐藍萍
總 經 理　彭之琬
事業群總經理　黃淑貞
發 行 人　何飛鵬
法律顧問　元禾法律事務所　王子文律師
出　　版　商周出版　115 台北市南港區昆陽街 16 號 4 樓
電話：(02) 25007008　傳真：(02)25007579
E-mail：ct-bwp@cite.com.tw　Blog：http://bwp25007008.pixnet.net/blog
發　　行　英屬蓋曼群島商家庭傳媒股份有限公司城邦分公司
115 台北市南港區昆陽街 16 號 8 樓
書虫客服服務專線：02-25007718　02-25007719
24 小時傳真服務：02-25001990　02-25001991
服務時間：週一至週五 9:30-12:00　13:30-17:00
劃撥帳號：19863813　戶名：書虫股份有限公司
讀者服務信箱 E-mail：service@readingclub.com.tw
香港發行所　城邦（香港）出版集團有限公司
香港九龍土瓜灣土瓜灣道 86 號順聯工業大廈 6 樓 A 室
E-mail: hkcite@biznetvigator.com　電話：(852)25086231　傳真：(852)25789337
馬新發行所　城邦（馬新）出版集團 Cite (M) Sdn Bhd
41, Jalan Radin Anum, Bandar Baru Sri Petaling, 57000 Kuala Lumpur, Malaysia.
Tel: (603) 90563833　Fax: (603) 90576622　Email: services@cite.my

封面設計　李東記
印　　刷　卡樂彩色製版印刷有限公司
總 經 銷　聯合發行股份有限公司　新北市 231 新店區寶橋路 235 巷 6 弄 6 號 2 樓
電話：(02) 2917-8022　傳真：(02) 2911-0053

■2024 年 10 月 3 日初版

城邦讀書花園
www.cite.com.tw

Printed in Taiwan

定價 520 元

ISBN 978-626-390-280-0

國家圖書館出版品預行編目 (CIP) 資料

樹的微宇宙：樹木隱藏的微小線索如何揭開大自然的祕密 / 崔斯坦．古力 (Tristan Gooley) 著；楊詠翔譯．-- 初版．-- 臺北市：商周出版：英屬蓋曼群島商家庭傳媒股份有限公司城邦分公司發行, 2024.10
面；　公分
譯自：How to read a tree : clues and patterns from bark to leaves.
ISBN 978-626-390-280-0(平裝)

1.CST: 樹木

436.1111　　113013555